高城镇化水网区水安全技术研究丛书

高城镇化水网区河湖连通与水安全保障技术研究与应用

石亚东 蔡梅 柳杨 王思如 著

GAOCHENGZHENHUA
SHUIWANGQU HEHU LIANTONG YU SHUI'ANQUAN
BAOZHANG JISHU YANJIU YU YINGYONG

河海大学出版社
HOHAI UNIVERSITY PRESS
·南京·

图书在版编目(CIP)数据

高城镇化水网区河湖连通与水安全保障技术研究与应用 / 石亚东等著. -- 南京：河海大学出版社，2022.5(2024.1重印)
(高城镇化水网区水安全技术研究丛书)
ISBN 978-7-5630-7516-4

Ⅰ.①高… Ⅱ.①石… Ⅲ.①城镇—水资源管理—安全管理—研究—中国 Ⅳ.①TV213.4

中国版本图书馆 CIP 数据核字(2022)第 067820 号

书　名	高城镇化水网区河湖连通与水安全保障技术研究与应用	
书　号	ISBN 978-7-5630-7516-4	
责任编辑	章玉霞	
特约校对	袁　蓉	
装帧设计	徐娟娟	
封面摄影	吴浩云	
出版发行	河海大学出版社	
地　址	南京市西康路1号(邮编:210098)	
电　话	(025)83737852(总编室)　(025)83722833(营销部)　(025)83787107(编辑室)	
经　销	江苏省新华发行集团有限公司	
排　版	南京布克文化发展有限公司	
印　刷	广东虎彩云印刷有限公司	
开　本	787毫米×1092毫米　1/16	
印　张	13.75	
字　数	331千字	
版　次	2022年5月第1版	
印　次	2024年1月第2次印刷	
定　价	119.00元	

前言 PREFACE

水旱灾害、水资源短缺、水环境恶化是全球水安全面临的三大挑战。我国水资源时空分布不均，部分地区水资源承载能力和调配能力不足，洪涝水宣泄不畅，河湖湿地萎缩，水环境和水生态恶化，河湖水系格局及其功能与区域经济社会发展布局不匹配的矛盾尤为凸显。近年来，经济社会发展对保障防洪安全、供水安全、粮食安全、生态安全的要求日益提高，进一步完善和优化江河湖库水系连通，是经济社会发展的迫切需要，也是贯彻落实中央治水兴水重要方略、推进民生水利建设的根本要求。

2011年，中央一号文件和中央水利工作会议明确提出，尽快建设一批河湖水系连通工程，提高水资源调控水平和供水保障能力。同年，水利部提出要构建"格局合理、生态健康，引排得当、循环通畅、蓄泄兼筹、丰枯调剂、多源互补、调控自如"的河湖水系连通格局，全面提高水资源调控水平，增强抗御水旱灾害能力，改善水生态环境状况，保障国家饮水安全、粮食安全、防洪安全、生态安全。河湖水系连通是以江河、湖泊、水库等为基础，通过适当的疏导、沟通、引排、调度等措施，建立或改善江河湖库水体之间的水力联系，以优化调整河湖水系格局来提高水资源可持续利用水平和可持续发展支撑保障能力。通过理论研究和技术创新，研发河湖水系连通与水安全保障关键技术，并进行示范运用，有助于保障水安全及生态环境安全、支撑促进区域经济社会发展。

高城镇化水网区河湖连通状况与经济社会发展紧密相关，河湖水系格局演变历程较为复杂。我国城市水网区主要集中在长江、淮河、海河、珠江下游等经济发达地区，人口密集、城镇化率高，大部分地区地势低洼、河网密布、水利工程众多。因工业化与城镇化的快速发展，高城镇化水网区存在河道被挤占、河网被分割、水系畅通性变差、河道蓄泄功能降低、水环境容量减小、河网生态系统不断退化等问题，加之水利工程多，水系连通状况及水流状态受人为调控影响较大，面临流域、区域、城市不同层面多目标协调调度难度大的问题。面对日益严重的水系问题，高城镇化水网区河湖水系连通系统如何保障区域水安全、有效适应并支撑区域经济社会发展和生态文明建设，如何提出适宜的河湖水系连通综合治理技术是迫切需要研究的热点和重点问题。

本书依托国家重点研发计划"水资源高效开发利用"专项"河湖水系连通与水安全保障关键技术"项目第五课题"高城镇化水网区河湖水系连通与水安全保障技术示范（2018YFC0407205）"，以太湖流域高城镇化水网区武澄锡虞区为研究对象，以有效支撑区域经济社会发展与生态文明建设为目标，研究太湖流域武澄锡虞区经济社会与生态功能需求相适应的河湖水系连通治理理论与方法。该研究通过分析武澄锡虞区河湖水系连通与区域水安全适配性，提出河湖水系连通格局优化建议，针对区域突出问题及改善需求，研发区域防洪除涝安全保障技术和城市水网水环境质量提升技术等河湖水系连通治理关键技术，并选取常州市建立城市水环境质量提升示范区，在控源截污的基础上，进行城市水环境质量提升技术示范。研究成果可为有效提升太湖流域高城镇化水网区武澄锡虞区河湖水系连通治理水平提供技术支撑，也可为国内高城镇化水网区河湖连通与水安全保障工作及研究提供一定参考。

本书分为8章，第1章综述高城镇化水网区河湖水系连通特征、国内外河湖水系连通治理案例、河湖水系连通与水安全保障研究进展；第2章简述研究区武澄锡虞区基本情况、河湖水系连通与水安全保障现状及存在问题；第3章研究武澄锡虞区河湖水系连通与水安全保障适配性；第4章优化分析武澄锡虞区江-河-湖水系连通格局；第5章研究区域"分片治理-滞蓄有度-调控有序"防洪除涝安全保障技术；第6章研究城市"多源互补-引排有序-精准调控"水环境质量提升技术；第7章介绍城市水环境质量提升技术在常州市建立的水环境质量提升示范区的示范应用，分析其运行效果；第8章对研究内容进行简要总结，并提出下阶段高城镇化水网区河湖连通与水安全保障工作与研究展望。

书稿由石亚东、蔡梅统稿，第1章由蔡梅、陆志华、张怡执笔，第2章由王元元、陆志华、白君瑞执笔，第3章由王思如、胡庆芳、顾一成执笔，第4章由陆志华、王元元、马农乐执笔，第5章由蔡梅、王元元、陆志华、龚李莉、钱旭执笔，第6章由刘国庆、柳杨、甘琳、洪昕、陈阿萍执笔，第7章由柳杨、杨帆、潘小保、陈卫东、王雪松执笔，第8章由石亚东、王元元执笔。

本研究工作得到了水利部太湖流域管理局、江苏省水利厅、江苏省水文水资源勘测局、常州市水利局、江苏省水文水资源勘测局常州分局、常州市武进区水利局、无锡市水利局、江苏省水文水资源勘测局无锡分局、江苏省太湖水利规划设计研究院有限公司等单位领导、专家的大力支持和指导，部分技术的研究工作得到了潘明祥、韦婷婷、李勇涛等的合作与帮助，在此一并表示感谢。

鉴于高城镇化水网区河湖水系纵横交错、水利工程类型多样，防洪、供水与水生态环境问题复杂，涉及面广，加之作者水平有限，工作的深度和广度仍有待于在今后进一步加强，书中难免有偏颇、疏漏和不妥之处，恳请广大读者和同行批评指正、交流探讨，以利后续深入研究。

如无特殊说明，本书高程系统均为镇江吴淞基面。

目录 CONTENTS

1 绪论 ·· 001
  1.1 高城镇化水网区河湖水系连通特征 ··· 001
    1.1.1 高城镇化水网区特征 ·· 001
    1.1.2 河湖水系连通及水安全内涵 ··· 002
  1.2 国内外河湖水系连通治理案例 ·· 004
    1.2.1 国外治理案例 ··· 004
    1.2.2 国内治理案例 ··· 005
    1.2.3 研究启示 ·· 007
  1.3 河湖水系连通与水安全保障研究进展 ·· 007
    1.3.1 河湖水系连通演变研究 ··· 007
    1.3.2 河湖水系连通对水安全保障的影响 ··· 008
    1.3.3 河湖水系连通与水安全保障的适配性研究 ································ 010
  1.4 研究方案与关键技术 ·· 012
    1.4.1 研究背景 ·· 012
    1.4.2 研究方案 ·· 013
    1.4.3 关键技术 ·· 015

2 研究区河湖水系连通与水安全保障现状 ·· 016
  2.1 区域概况 ·· 016
    2.1.1 自然概况 ·· 016
    2.1.2 经济社会 ·· 016
    2.1.3 气象水文 ·· 017
    2.1.4 河湖水系 ·· 017

2.1.5　典型水安全事件 ·· 018
　2.2　水安全保障现状 ·· 019
　2.3　存在问题分析 ·· 020

3　武澄锡虞区河湖水系连通与水安全保障适配性研究 ············· 022
　3.1　武澄锡虞区河湖水系连通与水安全保障适配性评价指标体系构建 ····· 022
　　　3.1.1　指标选取原则 ·· 022
　　　3.1.2　指标体系准则层 ·· 022
　　　3.1.3　适配性评价指标层 ·· 023
　3.2　武澄锡虞区河湖水系连通与水安全保障适配性评价分析 ············· 030
　　　3.2.1　适配性评价方法 ·· 030
　　　3.2.2　适配性评价分析 ·· 032
　3.3　基于区域水安全保障的河湖水系连通格局优化及功能技术需求分析 ··· 037
　　　3.3.1　需求分析 ·· 038
　　　3.3.2　优化方法 ·· 038
　3.4　小结 ··· 039

4　武澄锡虞区河湖水系连通格局优化分析 ························· 041
　4.1　武澄锡虞区河湖水系与工程布局特征分析 ·························· 041
　　　4.1.1　河湖水系布局特征 ·· 041
　　　4.1.2　水利工程布局特征 ·· 042
　4.2　武澄锡虞区河湖水系连通格局演变因素及其影响分析 ·············· 044
　　　4.2.1　河湖水系连通格局演变历程分析 ································ 044
　　　4.2.2　人类活动对河湖水系连通格局演变影响分析 ··················· 045
　　　4.2.3　影响研究区河湖水系连通格局的案例分析 ······················ 048
　　　4.2.4　河湖水系连通格局演变综合分析 ································ 056
　4.3　武澄锡虞区河湖水系连通格局及工程布局优化分析 ················ 058
　　　4.3.1　优化基本原则 ·· 058
　　　4.3.2　优化建议 ··· 059
　4.4　小结 ··· 061

5　区域"分片治理-滞蓄有度-调控有序"防洪除涝安全保障技术研究 ··· 062
　5.1　总体研究思路 ··· 062

		5.1.1	总体思路	062
		5.1.2	技术要点	063
		5.1.3	技术框架	065
	5.2	主要研究工具		065
		5.2.1	水文模型	065
		5.2.2	水动力模型	070
		5.2.3	模型率定验证	071
	5.3	武澄锡虞区防洪除涝安全保障技术研究		072
		5.3.1	区域防洪除涝安全保障技术	072
		5.3.2	分片治理技术方案	076
		5.3.3	滞蓄有度技术方案	079
		5.3.4	调控有序技术方案	086
	5.4	武澄锡虞区防洪除涝安全保障技术实施效果		104
		5.4.1	保障技术实施效果分析	104
		5.4.2	配套工程措施建议	107
	5.5	小结		108

6 城市"多源互补-引排有序-精准调控"水环境质量提升技术研究 … 110

	6.1	城市水环境质量提升技术总体思路	110
	6.2	主要研究工具与手段	110
		6.2.1 城市水文-水动力耦合模型	110
		6.2.2 水动力-水质同步原型观测	114
	6.3	城市水环境质量提升技术研究	117
		6.3.1 城市多源互补水源保障技术	117
		6.3.2 城市河网水动力有序引排模拟技术	123
		6.3.3 城市河网水动力精准调控技术	126
	6.4	小结	135

7 常州市水环境质量提升技术示范应用 … 137

	7.1	示范区基本情况	137
		7.1.1 河网水系	137
		7.1.2 水利工程	138
		7.1.3 水环境问题诊断	139

    7.1.4 水质对水动力的敏感性分析 ·· 139
  7.2 示范区水环境质量提升方案研究 ··· 141
    7.2.1 总体思路 ·· 141
    7.2.2 运北片水环境质量提升方案 ·· 141
    7.2.3 运南片水环境质量提升方案 ·· 152
  7.3 示范区运行效果分析评估 ·· 157
    7.3.1 运北片水环境质量提升方案示范试验与分析 ············· 157
    7.3.2 运南片水环境质量提升方案示范试验与分析 ············· 171
    7.3.3 示范区运行效果评估 ·· 189
  7.4 示范区水环境质量提升建议 ·· 193
    7.4.1 运北片水环境质量提升建议 ·· 193
    7.4.2 运南片水环境质量提升建议 ·· 196
  7.5 小结 ·· 196

8 结论与展望 ·· 198
  8.1 主要结论 ·· 198
  8.2 成果创新性 ·· 202
  8.3 展望 ·· 203

参考文献 ·· 205

1 绪论

1.1 高城镇化水网区河湖水系连通特征

1.1.1 高城镇化水网区特征

城镇化是一种复合性、规模化的人类活动进程,涉及生产、生活方式的深刻转变和城乡经济、社会与空间结构的动态变迁[1]。改革开放以来,中国城镇化进程发展迅速,城镇化率从1978年的不足18%[2],发展到2019年的60.6%,超越了世界平均水平,属于城镇化高速发展阶段[3]。高度城镇化让城镇群成为人口集聚和城镇化发展的重要载体。以水系为纽带形成的城镇群是基于江河湖海流域自然生态单元的城乡建设用地分布的典型空间格局,其分布形态深刻影响着区域经济发展和国家战略方针。粤港澳大湾区所在地珠三角城市群、长三角一体化发展的核心区域太湖流域城市群等是中国高度城镇化进程中最为典型的区域。

城镇化进程一般伴随着下垫面的急剧演替,随着人口和产业的聚集,各类人工热源、碳源及污染物排放也对大气物理、化学性质产生直接影响,引起城市局地乃至更大范围近地层物质与能量运动状态的变化。高度城镇化使得下垫面滞水性、渗透性、热力状况发生变化,深刻地改变了流域水文系统结构、过程和功能,改变了水循环过程和产汇流规律,引发了一系列水资源与水环境问题,对经济社会发展提出了巨大挑战[4],主要表现为洪涝灾害频发、环境承载能力降低和污染负荷通量升高、涉水公共突发事件风险和损失加剧等。

高城镇化水网区一般具有如下洪涝特征:①城镇化迅速发展,人水争地的矛盾非常突出,对短期利益的追求以及对水体存在价值的忽视使得水域面积持续减少,不透水地面不断增多,导致暴雨径流系数加大,汇流时间减少,洪水过程线变陡;②大量的城镇防洪包围圈以及乡村圩区的建设,一方面保证了圩内的防洪排涝安全,另一方面也降低了圩外水域的有效调蓄能力,且由于圩区地势低洼、水面平缓、水动力条件较差等,随着下垫面硬化现象突出,排涝压力也越来越大;③水土流失、废渣和垃圾入河等原因造成河道和湖泊等水域持续淤积,降低了水域的调蓄能力;④除了要承受本地区的洪水外,往往还需承担大量上游过境水,进一步增加了洪水危害程度。

由于平原水网地区的地理位置和特殊地形,本地水资源往往不足,存在水质型缺水问题。高城镇化地区经济体量及人口规模巨大,用水需求高于本地多年平均水资源量,需通过调引水以及水资源上下游重复利用等手段来支撑经济社会可持续发展,遇枯水年份需挤占部分生态环境用水才能实现水资源供需平衡。水网区河流水量交换频繁,并受两岸地区企业污水排放等影响,水质型缺水问题突出,部分平原河网水源地原水水质合格率不高。

高城镇化地区工农业的高度开发、人地关系的高度紧张以及水文特征的特殊性使得这些地区深受水环境问题的困扰。由于城市发展,城市河道被挤占,河网被分割,水系畅通性差、水体流动性弱,城市河道淤积严重;污染物入河量远远超过河道纳污能力,水功能区达标率低,河道水体感官差;河道普遍多为硬质驳岸,河滨带消失,郊区及城镇河道建筑、码头、农田等侵占生态缓冲带,水下"荒漠化"现象较为普遍,河网生态系统不断退化,水体富营养化严重,水环境污染日益加剧。

1.1.2 河湖水系连通及水安全内涵

1. 河湖水系连通的概念与内涵

河湖水系是水资源的载体,是生态环境的重要组成部分,也是经济社会发展的基础。河湖水系连通是优化水资源配置战略格局、提高水利保障能力、促进水生态文明建设的有效举措,是水安全保障的重要前提。为适应自然、改造自然,人类很早就开始了河湖水系连通探索实践,如尼罗河灌溉工程、都江堰、南水北调工程等,均已成为河湖水系连通工程的典范[5]。2009年,水利部开始提出河湖水系连通战略;2011年,中央一号文件提出"尽快建设一批骨干水源工程和河湖水系连通工程,提高水资源调控水平和供水保障能力"。之后,国内学者对于河湖连通的研究日益增多,河湖连通的内涵逐渐丰富。张欧阳等[6]从水系连通性角度定义了河湖连通的概念,指出河湖连通性是河道干支流、湖泊及其他湿地等水系的连通情况,将水系连通性作为研究河湖健康程度的评价属性。李宗礼等[7]提出河湖水系连通是指以实现水资源可持续利用、人水和谐为目标,以提高水资源统筹调配能力、改善河湖生态环境、增强抵御水旱灾害能力为重点任务,通过水库、闸坝、泵站、渠道等水利工程,建立河流、湖泊、湿地等水体之间的水力联系,优化调整河湖水系格局,形成引排顺畅、蓄泄得当、丰枯调剂、多源互补、可调可控的江河湖库水网体系。窦明等[8]认为河湖水系连通是在自然水系基础上通过自然和人为驱动作用,维持、重塑或构建满足一定功能目标的水流连接通道,以维系不同水体之间的水力联系和物质循环。夏军等[9]认为河湖水系连通是指在自然和人工形成的江河湖库水系基础上,维系、重塑或新建满足一定功能目标的水流连接通道,以维持相对稳定的流动水体及其联系的物质循环状况,强调人类活动的作用,河湖水系通道畅通性主要包括水系通道的过流能力、水系连通是否受人工建筑物阻隔两种情况。

随着研究的深入,河湖水系连通的内涵延伸至物质流、能量流和信息流等各要素的互相作用和影响。赵军凯等[10]提出河湖水系连通是指江河与通江湖泊或者水库组成的河湖(库)系统,包括河、湖(库)、地和人等要素,各要素之间相互联系、相互作用、彼此影响,河湖关系在系统中各要素的相互作用下不断演化,河湖之间的物质流(水、泥沙、生物源、其他物质)、能量流(水位、流量、流速等)、信息流(随水流和人类活动而产生的信息流动、生物信息等)和价值流(航运、发电、饮用和灌溉等),各种流以河湖水系连通为纽带,以水沙等物质交换为载体,来实现河湖系统演化,系统各要素之间的相互作用涉及流域防洪、生态、资源利用和环境保护等。方佳佳等[11]认为河流的连通性可定义为河道干支流、湖泊及其他湿地等水系在物质、能量和信息上的连通情况,它反映了水流的连续性和可循环性,关乎水文与生态交互作用,关乎生态系统的可持续发展,是一个多维度且存在时空变异性的概念,河流连通性是生态水文格局的一个重要指征,各维度相互关联,持续影响着生态水文系统的过程。

总之,河湖水系连通以提高水资源调控水平和供水保障能力、增强防御水旱灾害能力、促进水生态文明建设为目标,以自然河湖水系、调蓄工程和引排工程为依托,构建"格局合理、功能完备,蓄泄兼筹、引排得当,多源互补、丰枯调剂,水流通畅、环境优美"的江河湖库连通体系,为实现水资源可持续利用支撑经济社会可持续发展提供基础保障。

2. 水安全的概念与内涵

水安全的概念比较广泛,它涉及人们通常熟知的供水安全、防洪安全、水质安全、水生态安全、跨境河流安全等多个方面,是国家安全的重要组成部分。水旱灾害、水资源短缺、水环境恶化是全球水安全面临的三大挑战。20世纪70年代,在1972年联合国的第一次环境与发展大会中即有专家预言"水危机是继石油危机之后的下一个危机";1977年,联合国再次强调水将成为一个深刻的社会危机。水安全的定义最早出现在2000年斯德哥尔摩国际水会议上,它属于非传统安全范畴,通常指针对人类社会生存环境和经济发展过程中发生的与水有关的危害问题[12]。2000年3月海牙世界部长级会议上,各国部长们在《海牙宣言》中把"水安全"作为重要战略目标,并将水安全定义为让地球上每个人都能够用上价格上能承受、数量上足够的洁净水,同时自然环境也得到保护和改善。联合国教科文组织(UNESCO)对水安全的定义是人类生存发展所需的有量与质保障的水资源、能够维系流域可持续的人与生态环境健康、确保人民生命财产免受水灾害(洪水、滑坡和干旱)损失的能力[13]。

关于水安全问题的研究始于20世纪70年代,而真正把水安全作为一个整体来考虑,是进入21世纪以来的事情[14]。国外学者从全球、区域和流域不同大小尺度对水资源开发利用、防洪、水质安全等方面开展了系统研究,探讨变化环境下水循环与相关联的水安全问题[15-16]。近年来,我国学者围绕水安全问题也开展了大量研究,由于研究角度不同,对水安全的定义也不尽相同[17]。从水安全问题成因方面出发,水安全问题是由自然原因或人类活动造成的,它使得人类赖以生存的区域水循环及其联系的水系发生对人类不利的演进,如干旱、洪涝、水质污染等,进而引发了一系列的经济、社会和环境安全问题[18]。还有学者从水资源的供给、可持续利用等方面考虑,如果一个区域的水资源供给不能满足其社会经济长远发展的合理要求,那么这个区域的水资源就不安全[19]。水安全包括水灾害的可承受能力和水资源的可持续利用两方面,即一个国家或地区实际拥有的水资源能够保障该地区社会经济及生态环境可持续发展[20]。水安全意味着有水资源的量与质及人类对水资源的利用管理活动、对人类社会的稳定与发展是有保障的,或者说存在某种程度环境影响的威胁,但是可以将其后果控制在人们可以承受的范围之内。

目前对国家水安全尚无公认定义。水利部发展研究中心"保障国家水安全战略研究"课题组在吸收借鉴国内外相关研究成果及综合分析基础上,将国家水安全定义为国家生存和发展没有或很少受到水问题威胁的状态[14],并且认为绝对意义上的水安全是不存在的,只要有水文循环和人类社会存在,就会出现水安全问题,如洪涝灾害、供水不足、水体污染等。一个国家是否处于水安全状态,取决于水安全问题是否危及国家的可持续发展。此外,国家水安全具有可调控性,是一个随着社会、经济、技术等条件变化实现动态平衡的过程。

1.2 国内外河湖水系连通治理案例

1.2.1 国外治理案例

1.2.1.1 日本鹤见川流域综合治理

1. 城镇化基本情况

鹤见川发源于东京都南部町田市,经神奈川县的横滨市流入东京湾,流域面积为 235 km²,河流长 42.5 km;流域内山地和丘陵台地面积占总面积的 70%,其余 30% 为相对平坦的冲积平原。自 20 世纪 60 年代以来,该地区城镇化进程非常迅猛,流域人口从 1955 年的 38 万人增长到 2003 年的 188 万人,暴涨约 5 倍;1958 年城镇化面积仅占总面积的 10%,其后 1966—1975 年 10 年间就从 20% 激增至 60%,2000 年达到 85%(其后持平)。高度而快速的开发改变了流域自然状态下的降雨产汇流过程,流域固有的蓄水、滞水能力大大衰减,暴雨径流系数增大,从而对流域洪水的水文特性产生了显著影响;加之城市排水系统的建设,降雨被快速集中地送入河道,使洪峰流量倍增。

2. 主要面临的水安全问题

鹤见川流域下游地势平坦,东京湾潮位影响的区间长,河道蜿蜒曲折,水流不畅,历史上洪涝灾害频发。20 世纪 80 年代以来的快速城市化进程,改变了流域洪水过程,更加助长了洪涝灾害的发生。在过去的半个世纪中,发生较大洪水的年份有 1958 年、1966 年、1976 年、1982 年等。

3. 水安全治理保障措施

20 世纪 50—60 年代洪水灾害相当严重,其后,洪水淹没范围与房屋损失总体呈减小趋势,这与鹤见川流域自 70 年代以来大规模的河道整治、堤防建设以及为抑制洪水风险而不断强化的综合治水措施有很大关系。针对河流,开展了大规模的河道整治,通过河道疏浚、拓展增加行洪能力,实施高标准的护岸与堤防建设以维持河岸的稳定性,形成了安全可靠的堤防体系。针对流域,采用了多种蓄滞排渗措施,在横滨市港北区,建立多功能滞洪区,该滞洪区由围堤、河边公园、体育馆及其下部的蓄洪池以及退水闸门 4 部分组成,有效抑制了洪峰流量随流域城市化进程的推进而增长的趋势。开展土地利用规划,对所辖区域进行合理规划和利用,最大程度降低洪水灾害损失。规划将流域分为持水地区、滞洪地区和低洼地区三类区域,持水地区是指山地、丘陵等的水源地区,具有能够暂时渗透或滞留雨水的功能;滞洪地区是指河流中上游沿河低洼地,雨水和河水容易流入并暂时滞留的地区；低洼地区是指洪泛平原，如滞留在地区内的雨水不能流入河流或有河水泛滥可能性的地区。治理持水地区的对策包括在指定非城市化区域，保护自然、植被和农田，在城市地表或地下修建雨水存储池和调洪池，在城市地面上使用可透水性材料，在城市地区安装雨水下渗设备等。治理滞洪地区的对策包括禁止城市开发，控制在地表建设体积庞大的土木建筑物，以确保滞洪地区的容量，改善农业活动条件等。治理低洼地区的对策包括增加排水设施，建设蓄洪池，普及耐淹型建筑物等。

1.2.1.2　欧洲莱茵河流域综合治理

1. 城镇化基本情况

莱茵河是欧洲的重要航道及沿岸国家的供水水源，对欧洲社会、政治、经济发展起着重要作用。早期的莱茵河水质很好，自 1850 年以后，由于莱茵河沿岸人口增长和工业化加速，越来越多的污染物排入河道。19 世纪中叶，莱茵河流域工业快速发展，河道污染加重，来自工业、农业、市政和家庭的废水排放造成了严重的环境与生态问题，莱茵河一度被称为"欧洲下水道"和"欧洲公共厕所"。另外，19 世纪和 20 世纪，为了改善航道条件，并使河床地区更利于农业耕作，莱茵河原本蜿蜒的河床和平原被切断，引起了河道生态系统的巨大变化。

2. 主要面临的水安全问题

自 1850 年起，随着莱茵河沿岸人口增长和工业化加速，越来越多的污染物排入河道，水环境问题愈加凸显。莱茵河流域洪水问题十分突出。1882—1883 年、1988 年、1993 年和 1995 年发生了流域性大洪水。为了改善通航条件，采用工程措施裁弯取直和束窄河道，导致河道水流流速加快，河床冲蚀严重并伴随下切，水位下降，引发周边地区水位下降，森林、农田缺水，使四周湿地的生态系统大受影响。天然洪泛区域不断减少，洪水最高水位、时段洪峰流量一涨再涨，沿河堤防和其他防洪工程并不能提供完全的安全保障，沿洪泛区受堤防保护的居民区和工业区的危险性加大，潜在的洪灾损失普遍增大。

3. 水安全治理保障措施

莱茵河的治理始于 19 世纪中叶，当时主要针对航运设立了管理机构，1950 年 7 月，成立了莱茵河保护国际委员会（ICPR），旨在全面处理莱茵河流域保护问题并寻求解决方案。1963 年签署的莱茵河保护国际委员会框架性协议，奠定了流域管理国际协调和发展的基础。除了莱茵河保护国际委员会外，还在德国设立了对莱茵河河水水环境综合监测和洪水预报的德国水文研究所，还有各国内部涉及跨州的协调委员会，通过政府组织和非政府组织的协同工作，将水环境治理、防洪与发展融为一体。自 20 世纪 80 年代以来，ICPR 在国际合作框架下，签署了一系列有关莱茵河流域治理的协议。为了确保水体保护与治理的有效性，ICPR 在莱茵河及其支流建立了水质监测站，通过最先进的方法和技术手段对莱茵河进行监控，形成监测网络。

1.2.2　国内治理案例

1.2.2.1　长三角水网区水安全治理

1. 城镇化基本情况

太湖流域地处长三角地区的中心区域，在长三角自然和经济地理空间具有举足轻重的地位,更是长三角区域一体化发展国家战略实施的关键地区[21],因此,太湖流域是长三角水网区的典型区域。太湖流域总面积约为3.69万 km²,其中80%为平原,是典型的平原河网地区[22]。太湖流域城市集中、经济发达、财富聚集、人口密集,2020年,以全国0.4%的国土面积承载了全国4.8%的人口和9.8%的GDP,流域人口城镇化率超过80%,是我国典型的高城镇化平原河网地区。太湖流域水利工程众多,独特的平原河网特征和经济社会发展阶段决定了不同时期水问题的复杂性[23]。一方面,流域河网密布,地势低平,河道水面比降小,平均坡降约为十万分之一,水流流速缓慢,往复不定,流域治水需面对庞杂繁复的江河湖海关系;另一方面,高度城镇化的现状导致人与自然矛盾突出,流域防洪、供水、水生态环境等保障问题相互交织、相互影响。

2. 主要面临的水安全问题

当下太湖流域的水问题是水灾害、水资源、水环境、水生态等并存交织的综合性水问题[24],最主要的水安全问题主要有:洪涝灾害频发,城市地区河流水位快速上涨,城市遭受洪涝灾害的风险随之增大[25],在持续的经济发展和气候变化影响下,未来流域洪水风险也将增加[26];全流域入河污染物排放总量远超流域水环境承载能力的状况没有得到根本改变,流域水污染状况依然严重[27];流域湖泊普遍存在富营养化问题,蓝藻水华时有发生,水域湿地面积大幅萎缩,河湖生态系统退化明显。

3. 水安全治理保障措施

针对流域水安全问题,制定实施了《太湖流域综合规划》《太湖流域防洪规划》《太湖流域水资源综合规划》《太湖流域水环境综合治理总体方案》等规划及方案,地方各级水行政主管部门也编制实施了大量区域规划。通过各项水利工程的建设,太湖流域形成了以太湖洪水安全蓄泄为重点,充分利用太湖调蓄,北排长江、东出黄浦江、南排杭州湾的洪水蓄泄格局,初步形成了以治太骨干工程为主体,由上游水库、周边江堤海塘、平原圩闸工程组成的流域、区域、城区3个层次的防洪工程体系,同时,基本形成了从望虞河等沿江河道北引长江入太湖调蓄,通过太浦河和环湖口门向苏州、无锡等周边区域和上海、杭嘉湖等地供水的水资源调度工程体系。

1.2.2.2 珠三角水网区水安全治理

1. 城镇化基本情况

珠江三角洲位于广东省中南部、珠江下游,濒临南海,是由珠江水系的西江、北江、东江及其支流潭江、绥江、增江带来的泥沙在珠江口河口湾内堆积而成的复合型三角洲,是我国南亚热带最大的冲积平原。珠三角城市群常住人口从1980年的1797.4万人增长到2019年的6446.9万人,城镇化率从1980年的28.4%增长到2019年的86.3%,20世纪90年代是城镇化发展速度最快的时期,2000年城镇化率达到71.6%,比1990年提高了27.7%。快速城镇化发展导致下垫面变化,影响地表热量平衡和水量平衡,对极端降雨事件产生影响[4];大量资源被消耗,城镇废水、电子垃圾、工业危险废物等环境污染物超标排放;城区的自然水系、植被格局和物种组成发生明显变化,农田和保护地面积减少,区域生态系统的调节能力下降。

2. 主要面临的水安全问题

随着城镇化进程迅速发展,城市降雨显著增加[1],尤其是短历时强降雨引起的城市洪涝灾害对高城镇化地区的影响更为突出[28-29]，研究发现，珠三角地区的暴雨雨量、雨日和雨强以增加趋势为主[30]，易导致暴雨内涝事件增加[4]。流域河网演变导致部分受阻段洪水壅高，导致在极端降雨条件下城市内涝灾害更为剧烈。珠三角地区禽畜养殖以及农业面源污染正在不断加剧区域水体恶化。

3. 水安全治理保障措施

珠三角地区为确保大江大河、重要城市和重点地区的防洪安全，加强防御洪水和风暴潮灾害工作，建立珠江三角洲完整的防洪工程体系，包括建设西北江中下游堤库结合防洪工程体系、江海堤防的达标加固、制定河口规划治导线和三角洲的行洪控制线、三角洲整治和河口整治、蓄滞洪区建设及一系列非工程措施[31]。同时，坚持源头控制原则，建立水污染综合治理控制体系，针对点源和面源污染，建立起产业点源控制系统、城镇（片区）污水处理厂、面源控制工程以及水体的生态修复系统控制工程[32]。

1.2.3 研究启示

为全面提升高城镇化水网区水灾害、水资源、水生态、水环境等安全保障能力，亟须秉承系统思维，加强现有水利工程体系的多目标统筹协调调度的研究与实践；加强截污控源措施的落实，建立污染综合治理体系；遵循"尊重自然、顺应自然、保护自然"的理念和"确有需要、生态安全、可以持续"的原则，积极推动河湖水系连通工程建设，形成引排顺畅、蓄泄得当、丰枯调剂、多源互补、可调可控的河湖水系连通格局；打破部门和地域之间的分割状况，在整个流域尺度上建立行政区间协调机制，在水利工程建设、防洪除涝、水资源分配、水环境保护等方面开展区际协作，强化流域管理的区域协调，实现共治共享。

1.3 河湖水系连通与水安全保障研究进展

1.3.1 河湖水系连通演变研究

1. 河湖水系连通的构成要素

河湖水系连通是多功能、多途径、多形式、多目标和多要素的综合性水网结构工程，是"自然-人工"水系。其构成要素主要有[33]：

（1）自然水系。首先，河湖水系连通需要通过自然演进形成江河、湖泊、湿地等构成自然水系。其次，良好的水资源条件是自然水系的物质基础。水质、水量、水系结构等都会直接影响水系连通。

（2）水利工程。水利工程是实现河湖水系连通的保障，包括水库、闸坝、堤防、渠系等工程。它不仅对区域内的社会经济产生深远影响，还对区域内的生态环境、气候变化等都将产生不同程度的影响。在进行水系连通设计时必须对这种影响进行充分估量，平衡其利弊，努力发挥水系连通工程的积极作用。

（3）调度准则。调度准则是构建、维护、管理河湖水系连通的手段。水利工程的运行、水资源的调度等必须要求更为全面、宏观、精确的调度准则。

2. 河湖水系连通的演变过程

在自然变化和人类活动的双重影响下,形成了当前我国河湖水系的总体分布与连通格局。早期地质构造、地貌地形变迁、气候变化和水文泥沙等因素在河湖水系的形成和演变中发挥了决定性的作用,但随着经济、社会的发展,人类活动对河湖水系连通状况的干预和影响越来越显著。

从生产生活方式、水土资源开发方式、人水关系以及河湖水系连通状况等角度,将河湖水系连通演变进程划分为以下 4 个阶段[34]。

(1) 河湖水系的形成和发展初期。由于远古时期强烈的地质结构运动,我国形成了西高东低的三级阶梯地势,阶地隆起为水流提供了巨大的势能,使得一些互不连通、相互独立的内陆水系汇集成河,逐步演变为从源头到入海口、自西向东的总体流势。此时,河湖水系受自然因素影响完全处于天然演变状态,具有自然缓慢、突变剧烈的特点。

(2) 水系的发育和格局调整时期。古代是我国主要江河湖泊不断发育、自然因素主导的水系格局不断调整的时期,在自然营力的持续作用下,我国主要河湖水系的连通格局基本形成,该时期的水系演变仍以自然演变为主,但逐渐出现一些顺应自然规律的开发利用与人工干预。

(3) "自然-人工"复合水系格局的稳定时期。在近代,随着人类科技水平和生产能力的提高,河湖水系格局不断与经济社会发展格局相匹配,人类活动通过改变河流边界条件、水沙条件,对河湖水系频繁实施防洪建设、河湖围垦、水资源开发利用等活动,更加深入地影响河湖水系的演变,呈现出自然演变缓慢、人工干预增强的趋势。河湖水系逐渐从连片、支叶形转变成线带状、网格型的形态,水面面积减小,河湖水系的水动力减弱,河流淤积加重,"自然-人工"复合水系结构复杂。

(4) 水系连通方式不断丰富、格局逐步完善的时期。该时期河湖水系格局直接受人类活动影响,人类在利用河湖水系时,给水资源带来巨大的压力负荷,导致部分河湖严重萎缩,连通性减弱,水旱灾害频发。现代人们开始注重人水和谐,坚持可持续发展治水理念,在多个方面对河湖水系连通产生影响,河湖水系连通工程多以防洪抗旱、航运、水资源配置和水生态环境保护与修复等功能为目的。

经过漫长的自然演变和持续的江河开发治理,目前,我国已形成以七大江河等自然水系为主体、人工水系为辅的河湖水系及其连通格局,河势基本得到控制,河湖功能得以发挥。

1.3.2　河湖水系连通对水安全保障的影响

1. 河湖水系连通对防洪除涝的影响

在地形、气候等天然条件以及人力作用下,水流携带泥沙流向下游地区,河流动力弱使得泥沙在河流中下游形成沉积。大量泥沙沉积导致河床升高,河道连通性受阻,排泄洪水、除涝能力减弱,更使得河道中水体流速减慢,泥沙淤积加重。因此,水系连通能够增强水动力,有效减少泥沙淤积,促进排洪除涝,保障区域防洪安全。

随着社会经济的发展,人为改变天然河道的水利工程越来越多。河道硬化有防止下渗、便于蓄水、利于清淤等优点,因此,过去许多地方在河道改造时采用了河道硬化方式。

但是，近些年来，随着生态保护意识的加强，人们越来越意识到河道硬化的弊端。一是硬化后的河道阻碍了地表水和地下水的交换，破坏了地下水的补给；二是河道硬化阻碍了河水下渗，且滨岸带缺乏天然植被，当洪水来临时，河道调蓄洪水能力减弱，并且缺少植被对洪水的缓冲，使得洪水流动速度加快，易形成洪涝灾害。因此，地表水与地下水的连通能够蓄滞洪水，有效提高洪水的调蓄能力，保障区域防洪安全。

长江中下游地区经济发达，为满足生活、生产需要，围垦现象突出。围垦主要是在河道、湖泊周围的滩地上进行垦殖，它占用了洪水的通道和调蓄的场所，破坏了原有的水系连通格局，使得河道过洪断面减小，湖区面积和蓄水能力锐减，防洪能力下降，加重了洪水对河湖以及城市的致灾风险。因此，水系连通能够发挥河道和湖泊对洪水的调蓄能力，提高防洪能力，保障区域防洪安全。

水系连通还能够实现水库群等水利工程联合调度，达到洪水优化调度的目的，增强洪水调蓄能力，实现错峰下泄，变害为利。

2. 河湖水系连通对水资源配置的影响

水资源配置是联系水循环过程与经济社会发展的纽带，关系到社会经济的可持续发展和生态环境的良性循环[35]。在城市供水过程中，水系连通网络充当着水源到用水户间的桥梁，是实现水资源合理配置的重要基础。

在当地水资源已被充分挖掘且难以满足经济社会发展用水需求的情况下，实施跨流域或区域的水系连通工程能够优化水资源时空格局，改善用水条件，保障供水水源充足，以实现水资源更加合理的配置。在常规情况下，水系连通能够优化水源布局，提高水资源配置能力，提高供水效率，满足受水区的正常用水需求。在突发水污染等极端情况下，水系连通能够快速实施应急补水，保障城市供水能力。

从 20 世纪后期到 21 世纪，我国水资源供需矛盾日益突出，为此，各地陆续建设了一批以城市供水为目的的连通工程，如引滦入津（1983 年）、引黄济青（1989 年）、引黄入冀（1993 年）、富尔江引水（1994 年）、引碧入连（1997 年）、引松入长（1999 年）等。进入 21 世纪，随着城镇化进程的加快，以城乡供水为目标的连通受到各地的广泛重视，工程建设明显加快，如引黄入晋（2002 年）、黑河引水（2002 年）、引乾济石（2005 年）等。于 2002 年开工建设的南水北调工程，是缓解我国北方缺水严峻形势的水资源配置战略工程，也是连通长江、黄河、淮河、海河等河流的特大型连通工程，对优化水资源配置、保障国家水资源安全具有重大的战略意义[36]。

水系连通的改变对水资源的影响主要体现在水量上，修建水库、闸坝等改变了河流的自然流动规律，改变了自然河流本身所服从的季节流量模式，形成了一种人为的流量变化模式，整个流域的水文情势也受到极大影响。

3. 河湖水系连通对水生态环境的影响

河道淤积阻碍了河湖水系连通格局，如果河湖水系之间不连通，那么水体流动性较差，水体更新周期长。当水体受到污染时，排放进水体的污染物会积聚在一起，长时间难以分解、稀释，就会造成水质恶化、富营养化等问题。有机污染物的大量排放和水利工程造成的水系连通受阻，使得水体富营养化严重，藻类及其他浮游植物迅速繁殖，水体溶解氧含量下降，鱼类及其他生物大量死亡。微生物分解死亡的生物再次消耗大量溶解氧，继而导致更多其他生物死亡,形成恶性循环。大量重金属等污染物质通过沉淀或颗粒物吸附存蓄在底泥中,即使之后水污染得到控制,在一定条件下,底泥污染也会通过物理、化学、生物等交互作用重新释放,造成水体的二次污染。因此,水系连通有利于恢复水体的流动性和连续性,提高水体内氧气含量,促进生物交换,增加生物多样性,缓解底泥污染,提高水体自净能力,有效分解水中污染物,改善河湖水质,保障水生态环境安全。

水系连通受阻会对栖息地生物的生存以及群落结构的抵抗力产生严重影响,栖息地的破碎会削弱物种在不同生境间的迁移能力,从而降低生物多样性。人工建筑物使得河流的纵向连通性大大下降,不仅截断了鱼类的洄游通道,使栖息地破碎化,同时改变了原有的水文规律和生态水文格局,影响河流的物质流、能量流和信息流,进一步对生物产生巨大的影响。

水系连通还能够在极端干旱时期提供应急补水水源,保障河道生态基流和湖库生态水位,不至于形成河道断流、湖库干涸,而给区域水生态环境造成毁灭性的破坏。

21世纪初,我国开始高度重视生态脆弱河流的治理以及重要河口、湖泊和湿地的生态修复问题,在水资源综合规划中进行了布局,并开展实施了一批以水生态环境治理为主要目的的河湖水系连通工程。南方地区重点关注河口、湖泊生态系统以及针对闸坝建设对洄游类动物影响的水资源调度,如引江济太(2002年)、珠江压咸补淡(2005年)等。自2005年以来,为改善城市供水条件、美化城市环境、提升城市竞争力、建设宜居城市,全国许多大中城市纷纷加快了城市河湖水系整治或生态水网建设的步伐,形成以城市为核心并辐射周边地区的生态水网,如西湖综合保护工程(2002年)、武汉市大东湖生态水网构建工程(2009年)等。

1.3.3 河湖水系连通与水安全保障的适配性研究

1. 河湖水系连通评价方法

近20年来,河流连通性评价逐渐发展起来,评价水系连通性是发挥水系功能、保障水安全的重要基础,建立水系连通性评价指标体系又是水系连通性分析和评价的前提条件和关键技术[37]。在水系连通性的指标选用与指标体系建立方面,一些国外学者根据河流水系景观、水文、生物、社会的特点,从形态、结构和功能等方面建立了评价指标体系[38-39]。国内学者基于水系连通的概念、内涵和构成要素,构建评价指标体系并进行应用[34,40],或从水系连通的驱动因素和水力效果出发,选用结构连通指标以及水力连通指标构建水系连通性评价体系[41];在城市水系连通性评价方面,冯顺新等[42]提出了反映水系形态结构以及连通功能的指标体系;在连通性与生态环境的关系方面,崔广柏等[22]、高强等[43]等提出了包括结构性、水动力、水质的评价指标体系;王延贵等[37]认为水系连通的评价指标体系不仅要考虑水系结构、水流、生态等方面的内涵,还要考虑泥沙输移和河床演变等方面的内容,将连通指标分为基本指标、过渡指标和功能指标,建立了水系连通性的功能评价指标体系。

总体来说,目前诸多评价指标体系还不够完善,也没有建立公认统一的评价指标体系,需根据不同的评价区域和对象建立相应的指标体系。总结多名学者提出的评价指标,发现不同学者的观点均有不同,总体共包括水力连通性、结构连通性、地貌特征、连通方式、连通时效、物质能量传递功能、河流地貌塑造功能、生态维系、水环境净化、水资源调配功能、水能与水运资源利用功能、洪灾防御功能和景观维护功能等多个方面,主要集中在生态维系功能、水环境净化功能、水资源调配、洪灾防御功能、结构连通性、水力连通性等方面。

关于河湖水系连通具体的评价方法,国内外有图论法、指标法、水文模型法、连通性函数等多种评价方法[11]。国外在定量化方法上的探讨较为广泛,国内起步较晚,随着近年来对防洪减灾、水资源优化配置及水生态文明建设的需求日益增加,河网连通性越来越受到重视。但目前相关研究尚处于起步阶段。

目前,太湖流域及周边区域的河湖水系连通性评价主要采用图论法、水文模型法等。茹彪等[44]提出了基于河道自然、社会双重属性的水系结构连通性评价方法,对苏州市吴江区骨干水系结构连通性进行评价。孟祥永等[41]从水系连通的驱动因素和水力效果出发,增加了水系水力连通性评价的内容,选用河频率、河网密度、水系连通度、区域水流动势及河道输水能力等评价指标构建了区域尺度下的城市水系连通性评价体系。徐光来等[45]考虑不同类型河道输水能力差异,以河道水流阻力倒数表征水流通畅度,以河道水流通畅度为权值,构建了基于水流阻力与图论的河网连通性评价方法,实现对河网连通性的定量化分析,对嘉兴平原河网进行了评价。诸发文等[46]从太湖流域平原河网区河湖水系连通性受闸门工程调度影响较大的特征出发,在基于水流阻力与图论的河网连通性评价方法的基础上,不仅考虑了河网中不同类型河道的实际输水能力,还考虑了闸门的开启度,提出了改进的水系连通性评价方法,并对太湖流域平原河网区进行了典型年时河网水系连通性评价。胡尊乐等[47]基于分形几何理论与方法,提出了一种河湖结构连通性的评价方法,通过计算河湖覆盖度、分形维数和分枝维数来验算和评价了常州市主城区的河湖结构连通性。

2. 河湖水系连通与水安全保障适配性分析

"适配性"概念最早起源于种群生态学模型以及权变理论,并逐渐在战略管理、人力资源管理等领域获得了广泛应用[48-49]。适配性是指不同主体间的协调一致性,通过要素相互匹配来实现稳定生存与发展,强调要素间的映射关系[50-51]。

尽管高城镇化地区河湖水系连通与水安全保障在长时间序列中处于动态变化的状态,但总是存在相互适应和匹配的关系,且在不同时期下二者的适配状态是客观可量化的。河湖水系连通与水安全保障适配性,就是指不同的水系连通对于防洪、供水、水生态环境等方面水安全保障的协调程度。高城镇化地区的水系连通与水安全保障通常也考虑与城市化进程的协调度。

目前,河湖水系连通对河湖水安全的影响研究还处于起步阶段,以定性评价为主,且多将水系连通性视为河湖水安全评价属性之一,如从生产生活方式、水土资源开发方式、人水关系及连通状况等角度,建立了涵盖结构连通性、水力连通性、水安全功能的定性评价指标体系,这与为解决日益严重的水问题而提出的河湖水系连通战略尚有很大差距[7]。河流生态系统作为一个整体,各个生境要素并不是孤立地起作用,而是综合起作用,并与不同生态要素形成复杂的耦合关系。

已有学者针对水系连通与城镇化进程、水系连通与社会经济发展之间的协调关系,人类活动对水系连通的影响等方面开展了相关研究。王玮等[52]综合考虑复合系统静态和动态层面,建立了系统动态耦合模型,用综合发展度、耦合度和系统协调度定量表示复合系统的耦合协调状况,并以桂林市两江四湖工程为例,在时间尺度上定量分析了复合系统的演变规律。李普林等[53]建立了江苏省城镇化系统进程状况和河湖水系连通水平的评价指标体系,利用耦合协调模型计算城镇化与河湖水系连通系统耦合协调度。左其亭等[5]建立了评价河湖水系连通系统与经济社会发展系统的指标体系,基于匹配度计算公式提出了河湖水系连通系统与经济社会发展系统协调度计算方法,评估了郑州市2003—2011年的河湖水系连通系统与经济社会发展系统协调度和协调等级;此外,左其亭等还从河湖水系连通关系、河湖水系功能(自然角度)、河湖水系连通功能(社会角度)三个方面归纳了人类活动的正负面影响,提出了人类活动对河湖水系连通影响的量化评估方法,为从宏观角度量化和分析人类活动对河湖水系连通的影响提供了路径。

河湖水系连通受到城镇化进程、社会经济发展以及人类活动的影响深刻,也对高城镇化水网区水安全保障提出了巨大的考验与挑战,然而,目前关于河湖水系连通与水安全保障适配性的定量评价研究还较为少见。

1.4 研究方案与关键技术

1.4.1 研究背景

河湖水系是支撑经济发展的重要基础设施,河湖水系连通作为优化水资源配置战略格局、提高水利保障能力、促进水生态文明建设的有效举措,在水安全保障中起到了重要的作用。随着社会经济由高速增长阶段转向高质量发展阶段,其对良好的水生态环境要求越来越高,社会经济发展与水资源、水环境、水生态之间的矛盾日益凸显。太湖流域武澄锡虞区是近年来太湖流域内城镇化进程最快的典型区域,属于高城镇化平原河网地区。一方面,武澄锡虞区河流密布,互相串联,又有苏南运河①贯穿整个片区,形成纵横交错、四通八达的河网,自然水资源、水运条件较好,为区域防洪除涝、工农业生产和居民生活用水、改善航运条件和河道水质提供了良好的基础;另一方面,快速城镇化导致武澄锡虞区河湖水系结构发生变化、排水不畅、污染负荷增大,从而导致防洪排涝问题、水环境问题较为突出,河湖水系连通与经济社会发展需求的耦合匹配问题逐渐显现。

因此,亟须开展高城镇化水网区河湖水系连通与水安全保障技术研究,探求河湖水系连通演变机制、评判河湖水系连通与水安全保障的适配程度、探索河湖水系连通布局与发展战略、研究河湖水系连通治理关键技术等具有重要意义,可以更好地支撑区域经济社会发展和生态文明建设。

本书针对太湖流域高城镇化水网区武澄锡虞区,分析其河湖水系连通与区域水安全适配性,优化区域河湖水系连通格局,研发区域防洪除涝安全保障技术和城市水网水

---

① 苏南运河起自长江谏壁口,止于江浙两省交界处的鸭子坝,全长约212.5 km,分为镇江、常州、无锡、苏州四段。苏南运河是京杭(大)运河苏南段,在当地也被称为大运河。

环境质量提升技术等河湖水系连通治理关键技术，并选取常州市建立示范区进行城市水环境质量提升技术示范，可为有效提升流域、区域、城市河湖水系连通治理水平提供技术支撑。

1.4.2 研究方案

1. 研究思路

坚持"目标导向、问题驱动、系统治理"，采用"现状评价—问题分析—关键技术—示范应用"的研究思路，充分吸收和利用流域、区域、城市相关规划、研究成果，以促进武澄锡虞区河湖水系连通与水安全保障之间更好适配为目标，构建武澄锡虞区河湖水系连通与水安全保障适配性评价指标体系与评价模型，评价河湖水系连通与水安全保障的适配性，提出提升水安全保障适配性的区域河湖水系连通功能和技术的需求；基于评价成果，根据区域社会经济发展与生态文明建设目标，提出区域江河湖水系连通格局与工程布局优化建议；针对武澄锡虞区在防洪除涝、水环境改善等方面存在的突出问题及改善需求，研究提出保障区域防洪除涝安全、提升城市水环境质量的河湖水系连通治理技术，在常州市选取建立示范区进行城市水环境质量提升技术的应用示范。

2. 技术路线

在调查分析区域防洪、供水、水环境安全保障现状的基础上，充分吸收和利用流域、区域、城市相关规划、研究成果，研究构建武澄锡虞区河湖水系连通与水安全保障适配性评价指标体系与评价模型，分析区域现状河湖水系连通格局与区域水安全保障的适配性，厘清武澄锡虞区防洪除涝安全保障、水环境质量提升等方面的存在问题，提出提升水安全保障适配性的区域河湖水系连通功能和技术需求。

立足问题与目标双重导向，分析武澄锡虞区河湖水系与工程特征，研究水环境综合治理、城镇化带来的联圩并圩改造、沿长江引排工程运用、苏南运河沿线区域防洪除涝工程调整等因素对区域河湖水系连通格局与工程布局的影响，尊重现状，衔接已有的建设与规划，提出江河湖水系连通与工程布局优化建议。

在上述研究基础上，开展高城镇化水网区河湖水系连通治理技术的集成研发。一方面，基于武澄锡虞区防洪除涝安全保障需求，利用洪涝水区间组合和叠加分析方法、多目标分析方法和协同理论，均衡运河沿线区域-城区-圩区的洪涝风险水平，构建区域-城区-圩区防洪除涝联合优化调度模型及其调控技术，统筹安排区域、城区、圩区的洪水和涝水的排泄路径和排泄时机，提高系统滞蓄能力、畅通排泄水出路，研发"分片治理-滞蓄有度-调控有序"防洪除涝安全保障技术。

另一方面，在保障防洪安全的前提下，在充分考虑并有效规避区域与区域、城市与城市之间可能引发的矛盾的基础上，以水环境改善为目标，选择河网动力弱、水质差的常州市区水网为研究区域，在控源截污的基础上，通过原型观测配合调水试验，分析现有水网格局及工程调度对城区水环境改善的效果，综合考虑水体流动性、水环境状况、污染负荷、干支流及水网连通特性和调控能力，设计不同引配水工程运行与沿江引排闸泵调度运行方式的组合方案，优化控导工程布置方案，建立河网水量分配方案，优选调水时机与路线，研发城市"多源互补-引排有序-精准调控"水环境质量提升技术；建立常州市水环境质量提升示范区(以下简称"常州示范区"),对城市水环境质量提升技术进行示范应用。

总体技术路线详见图 1-1。

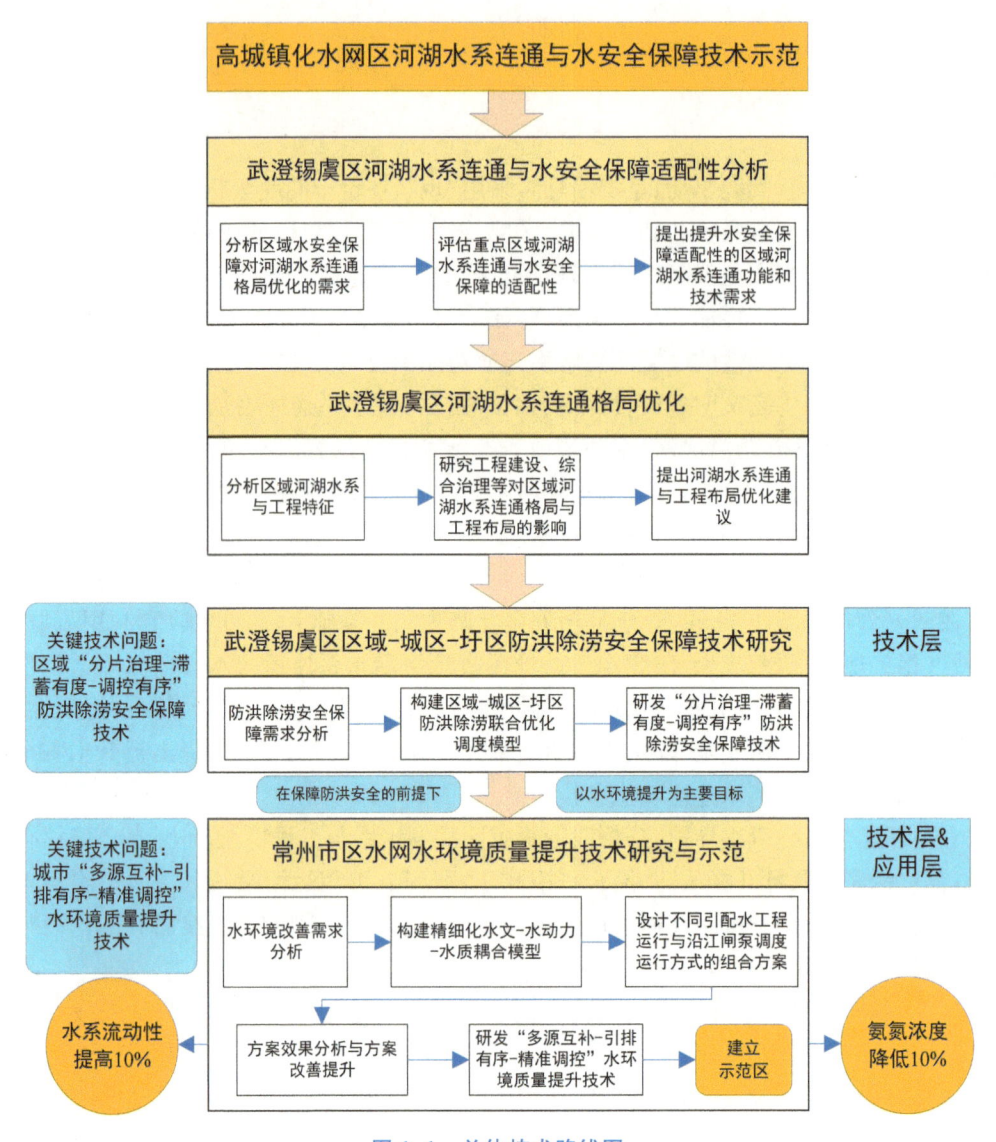

图 1-1　总体技术路线图

3. 研究范围

研究范围为太湖流域北部的武澄锡虞区,西至德胜河与澡港河分水线,南与太湖湖区为邻,东以望虞河东岸为界,北以长江南堤岸线为界。行政区划涉及常州市区、无锡市区、江阴市、张家港市和常熟市部分区域。

由于张家港市大部分区域和常熟市武澄锡虞区部分引排体系相对独立,本书重点关注常州市、无锡市(含江阴市)的水系连通状况优化和水安全保障能力提升。鉴于太湖流域平原水网地区河湖纵横交错、水系相连、水力联系密切,难以完全分割,利用数学模型模拟计算时可以扩展至整个太湖流域范围。研究范围示意图见图 1-2。

图 1-2 研究范围示意图

1.4.3 关键技术

本书立足太湖流域高城镇化水网区武澄锡虞区存在的区域防洪除涝安全保障、城市水环境质量提升两大突出问题及需求,研发形成区域"分片治理-滞蓄有度-调控有序"防洪除涝安全保障技术、城市"多源互补-引排有序-精准调控"水环境质量提升技术两项关键技术。

1. 区域"分片治理-滞蓄有度-调控有序"防洪除涝安全保障技术

考虑区域河湖水系连通特性、排泄水骨干通道和控制性工程,利用太湖河网水量模型,构建区域大系统、城区中系统、圩区小系统的水网滞蓄能力和排泄水需求分析技术,按照流域统筹和区域协调原则,构建区域-城区-圩区防洪除涝联合优化调度模型及其调控技术,充分考虑排泄水骨干通道的滞蓄能力,安排区域、城区、圩区的洪水和涝水的排泄路径和排泄时机,以提高系统滞蓄能力、畅通排泄水出路,针对洪水和涝水形成的时差,科学调度控制性工程,制订错时调度方案,构建区域"分片治理-滞蓄有度-调控有序"防洪除涝安全保障技术。

2. 城市"多源互补-引排有序-精准调控"水环境质量提升技术

针对城市河网动力弱、水质差、环境需求高等显著特点,基于水动力与水质响应关系,结合精细化水文-水动力耦合模型的分析计算,分析比较多个水源引水水量和水质稳定性,实现多源互补,采用数学模型计算和物理模型试验方法,优化控导工程布置方案,建立河网水量分配方案,优选调水时机与路线,畅通水体置换通道,实现引排有序的水体置换过程,分析流量、流速水力特征空间分布,制定不同水体优先等级,综合运用闸、泵、堰等工程控制及其组合控制,进行精准调控,构建城市"多源互补-引排有序-精准调控"水环境质量提升技术。

2 研究区河湖水系连通与水安全保障现状

2.1 区域概况

2.1.1 自然概况

武澄锡虞区位于太湖流域北部、江苏省南部,总体上属太湖下游的低洼平原区,北滨长江,南邻太湖,西界武澄锡西控制线与太湖湖西区相邻,东至望虞河东岸,区域总面积约为 4 015.5 km²。区内以白屈港东控制线为界,分为武澄锡低片及澄锡虞高片,其中,武澄锡低片面积为 2 255.0 km²,澄锡虞高片(含沙洲自排片)面积为 1 760.5 km²。

武澄锡虞区整体地形相对平坦,地势特点为四周较高、腹部低,形似"锅底"。境内地貌大部分属长江三角洲水网平原、圩田平原和高亢平原等类型。区域内低山残丘主要分布在无锡市境内,无锡市区西南部和江阴市北部的山丘总体上呈北东、北东东及近东西走向,最高峰为惠山的三茅峰,海拔 328.98 m。区域内水网平原区地面高程一般为 3.5~5.5 m,沿江高亢平原区地面高程为 6.0~7.0 m,低洼圩区地面高程一般为 4.0~5.0 m,南端无锡市区及附近一带地面高程最低,仅为 2.8~3.5 m。其中,武澄锡低片要比白屈港控制线以东的澄锡虞高片平均低 1.5~2.0 m。

2.1.2 经济社会

武澄锡虞区位于长江三角洲腹地,是我国经济最发达的地区之一。无锡、常州以及江阴、张家港、常熟等大中城市坐落其间,区内人口稠密,物产丰富,基础设施完善。无锡是全国文明城市、最佳商业城市等,常州是科技创新示范城市、长三角重要的现代制造业基地,2017 年百强城市经济排名中无锡、常州分居第 13、第 23 位,江阴、张家港、常熟三市在全国综合实力百强县排名中稳居前五。

武澄锡虞区地理位置优越,经济与科技实力强,工农业发展均衡,交通、通信、公用设施、商业、服务业、金融业等条件优良,极具发展前景。区域内各市(县、市、区)GDP 位居全国前列,人均 GDP 稳步提升,城市现代化、城乡一体化进程不断加快,是长江三角洲经济最发达和最活跃的地区之一。据统计,2017 年末,区域内现状常住人口约占太湖流域总人口的 14%、占江苏省总人口的 11%;区域 GDP 约占流域 GDP 的 20%、占江苏省 GDP 的 19%;

区域人均GDP约为流域人均GDP的1.39倍、为江苏省人均GDP的1.77倍。

区域内工业技术基础雄厚,产业门类配套齐全,资源加工能力强,技术水平、管理水平和综合实力均处于全国领先水平。近年来,区域推进工业结构调整,产业升级步伐加快,在物联网、新能源、IT产业等重点领域取得长足发展。区域高新技术产业发展迅猛,高新技术产业的快速发展也对提升传统产业的综合竞争力起到了积极推动作用。金融、旅游、房地产、信息服务、物流等第三产业蓬勃发展,占GDP的比重稳步提高。

区域内农业生产条件日益完善,产业结构不断优化,集约化程度进一步提高。区域大力推进高标准农田建设,加快发展现代高效农业,提高农业综合生产能力,农作物种植结构继续向高产、高效、优质的方向发展,同时注重农业生态建设,加强农产品质量安全监管,保证区域农业生产以健康稳定的态势发展。农村经济改革和产业结构调整成效显著,已进入城镇化快速发展时期。

区域内有沪宁铁路、新长铁路、沪宁高速公路、沿江高速公路、锡宜高速公路、陆马高速公路、312国道、S338省道等高等级公路等,形成了发达的陆上交通网络;也有苏南运河、锡澄运河、锡溧漕河、张家港、锡十一圩线、锡北运河等,形成了区内高等级航道网,提供了极为便利的水上集疏运通道。区域紧邻长江口深水航道,坐拥常州港、江阴港、张家港港、常熟港等重要口岸,为区域经济发展提供了有利条件。

2.1.3 气象水文

武澄锡虞区属中亚热带北部向北亚热带南部过渡的湿润性季风气候区,雨量充沛,日照丰富,无霜期长。年内四季分明,热量充裕,冬季寒冷,夏季湿热。年平均气温为15.5℃,最高气温多出现在7—8月份,历史高达40℃;最低气温一般出现在1—2月份,低达－10℃。

区域多年平均年降水量为1 112 mm,年平均降水日数为125天。降水年际变化较大,年内降水主要集中在汛期5—9月份。每年春夏之交,出现典型的梅雨期,其特点为范围广、雨期长、雨量集中。据统计分析,区域多年平均梅雨日在27天左右,平均梅雨量为246 mm。多年平均水面年蒸发量为935 mm,其中,8月份最大,多年平均陆地年蒸发量为780 mm左右。

区域主要引排口门分布在长江沿岸,潮型为非正规半日浅海潮,处于长江潮区界与潮流界之间,河段内的水位在潮汐作用下,每日两涨两落。全年大部分时间处于潮区界范围,汛期多呈单向流,只有小水年的汛期为双向流;枯季上游流量小,潮流作用明显,多为双向流。区域河网水文特性宏观上受长江和太湖影响,河网水位随潮汛和流域降雨而变化,通常引水期水流方向从长江到运河乃至太湖;当长江水位较低又逢落潮或区域发生暴雨须向长江泄洪时,水流以北排长江、东泄运河为主。

2.1.4 河湖水系

武澄锡虞区属典型的平原水网区,江湖相连,水系沟通,依存关系密切。区域内河网密布,河道水面比降小,平均坡降约为十万分之一,水体流速缓慢,汛期一般仅为0.3～0.5 m/s。

根据地形特点与水系分布，境内水系总体以苏南运河为界，分成运北水系和运南水系。运北水系以南北向通江河道为主，包括武澄锡低片的澡港河、桃花港、利港、新沟河、新夏港、锡澄运河、白屈港和澄锡虞高片的走马塘、张家港、十一圩港以及以承担流域引排任务为主的望虞河等通江河道，同时，西横河、黄昌河、应天河、青祝河、锡北运河、九里河、伯渎港等东西向河道与通江河道相连。运南水系主要以入湖河道为主，包括直湖港、武进港、梁溪河、曹王泾和大溪港等入湖河道，以及锡溧漕河、武南河、采菱港、永安河等内部骨干引排河道。苏南运河自西向东经常州、无锡两市区贯穿区域内部，起着水量调节和承转的作用，并连接上述诸多河道，形成纵横交错、四通八达的河网。

2.1.5 典型水安全事件

受特殊的地理位置、水文气象和地形地貌等因素影响，武澄锡虞区洪涝旱潮灾害频发。梅雨和台风暴雨是造成本地区洪涝灾害的主要原因，梅雨型洪水总量大、历时长、范围广，往往整个太湖流域都受其影响（如 1954 年、1991 年、1999 年）；台风暴雨型洪水一般暴雨强度大、历时短、降雨面积小，易造成局部地区洪涝灾害（如 1962 年）。自 1949 年以来，武澄锡虞区发生较大洪涝灾害的年份主要为 1954 年、1962 年、1991 年、1999 年、2015 年、2016 年、2020 年，其中，2015 年、2016 年是武澄锡虞区近年来洪涝灾害的典型代表。2015 年，暴雨中心主要位于湖西区、武澄锡虞区和沿江地区。武澄锡虞区最大 15 日降水量为 517.8 mm，位列历史第一。运河沿线站点水位普遍超警戒，其中，常州钟楼闸（6.42 m）、无锡（5.18 m）水位超历史。6 月 15 日到 17 日，第一次强降雨受灾人口约为 21.23 万人，住宅受淹 3.78 万户，农作物受灾面积为 23.03 万亩[①]，成灾面积为 3.25 万亩，停产企业 1 965 家，因洪涝灾害造成的直接经济损失为 11.61 亿元。常州市区受灾人口 32.86 万人，转移人口 1.91 万人，农作物受灾面积为 15.27 万亩，工矿企业受淹 4 782 家，停产企业 2 116 家，因灾直接经济损失为 36.23 亿元。张家港紧急转移人口 1 100 人，临时受淹农田 20.8 万亩，直接经济损失约为 7 000 万元。2016 年，受超强厄尔尼诺影响，太湖流域发生了特大洪涝，武澄锡虞区最大 7 日降水量为 294.5 mm，约为 22 年一遇；最大 15 日降水量为 457.0 mm，约为 60 年一遇。湖西区最大 3 日、7 日、15 日降水量均超历史最大值。7 月 8 日 20 时，太湖水位达到 4.87 m，历史排位第 2。苏南运河无锡站水位最高涨至 5.28 m，超历史记录 0.10 m。受灾情况：无锡市 7 个市（区）出现洪涝灾害，受灾人口 20.13 万人，转移人口 2.36 万人；农作物受灾面积为 34.44 万亩，成灾面积为 0.04 万亩；工矿企业受淹 884 家，因灾直接经济损失为 5.13 亿元。常州市区受灾人口 8.05 万人，转移人口 2.01 万人，农作物受灾面积为 18.3 万亩，工矿企业受淹 697 家，因灾直接经济损失为 14.41 亿元。

武澄锡虞区的旱灾不及水灾频繁和严重，但遇少雨年份也会出现干旱。自 1949 年以来，区域内常州市共发生重大旱灾 4 次，分别是 1978 年、1992 年、1994 年和 2006 年。其中，1978 年为百年不遇之特大干旱，全市受旱面积为 67 万多亩；1992 年为仅次于 1978 年的大旱，梅雨期间，全市面平均雨量为 35 mm，比历年平均梅雨量 225 mm 减少了八成多，

---

① 1 亩≈667 m²。

成为历史上少有的枯梅年份,全市一度受旱面积达 2.43 万公顷,受灾面积达 1.3 万公顷。无锡市共发生重大旱灾 3 次,分别是 1959 年、1978 年和 1994 年。1959 年,江阴沟塘干涸 1 918 条,全县普遍受旱,华士、长寿、周庄等 15 个公社较为严重;1978 年是罕见的大旱年,伏秋干旱期长达 250 天,许多河浜干涸;1994 年,全市水稻因旱受灾面积达 70.7 万亩,水产养殖受灾面积达 11.03 万亩,工矿企业因旱灾而影响生产的有 1 110 家,受灾农户 31.48 万户,受灾人数 78.6 万人,因旱灾直接经济损失达 3.1 亿元。张家港市旱灾年份主要为 1988 年和 1994 年,1988 年 7 月 4—21 日连续 18 天高温无雨,全市 10 万亩水稻田遭受旱灾;1994 年遭受汛期特大干旱,全市受旱面积达 46.5 万亩,严重受旱面积达 4.5 万亩。

2007 年 5 月,太湖梅梁湖湾、贡湖湾蓝藻大规模暴发,导致梅梁湖湾的小湾里水厂、贡湖湾的南泉水厂原水恶臭,致使无锡市市区 80% 的居民无法正常饮用自来水,引发了城市供水危机,造成了较大的社会影响。

2.2 水安全保障现状

武澄锡虞区积极践行新时期治水思路,按照相关规划提出的目标、布局和主要任务,统筹推进"防洪除涝减灾、水资源保障、水生态环境保护"体系建设,为区域水安全保障和经济社会发展提供了有力保障,为加快推进水治理体系与治理能力现代化奠定了坚实基础。

1. 防洪工程体系基本建成,防洪安全保障能力不断提高

武澄锡虞区自 1949 年以来持续治理,1987 年批准的《太湖流域综合治理总体规划方案》将武澄锡引排工程列入治太十一项骨干工程,1991 年太湖大水后,治太骨干工程陆续开工,流域环太湖大堤全面建成,加上长江堤防和武澄锡西控制线,有效控制了太湖、长江和湖西洪水入侵;武澄锡虞区内部完成了武澄锡引排工程,包括白屈港枢纽及河道、澡港枢纽及河道、新夏港枢纽及河道等骨干工程建设。自 2007 年太湖流域水环境综合治理工程实施以来,区域内兴建了走马塘拓浚延伸工程、新沟河延伸拓浚工程和澡港河江边枢纽扩容等,区域外排能力得到进一步加强。近年来,区域治理工程有序推进,实施完成永安河拓浚整治、丁塘港整治、澡港河整治、中小河流治理,以及武宜运河、锡溧漕河等河道防洪应急治理,区域引排能力进一步加强。为提高城市防洪自保能力,自 2003 年开始,区域内无锡、常州等地加快推进城市防洪工程建设,并持续推进圩区达标建设。目前,武澄锡虞区基本形成了"北排长江、南排太湖、东排望虞河、沿运河下泄"的骨干防洪体系框架,建成以依托流域骨干工程为主体,区域骨干河道和平原区各类闸站等工程组成的防洪保安工程体系,防洪安全保障能力不断提高。

2. 水资源管理制度不断完善,供水安全保障能力稳步提升

武澄锡虞区主要依靠本地产水、上游入境水和长江调水来满足生产生活和生态用水需求。望虞河工程实施后,临望虞河西岸地区以及环太湖地区,通过望虞河引江济太、梅梁湖泵站合理调度,满足望虞河西岸地区用水以及无锡城区调水引流的要求,本地水、过境水相结合的水资源配置格局已基本形成。结合新沟河、澡港河、走马塘等流域和区域骨

干河道整治,以及中小河流治理,形成多口门引江、有序引排的供水格局,增强了区域的供水能力,初步建立了水资源合理配置和优化调度体系。充分利用长江、望虞河等优质水源,积极开展调水引流活水实践,利用泵站拉动太湖水体北部流动,改善了水源地水质。全力推进集中式饮用水水源地达标建设,保障饮用水安全。落实最严格水资源管理制度,建立健全城市节水的长效管理机制,有效提高了水资源促进经济社会发展与生态环境良性循环能力。

3. 水环境综合整治持续开展,水环境保护与水生态修复初见成效

武澄锡虞区持续深入开展水环境综合治理,不断加强工业点源、城镇生活污水和农业面源污染治理,开展入河湖排污口排查整治,推进工业园区污水管网和污水收集处理设施建设,加快实施管网混错接改造、管网更新、破损修复、雨污分流改造等,严控污染物排放;推动产业结构优化调整,加强化工、印染、造纸等重污染行业治理,依法淘汰落后产能,加强"散乱污"涉水企业整治,推进农业绿色发展,推动了经济社会发展向环境友好型、资源节约型转变。结合水污染防治行动计划等要求,推进河湖综合整治,开展河湖水域与岸线管护等一系列生态保护和修复措施,做到控源截污与生态修复统筹推进。加强河道拓浚、水系延伸和城区调水,加速水体流动,改善了城区河道水质。持续推进水土流失治理,建设生态清洁小流域。经过多年治理,武澄锡虞区水功能区水质达标率稳步提高,河湖水环境治理初见成效,生态环境有所改观。

2.3 存在问题分析

武澄锡虞区位于经济高度发达的长三角地区,随着区域内经济社会的迅速发展,城镇化进程加快,水系连通格局发生了巨大的变化,现状水系连通格局在一定程度上保障了经济社会的发展,但仍然存在河湖水系连通功能发挥受限、区域防洪除涝安全保障需求高、城市水环境质量改善压力大等问题。

1. 河湖水系连通功能发挥受限

城镇化是各种人类活动中对河湖水系影响最明显的、最直接的。由于武澄锡虞区在城镇化进程中天然河湖水系受人类的干扰不断增强,河湖形态结构发生改变,致使河流湖泊的天然联系受到严重影响,由此带来了水流不畅、河网调节能力下降等一系列问题;城镇开发建设侵占了自然水域空间,河湖水系不断受到小区、商业、道路等各类建设的破坏或侵占,导致河湖水域面积减小、出现断头浜、水流流速减慢、河道趋于主干化、水系结构趋于简单化等,进一步影响了河道排水行洪能力、河网调蓄能力、水流净化能力,诱发洪涝灾害和水环境恶化等问题。同时,经济社会的高速发展使城镇化系统对河湖连通系统的依附性增强,而武澄锡虞区水网治理进程不能适应城市发展的需求,河湖水系连通与水安全保障的适配性不高,使得河湖水系连通格局与城镇化发展需求间的矛盾日益显著。

2. 区域防洪除涝安全保障需求高

受气候变化和城镇化进程双重影响,城市防洪除涝面临新的形势。近年来,极端灾害性天气频繁发生,暴雨频次增多,强度增大,防洪压力陡增,加之区域内外排能力严重不足,使得雨水不能及时排出,造成局部低洼地区积水,致灾性加重。由于城镇化进程加快,

下垫面条件发生剧烈变化,地面硬质化程度升高,地表径流量大幅度增加,地区水文情势发生变化,河湖滞蓄空间萎缩,一遇强降雨,本地涝水就近排入河道,上游洪水随后汹涌而至,导致峰值流量增大、峰值水位抬升、峰值时刻提前。武澄锡虞区境内无锡、常州等城市大包围建成运行,使苏南运河成为两岸地区的主要排涝通道,加之运河沿线部分排水通道受阻、洪水出路不足以及太湖水环境保护等原因,运河成为典型的"高水河道",已成为区域防洪安全的薄弱环节。随着水情、工情的变化和经济社会的发展,对区域防洪除涝安全保障的需求越来越高。

3. 城市水环境质量改善压力大

为保障城市河流各项生态功能正常发挥,必须维持城市河道的连通性、流动性,保持一定的水面面积、水深、水量和水质条件,这也是城市高质量发展和人民群众的迫切需求。然而,城市河流通常受闸门、泵站等工程调控影响,水力交换互通能力显著退化。目前,武澄锡虞区经济社会高速发展与水环境承载能力之间的矛盾依旧突出,入河污染物负荷仍然很大,远超过河道自净能力,加之武澄锡虞区内部城市均为典型的平原感潮河网城市,河网水位落差小,流速低且流向不稳,水体自净能力低,城市河道水质总体状况欠佳。现有水利工程难以完全支撑水环境改善需求,现有调水方案已不适应城区高标准换水要求,城内河网由于缺乏控导工程的联合及精细化调度,流动性改善不大,水质改善效果不明显。此外,境内河道淤积现象较为普遍,河网水动力条件不佳,使得河流停滞少动而易于泥沙下沉,河道淤积致使河床抬高,影响河道引排水能力,影响河道服务功能的发挥,沉积的底泥还会释放污染物,进一步加大水体的污染程度。

3 武澄锡虞区河湖水系连通与水安全保障适配性研究

3.1 武澄锡虞区河湖水系连通与水安全保障适配性评价指标体系构建

3.1.1 指标选取原则

河湖水系连通与水安全保障的适配性评价涉及河湖连通性以及河湖连通性对防洪排涝安全、供水安全和水生态环境安全等状态的影响。在选取评价指标时,应明晰适配性评价的目的与用途,主要用于识别、解决水安全问题,既要反映水灾害、水资源与水生态环境不同方面,也应考虑当地与周边地区的相互影响,且由于水安全保障是一个动态过程,河湖水系连通与水安全保障适配性评价指标体系应是"柔性"的,随着水安全形势的变化和水安全保障工作重心的调整,评价指标、权重等也应进行相应调整。

在进行评价指标选取和构建时,应考虑以下原则:

(1) 系统性和层次性原则:对河湖水系连通与水安全适配性进行评价,所选指标必须形成一个完整体系,能够综合反映区域水安全情况。

(2) 独立性原则:各指标之间相互独立,避免评价内容重叠,保障评价准确性。

(3) 科学性原则:指标体系设计及评价指标必须遵循科学性原则,客观真实地反映区域河湖水系连通与水安全保障的特点和现状,所选指标能够反映河湖水系连通对水安全的保障情况。

(4) 可操作和可量化原则:指标的选取应考虑实际操作性,以及能否进行定量处理。

3.1.2 指标体系准则层

河湖水系连通是水安全保障的重要影响因素,但不是决定水安全的唯一因素,水安全保障问题并非全部由河湖水系连通问题引起,解决水系连通问题同样不能完全解决水安全保障的问题。基于这一事实,在构建武澄锡虞区河湖水系连通与水安全保障适配性评价指标体系时,应考虑对河湖水系连通本身的客观评价,并对水系连通与水安全保障之间的适配程度进行量化分析。

因此,考虑分别评价河湖水系连通与水安全保障的现状水平,并利用适配性分析函数,量化二者间的适配性。其中,河湖水系连通考虑水系结构和水系连通两个方面。水安全保障从水灾害、水资源与水生态环境三个方面考虑,根据武澄锡虞区特点,确定区域水安全保障的优先次序和工作重点：一是水安全保障优先顺序，对于平原河网区域来说，其水资源较为丰沛，供水保障率较高，水安全保障首先考虑水灾害防御，其次是水生态环境保护，最后是水资源保障；二是各领域工作重点，水灾害方面重点考虑防洪与排涝，水生态环境方面重点考虑河网水质状况和生态系统稳定性，水资源方面重点考虑河网水位对农业灌溉的影响，以及蓝藻水华暴发对水源地的影响。基于此，将水安全保障细分为防洪排涝安全、水生态环境安全和供水安全三个方面。详见表3-1。

表3-1 武澄锡虞区河湖水系连通与水安全保障适配性评价指标体系准则层

目标	准则层（一层）	准则层（二层）
河湖水系连通与水安全保障适配性	水系连通	水系结构
		水系连通
	水安全保障	防洪排涝安全
		水生态环境安全
		供水安全

3.1.3 适配性评价指标层

3.1.3.1 水系连通评价指标

水系连通评价包含水系结构评价与水系连通评价。武澄锡虞区属于平原河网区，河网密布，在水系结构评价方面选择水面率、河网密度作为评价指标；在水系连通评价方面选择网络连接度、代表站适宜流速覆盖率作为评价指标。详见表3-2。

表3-2 河湖水系连通状况评价指标

状态层	属性层	指标层
河湖水系连通状态	水系结构	水面率
		河网密度
	水系连通	网络连接度
		代表站适宜流速覆盖率

1. 水面率

水面率表征了区域内水面面积与总面积之比，通常是指常水位或平均水位下的水面面积与区域总面积的比值。水面率是反映水域的一种直观形式，也是区域水生态空间状态的一项重要指标。太湖流域从20世纪80年代开始，地区经济率先发展起来，随后，城镇化进程开始加快，农村变为城镇，小城镇变为城市，在2000年后进入了快速城镇化时期。因此，将武澄锡虞区20世纪80年代河网水系作为区域的自然状态，将这个时期的水面率作为衡量现状水面率的参考值，越接近历史水面率，表征水系格局越健康、人水关系越和谐。水面率的计算公式如下：

$$r_p = \frac{A_w}{A_r} \times 100\%$$

式中：r_p 为水面率，A_w 代表水域面积，km²；A_r 代表区域总面积，km²。根据相关研究[23,54]，20世纪80年代，武澄锡虞区水面率为5.59%。因此，认为现状水面率达到5.59%得100分，达到5.03%（20世纪80年代水面率的90%）得80分；达到4.47%（20世纪80年代水面率的80%）得60分，达到3.91%（20世纪80年代水面率的70%）得40分；低于3.91%得20分，各区间得分采用线性插值进行计算。具体评价标准见表3-3。

表3-3 水面率指标评价标准

水面率(%)	分数
$r_p < 3.91$	20
$3.91 \leqslant r_p < 4.47$	40~60
$4.47 \leqslant r_p < 5.03$	60~80
$5.03 \leqslant r_p < 5.59$	80~100
$r_p \geqslant 5.59$	100

2. 河网密度

河网密度代表单位面积内河流的总长度。河网密度反映了流域水系排水的有效性，一般而言，河网密度越大，河湖水系连通性水平也就越高。同水面率指标，认为20世纪80年代武澄锡虞区河网水系是区域的自然状态，以20世纪80年代的河网密度作为衡量现状河网密度的参考值。河网密度的计算公式如下：

$$R_r = \frac{\sum_{i=1}^{n} L_i}{A_r}$$

式中：R_r 为河网密度，km/km²；L_i 代表河流的长度，km；A_r 代表区域总面积，km²；n 代表区域中河道数量。20世纪80年代，武澄锡虞区河网密度为3.27 km/km²，认为现状河网密度达到3.27 km/km²得100分；达到2.94 km/km²（20世纪80年代河网密度的90%）得80分，达到2.62 km/km²（20世纪80年代河网密度的80%）得60分，达到2.29 km/km²（20世纪80年代河网密度的70%）得40分；低于2.29 km/km²得20分，各区间得分采用线性插值进行计算。具体评价标准见表3-4。

表3-4 河网密度指标评价标准

河网密度(km/km²)	得分
$R_r < 2.29$	20
$2.29 \leqslant R_r < 2.62$	40~60
$2.62 \leqslant R_r < 2.94$	60~80
$2.94 \leqslant R_r < 3.27$	80~100
$R_r \geqslant 3.27$	100

3. 网络连接度

网络连接度表示河网水系中河道间相互连接数与最大可能的河道连接数之比。网络连接度在 0 到 1 之间变化,"0"表示各节点之间不连接,"1"表示每个节点都与其他节点互相连接。指数越大,表示河网水文连接度越高。同水系结构指标,认为武澄锡虞区 20 世纪 80 年代河网水系是区域的自然状态,将 20 世纪 80 年代的网络连接度作为衡量现状网络连接度的参考值。网络连接度计算公式如下:

$$\gamma = \frac{L}{L_{\max}} = \frac{L}{3(N-2)} \quad (N \geqslant 3, N \text{ 为整数})$$

式中:γ 为网络连接度;L 为河段连接线数;N 为河网中的节点数;$L_{\max}$ 为最大可能的河道连接数。20 世纪 80 年代,武澄锡虞区网络连接度为 0.33,认为现状网络连接度达到 0.33 得 100 分;达到 0.30(20 世纪 80 年代网络连接度的 90%)得 80 分;达到 0.26(20 世纪 80 年代网络连接度的 80%)得 60 分;达到 0.23(20 世纪 80 年代网络连接度的 70%)得 40 分;低于 0.23 得 20 分,各区间得分采用线性插值进行计算。具体评价标准见表 3-5。

表 3-5　网络连接度指标评价标准

网络连接度	得分
$\gamma < 0.23$	20
$0.23 \leqslant \gamma < 0.26$	40～60
$0.26 \leqslant \gamma < 0.30$	60～80
$0.30 \leqslant \gamma < 0.33$	80～100
$\gamma \geqslant 0.33$	100

4. 代表站适宜流速覆盖率

适宜流速覆盖率表征区域内各代表站流速记录中,介于适宜流速区间的流速记录数量占比,反映达到适宜流速的河道的覆盖程度。代表站选取需要综合考虑骨干河道以及支浜河道。以 10 月至次年 4 月为非汛期,根据抑制藻类暴发、区域主要鱼类(如鲫鱼、鲤鱼、鲢鱼、草鱼等)喜爱流速与极限流速[55-58],并参考其他平原河网地区适宜流速,最终确定武澄锡虞区河道适宜流速为 0.05～0.15 m/s。通常情况下,高城镇化水网区河底地形较为平缓,加之支浜河道易受闸坝等水利工程影响,整体流动性较弱,是制约区域水环境的重要因素之一。因此,在进行适宜流速覆盖率计算时,应考虑将骨干河道代表站适宜流速覆盖率与支浜河道代表站适宜流速覆盖率分别赋 40% 和 60% 的权重。共具体计算公式如下:

$$VS = \frac{\sum VM_i^S}{\sum VM_i} \times 40\% + \frac{\sum VB_i^S}{\sum VB_i} \times 60\%$$

式中:VS 为代表站适宜流速覆盖率,%;VM_i 为骨干河道代表站 i 流速测量记录总数;VB_i 为支浜河道代表站 i 流速测量记录总数;VM_i^S 为骨干河道代表站 i 流速介于适宜流速区间的记录总数;VB_i^S 为支浜河道代表站 i 流速介于适宜流速区间的记录总数。适宜流速覆盖率指标介于 0 到 100% 之间。当适宜流速覆盖率达到 90% 时,代表站所在片区河道流速基本处于适宜流速区间,河道流速条件较好,得 100 分;当适宜流速覆盖率达到 80%时,得 80 分;当适宜流速覆盖率达到 70%时,得 60 分;当适宜流速覆盖率达到 60%时,得 40 分,当适宜流速覆盖率小于 60%时,代表片区河道多数时刻流速介于适宜区间外,水生态安全无法得到保障,此时得分为 0~40 分,各区间得分采用线性插值进行计算。具体评价标准见表 3-6。

表 3-6　代表站适宜流速覆盖率指标评价标准

代表站适宜流速覆盖率(%)	分数
0≤VS<60	0~40
60≤VS<70	40~60
70≤VS<80	60~80
80≤VS<90	80~100
VS≥90	100

3.1.3.2　河湖水安全评价指标

结合武澄锡虞区自然地理、河湖水系、社会经济发展等特点,构建表征其防洪排涝安全、供水安全和水生态环境安全在内的水安全评价指标。本书重点分析现状河湖水系连通程度与水安全保障程度在客观事实上是否协调、适配,因此采用"绝对指标"反映状态现状,而不是状态的变化量。考虑武澄锡虞区各领域水安全保障的重要性,在防洪排涝方面,防洪方面构建区域防洪能力评价指标;排涝方面构建排涝模数适宜度指标,统筹考虑城市排涝与区域排涝的协调性。在水生态环境方面,考虑水环境质量与生物安全,构建水质达标率、生物多样性指数 2 项指标。在供水方面,武澄锡虞区作为平原河网区,在水资源方面最大的瓶颈是水位,而不是水量,构建综合供水保证率、代表站水位满足度 2 项指标。详见表 3-7。

表 3-7　武澄锡虞区河湖水安全保障评价指标

准则层	推荐指标
防洪排涝安全	区域防洪能力
	排涝模数适宜度
水生态环境安全	水质达标率
	生物多样性指数
供水安全	综合供水保证率
	代表站水位满足度

1. 防洪排涝安全评价指标

(1) 区域防洪能力

区域防洪能力以区域能够抵御最大洪水的重现期来体现。当区域防洪能力与目标防洪标准相匹配时,说明区域满足目标防洪能力。武澄锡虞区 2016 年区域防洪标准基本达到 20 年一遇,但难以全面抵御不同降雨典型的 20 年一遇洪水,2020 年区域防洪标准基本已达 30 年一遇。根据相关规划,2025 年区域防洪能力需达到 50 年一遇。因此,认为能够达到 50 年一遇得 100 分;达到 30 年一遇得 80 分;达到 20 年一遇得 60 分;达到 10 年一遇得 40 分;低于 10 年一遇得 20 分。具体评价标准见表 3-8。

表 3-8 区域防洪能力指标评价标准

区域防洪能力(年)	分数
$Fc<10$	20
$10{\leqslant}Fc<20$	40
$20{\leqslant}Fc<30$	60
$30{\leqslant}Fc{\leqslant}50$	80
$Fc{\geqslant}50$	100

(2)排涝模数适宜度

排涝模数适宜度表征各圩区实际排水模数与设计排水模数的接近程度,反映了现状排涝能力与设计排涝能力的匹配程度。由于排涝模数的大小对圩区自身与外部区域的影响是不同的,圩区的排涝模数过小或过大都可能导致洪涝风险。过小可能造成圩区自身排涝风险增大,过大可能加重圩外的区域骨干河道的行洪压力。因此,需要根据圩区大小、重要性,因地制宜确定排涝模数。一个适宜的排涝模数,既能够满足一定的城区/圩区排涝标准,相应排出的水量在区域/流域层面又能够被消纳。排涝模数适宜度一般在 0 到 100%之间变化,该值越接近 100%,对区域防洪排涝越有利。当实际排涝模数与设计排涝能力偏差小于 10%,即排涝模数适宜度大于 90%,得 80~100 分;当实际排涝模数与设计排涝能力的偏差在 10%~20%时,得 60~80 分,以此类推;当实际排涝模数与设计排涝能力的偏差大于 40%,即排涝模数适宜度小于 60%时,得 0~40 分,各区间得分采用线性插值进行计算。排涝模数适宜度 P_q 的计算公式如下:

$$P_q = (1 - \frac{|q - q_d|}{q_d}) \times 100\%$$

式中:q 为现状区域平均排涝模数(各排水分区面积加权平均),m³/(s·km²);q_d 为区域平均设计排涝模数(各排水分区面积加权平均),m³/(s·km²)。具体评价标准见表 3-9。

表 3-9 排涝模数适宜度指标评价标准

排涝模数适宜度(%)	分数
$0{\leqslant}P_q<60$	0~40
$60{\leqslant}P_q<80$	40~60
$80{\leqslant}P_q<90$	60~80
$90{\leqslant}P_q{\leqslant}100$	80~100

2. 水生态环境安全评价指标

(1) 水质达标率

水质达标率是指在区域内所有代表性断面中,水质达标断面数量占总断面数量的比例,以此来评价区域整体水质达标程度。采用武澄锡虞区各重要水功能区的水质达标率来表征水质达标率,以此来评价区域整体水质优良程度。依据《地表水环境质量标准》(GB 3838—2002),水质达标情况采用全指标达标来评价。当各项指标均达到水质目标要求时,说明该断面水质达标。水质达标率介于 0 到 100%之间。当指标达到 95%时,代表区域水质状况良好,得分为 90~100 分;当指标为 80%~95%时,得分为 80~90 分;当指标为 60%~80%时,得分为 60~80 分;当指标为 40%~60%时,得分为 40~60 分;当指标小于 40%时,代表区域内存在较多水质不达标现象,整体水质状况较差,得分为 0~40 分,各区间得分采用线性插值进行计算。其计算公式如下:

$$P_{WQ} = \frac{N'_{WQ}}{N_{WQ}}$$

式中:P_{WQ} 代表水质达标率,%;N_{WQ} 代表监测断面总数;N'_{WQ} 代表全指标达到水质目标的断面数量。具体评价标准见表 3-10。

表 3-10　水质达标率指标评价标准

水质达标率(%)	分数
$0 \leqslant P_{WQ} < 40$	0~40
$40 \leqslant P_{WQ} < 60$	40~60
$60 \leqslant P_{WQ} < 80$	60~80
$80 \leqslant P_{WQ} < 95$	80~90
$95 \leqslant P_{WQ} \leqslant 100$	90~100

(2) 生物多样性指数

生物多样性是衡量生物群落健康的主要特征指标。在清洁水体中,生物的种类较多,个体数相对稳定;当水体受到污染时,不同的生物对新因素的敏感性和耐受能力是不同的,敏感的种类在不利条件下衰亡,抗性强的种类在新的条件下大量发展,群落发生演替,这种群落演替的现象,可用多样性指数表示。生物多样性指数是表示环境质量的一个重要尺度,结合江苏省《生态河湖状况评价规范》(DB32/T 3674—2019)中对于水生物的评价方法,考虑将河流浮游植物多样性指数和河流着生藻类多样性指数作为评价水生态环境的重要指标,采用 Shannon-Wiener 生物多样性指数进行计算。共计算公式如下:

$$H = -\sum_{i}^{S}(p_i \ln p_i)$$

式中:H 代表 Shannon-Wiener 生物多样性指数;S 代表总的物种数;p_i 代表第 i 个物种个体数占总个体数的百分比。

取河流浮游植物多样性指数和河流着生藻类多样性指数的均值作为最终生物多样性指数,当指标达到 4.0 时,得分为 100 分,此时,河流中浮游植物与着生藻类群落结构复杂完整,生物品种多样;当指标达到 3.0 时,得分为 85 分;当指标达到 2.0 时,得分为 65 分;当指标达到 1.0 时,得分为 40 分。区域内指标依据线性插值进行打分,具体评价标准见表 3-11。

表 3-11　生物多样性指数指标评价标准

生物多样性指数	分数
$0 \leqslant H < 1.0$	0～40
$1.0 \leqslant H < 2.0$	40～65
$2.0 \leqslant H < 3.0$	65～85
$3.0 \leqslant H < 4.0$	85～100
$H \geqslant 4.0$	100

3. 供水安全评价指标

(1) 综合供水保证率

综合供水保证率是指区域内各行业供水的综合保证率,综合考虑农业供水保证率、工业供水保证率、生活供水保证率,并根据武澄锡虞区对满足各行业供水目标的保障程度进行权重分配。一般情况下,城市生活和工业生产因供水不足或中断供水,造成的经济损失较大,一般供水保证率为 95%～99%;农业用水由于地域广大并受经济条件、自然条件的限制,供水保证率相对较低。综合供水保证率计算公式如下:

$$P_S = \frac{P_1}{P'_1} \times w_1 + \frac{P_2}{P'_2} \times w_2 + \frac{P_3}{P'_3} \times w_3$$

式中:P_S 为综合供水保证率,%;P_1、P_2、P_3 分别为区域农业、工业、生活供水保证率,%;P'_1、P'_2、P'_3 分别为区域农业、工业、生活供水保证率的目标值,%;w_1、w_2、w_3 分别为农业、工业及生活供水保证率所对应的权重,%。具体评价标准见表 3-12。

表 3-12　综合供水保证率评价标准

供水保证率(%)	分数
$0 \leqslant P_S < 50$	0～40
$50 \leqslant P_S < 60$	40～60
$60 \leqslant P_S < 85$	60～70
$85 \leqslant P_S < 95$	70～85
$95 \leqslant P_S < 98$	85～100
$P_S \geqslant 98$	100

(2) 代表站水位满足度

代表站水位满足度是指在区域内各代表站日平均水位记录中,满足供水允许最低水位天数的占比,表征区域供水安全满足情况。代表站水位满足度一般在 0 到 100% 之间变化,越接近 100%,表示区域供水保障程度越高,满足片区自流取水需求。代表站水位满足度达到 100% 时得 100 分;达到 95% 时得 80 分;达到 90% 时得 60 分;达到 85% 时得 40 分;代表站水位满足度小于 85% 时得 0~40 分,代表区域供水安全问题严重,此外,各区间得分采用线性插值进行计算。代表站水位满足度的计算公式如下:

$$ZS = \frac{\sum Z_i^{SG}}{\sum Z_i} \times 100\%$$

式中:ZS 为代表站水位满足度,%;Z_i 为代表站 i 有日平均水位记录的天数;Z_i^{SG} 为代表站 i 日平均水位满足片区供水允许最低水位的天数。具体评价标准见表 3-13。

表 3-13　代表站水位满足度指标评价标准

代表站水位满足度(%)	分数
0≤ZS<85	0~40
85≤ZS<90	40~60
90≤ZS<95	60~80
95≤ZS≤100	80~100

3.2　武澄锡虞区河湖水系连通与水安全保障适配性评价分析

3.2.1　适配性评价方法

3.2.1.1　适配性评价分析方法

河湖水系连通与水安全保障的适配性评价方法可类比城镇化与水系连通协调度评价方法[53,59],按照如下公式进行评价:

$$D = 100\sqrt{CT}$$

$$C = \left[\frac{RS}{\frac{R+S}{2}}\right]^k$$

$$T = \sqrt{\alpha R + \beta S}$$

式中:D 为适配性得分,最高得 100 分;C 为耦合度;T 为综合协调指数;R、S 分别为河湖水系连通综合评价、水安全保障综合评价得分归一化后取值;k 为调节系数($k \geq 2$),本研究取 $k=2$;本研究中河湖水系连通与水安全保障同等重要,因此,系数 α、β 同取为 0.5。

适配性分析等级划分为三个层级,包括适配、基本适配、不适配,详见表 3-14。武澄锡虞区河湖水系连通与水安全适配性评价架构见表3-15。

表 3-14 河湖连通与水安全保障适配性分级表

适配性 D	评价
＞80	适配
50～80	一般适配
＜50	不适配

表 3-15 武澄锡虞区河湖水系连通与水安全保障适配性评价架构表

目标	准则层	指标层	决策方案层
适配性评价	河湖水系连通	水面率	适配 一般适配 不适配
		河网密度	
		网络连接度	
		代表站适宜流速覆盖率	
	水安全保障	区域防洪能力	
		排涝模数适宜度	
		水质达标率	
		生物多样性指数	
		综合供水保证率	
		代表站水位满足度	

3.2.1.2 指标权重确定方法

层次分析法（Analytic Hierarchy Process，AHP）是系统评价中一种常用的方法，是一种对定性问题进行定量分析的数学方法，其指标权重的确定是通过决策者的经验判断各指标的相对重要程度，然后构造判断矩阵计算各属性权重向量，最终给出权重排序。评价河湖水系连通与水安全保障适配性，以掌握河湖水系连通对防洪、供水、水生态环境等方面水安全保障的匹配程度，本书主要使用层次分析法进行各个评价指标的权重确定。具体步骤如下：

（1）采用由 Saaty 等提出的 1-9 标度方法构建判断矩阵（表 3-16）

表 3-16 判断矩阵标度及定义

含义	x_i 与 x_j 同等重要	x_i 比 x_j 稍微重要	x_i 比 x_j 明显重要	x_i 比 x_j 强烈重要	x_i 比 x_j 极端重要
a_{ij}	1	3	5	7	9
	2	4	6	8	

注：若因素 x_i 与 x_j 比较的判断矩阵元素为 a_{ij}，那么因素 x_j 与 x_i 比较的判断矩阵元素为 $a_{ji}=1/a_{ij}$。

（2）层次单排序及一致性检验

采用特征向量法公式 $A\omega = \lambda_{max}\omega$ 求解最大特征值 λ_{max} 和特征向量 ω，并对特征向量

进行归一化，确定各指标权重。计算步骤如下：

① 计算判断矩阵的每一行元素乘积 $P_i = \prod_{j=i}^{n} a_{ij}$ ，$i=1,2,\cdots,n$；

② 计算 ω_i 的 n 次方 $\overline{\omega}_i = \sqrt[n]{\omega_i}$ ；

③ 向量归一化求特征向量 $\omega_i = \dfrac{\overline{\omega}_i}{\sum\limits_{j=1}^{n} \overline{\omega}_j}$ 。

此特征向量 ω_i 即为各评价要素的重要性排序，也为权重值。

为检验各指标重要度的协调性，避免出现次序矛盾的情况，还要通过以下公式对判断矩阵进行一致性检验。

$$\lambda_{\max} \approx \sum_{i=1}^{n} \frac{(A\omega)_i}{n\omega_i}$$

$$CI = \frac{\lambda_{\max} - n}{n-1}$$

$$CR = \frac{CI}{RI}$$

式中：CI 为判断矩阵的一般一致性指标，$CI=0$ 表示完全一致，CI 值越大，越不一致；RI 为判断矩阵的随机一致性指标，不同 n 值对应的 RI 值见表3-17。

表3-17 随机一致性指标 RI 取值表

n	1	2	3	4	5	6	7	8	9	10	11
RI	0	0	0.58	0.90	1.12	1.24	1.32	1.41	1.45	1.49	1.51

分析计算结果，当一致性比率 $CR<0.1$ 时，认为矩阵的一致性在可接受范围内，此时可用特征向量 ω 作为权向量。

（3）层次总排序及一致性检验

计算最下层对最上层总排序的权重向量，将各层指标的相对权重加权，并利用 CR 进行一致性检验。

（4）综合评价

按照以上过程计算每一级指标权重，然后自下而上逐级相乘得到每个评价指标相对总目标的权重，并最终将各指标按其权重线性加权对目标加以综合评价。

3.2.2 适配性评价分析

3.2.2.1 水系连通指标计算

1. 水面率、河网密度、网络连接度

水系资料源于20世纪60年代和80年代的1∶50 000纸质地形图（成图于1983年）以及21世纪10年代的1∶50 000数字线画图（2009年制图，并基于2014年高精度遥感影像和实地考察进行校核）[23,54]。水面率、河网密度、网络连接度计算结果见表3-18。

表 3-18　武澄锡虞区水面率、河网密度、网络连接度结果表

指标	20世纪60年代	20世纪80年代	21世纪10年代
水面率(%)	6.10	5.59	5.02
河网密度(km/km^2)	3.80	3.27	3.64
网络连接度	0.32	0.33	0.34

根据指标计算方法，武澄锡虞区现状区域水面率为5.02%，指标得分为79.6分；河网密度为3.64 km/km^2，指标得分为100分；网络连接度为0.34，指标得分为100分。

2. 代表站适宜流速覆盖率

骨干河道流速资料部分取自长江流域水文年鉴，其中，有望虞河望亭站、望虞河张桥站、苏南运河洛社站3个站点有全年的流速测量记录；另根据《常州市武进区复杂边界条件下水文情势研究报告》(2020年)，可获得苏南运河、武宜运河、武进港、锡溧漕河、太滆运河5条骨干河道上总计17个监测断面的非汛期流速情况，分别为苏南运河戚墅堰大桥、苏南运河横林东桥、武宜运河厚恕桥、武宜运河武南路桥、武宜运河西湖路桥、武进港慈渎大桥、武进港戴溪大桥、锡溧漕河欢塘桥、锡溧漕河华渡桥、锡溧漕河白巷桥、锡溧漕河朱家渡桥、太滆运河红湖大桥、太滆运河红星桥、太滆运河老祝庄桥、太滆运河殷墅桥、太滆运河黄埝桥、太滆运河分水桥。根据非汛期平均流量监测结果，结合断面情况计算流速。

支浜河道取自2020年11月28日至12月11日常州市运北片主城区水环境质量提升示范试验前期本底监测数据。

根据指标计算方法，代表站适宜流速覆盖率为41.0%，指标得分为27.3分。

3.2.2.2　水安全保障指标计算

1. 区域防洪能力

根据《无锡市城市防洪规划报告(2017—2035年)》《常州市城市防洪规划(2017—2035年)》《常州市"十四五"水利发展规划》以及《无锡市"十四五"水利发展规划》，武澄锡虞区主要洪涝灾害威胁为流域洪水、本地暴雨、长江洪潮，防洪保护区面积为2 800 km^2。2020年区域现状防洪标准基本达30年一遇，并逐步向50年一遇转变，2025年远期防洪标准为50年一遇。

根据指标计算方法，武澄锡虞区现状防洪标准为30年一遇，指标得分为80分。

2. 排涝模数适宜度

鉴于不同性质的圩区，其排涝模数亦不相同，本研究选择典型圩区进行计算。以无锡市和常州市作为代表性区域进行指标计算，根据《无锡市城市防洪规划报告(2017—2035年)》中提及的无锡市18个万亩及重点圩区[①]的现状排涝规模和设计排涝规模，得到无锡市现状平均排涝模数为3.09 m^3/(s·km^2)，设计平均排涝模数为2.85 m^3/(s·km^2)；根据《常

---

① 万亩以上圩区分别为马圩、开发区东联圩、新解放圩、玉前大联圩、石塘湾大联圩、万张联圩、芙蓉圩、锡武联圩、洛钱大联圩、洛西联圩、港东联圩、港西大联圩、阳山大联圩、甘露联圩、荡北大联圩，重点圩区分别为山北北圩、山北南圩、盛岸联圩。

州市城市防洪规划(2017—2035年)》中提及的常州市6个片区①内各个排涝分片的现状排涝规模和设计排涝规模,得到常州市现状平均排涝模数为 2.16 m³/(s·km²),设计平均排涝模数为 2.90 m³/(s·km²)。

根据指标计算方法,结合武澄锡虞区无锡市与常州市圩区面积,得到综合排涝模数适宜度为87.3%,指标得分为74.6分。

3. 水质达标率

根据2020年太湖流域及浙闽片区水环境质量状况分析,选取太湖流域境内武澄锡虞区内部及周边临近区域水质监测断面(共13个)对水质监测类别情况进行统计,计算各监测断面全年水质达标率为71%。上述点位中,武澄锡虞区内部点位有10个(长济桥、潼桥、江边闸、五牧、钓邿大桥、姚巷桥、彝桥、五里湖心、望亭上游、312国道桥),武澄锡虞区外围邻近点位有3个(东潘桥、殷村港桥、百渎港桥),这13个点位均位于武澄锡虞区与外围区域的交界断面附近,且位于主要干河上,而内部支河由于缺少监测,无法反映区域整体情况。因此,本次采用2020年武澄锡虞区水功能区水质监测数据代替断面监测数据,对水质达标率进行评价。

根据2020年常州市武澄锡虞区水功能区水质评价表[双指标年均值,高锰酸盐指数(COD_{Mn})和氨氮(NH_3-N)],对水功能区水质达标情况进行统计,最终水质达标率为75.7%,指标得分为75.7分。

4. 生物多样性指数

本研究采用无锡市作为代表区域进行武澄锡虞区生物多样性评价,根据《无锡市全国水生态文明城市建设试点总结报告》,按《区域生物多样性评价标准》(HJ 623—2011)计算,现状浮游植物多样性指数为2.56,浮游动物多样性指数为2.42,底栖生物多样性指数为1.86,水生植物多样性指数为1.63。

根据指标计算方法,由于缺少着生藻类多样性相关数据,因此,仅采用浮游植物多样性作为主要指数评价生物多样性,浮游植物多样性指数为2.56,指标得分为73.8分。

5. 综合供水保证率

本研究选择典型城市常州市和无锡市进行计算,根据《常州市"十四五"水利发展规划》,常州市2020年供水保证率规划目标为农业85%~95%、重点工业95%、生活97%,供水保证率现状目标实现值为100%;根据《无锡市"十四五"水利发展规划》,无锡市2020年供水保证率规划目标为95%,2020年现状水平为97%。

根据指标计算方法,综合供水保证率为100%,指标得分为100分。

6. 代表站水位满足度

根据2015—2019年武澄锡虞区水位资料,3个水资源代表站[常州(二)、无锡(大)、青阳]水位均高于允许最低水位,结果如表3-19所示。

根据指标计算方法,代表站水位满足度为100%,指标得分为100分。

---

① 6个片区分别为运北片、湖塘片、潞横草塘片、采菱东南片、西太湖片、沿江圩区。

表 3-19　武澄锡虞区 2015—2019 年代表站河网供水保证率统计表

站点	允许最低旬平均水位	代表站水位满足度				
		2015 年	2016 年	2017 年	2018 年	2019 年
常州(二)	2.83	100%	100%	100%	100%	100%
无锡(大)	2.80	100%	100%	100%	100%	100%
青阳	2.80	100%	100%	100%	100%	100%

3.2.2.3　指标权重计算结果

1. 判断矩阵

河湖水系连通评价指标和水安全保障评价指标的判断矩阵分别见表 3-20、表 3-21。

表 3-20　水系连通指标权重层次分析法判断矩阵

指标	水面率	河网密度	网络连接度	代表站适宜流速覆盖率
水面率	1	2	2	1
河网密度	1/2	1	1	1/2
网络连接度	1/2	1	1	1/2
代表站适宜流速覆盖率	1	2	2	1

表 3-21　水安全保障指标权重层次分析法判断矩阵

指标	区域防洪能力	排涝模数适宜度	综合供水保证率	代表站水位满足度	水质达标率	生物多样性指数
区域防洪能力	1	3	3	2	1	1
排涝模数适宜度	1/3	1	1	1/2	1/3	1/3
水质达标率	1	3	3	2	1	1
生物多样性指数	1	3	3	2	1	1
综合供水保证率	1/3	1	1	1/2	1/3	1/3
代表站水位满足度	1/2	2	2	1	1/2	1/2

2. 指标权重

河湖水系连通评价和水安全保障评价的指标权重计算结果见表 3-22。

表 3-22　指标权重计算结果表

状态层	指标层	指标权重
河湖水系连通状况	水面率	0.33
	河网密度	0.17
	网络连接度	0.17
	代表站适宜流速覆盖率	0.33
	合计	1

(续表)

状态层	指标层	指标权重
水安全保障状况	区域防洪能力	0.24
	排涝模数适宜度	0.08
	水质达标率	0.24
	生物多样性指数	0.24
	综合供水保证率	0.08
	代表站水位满足度	0.13
	合计	1

注：计算数据或因四舍五入原则，存在微小数值偏差，下同。

3. 一致性检验

检验的一致性比率均低于 0.1，见表 3-23，说明层次分析法通过一致性检验。

表 3-23 层次分析法一致性检验结果表

河湖水系连通状态	λ_{max}	4.02
一致性指标	CI	0.006 7
一致性比率	CR	0.007 5
水安全保障状态	λ_{max}	6.11
一致性指标	CI	0.022
一致性比率	CR	0.017

3.2.2.4 适配性评价结果

经计算，武澄锡虞区河湖水系连通状态评价得分为 69.3 分，水安全保障评价得分为 82.0 分，河湖水系连通与水安全保障适配性评价得分为 70.1 分，详见图 3-1、图 3-2、表 3-24。

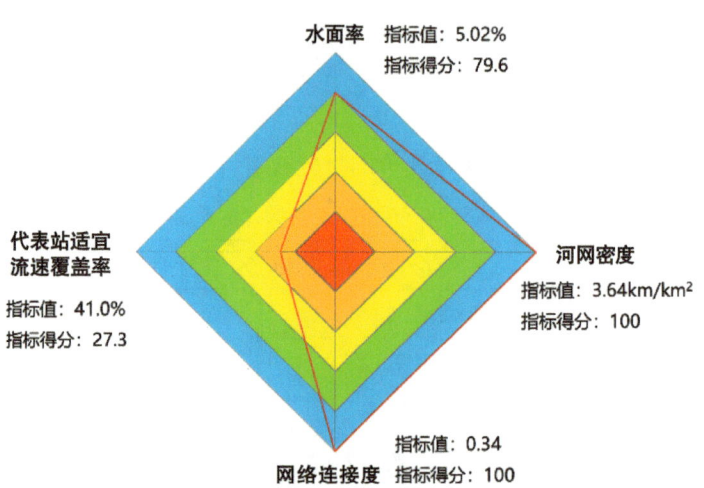

图 3-1 武澄锡虞区水系连通指标雷达图

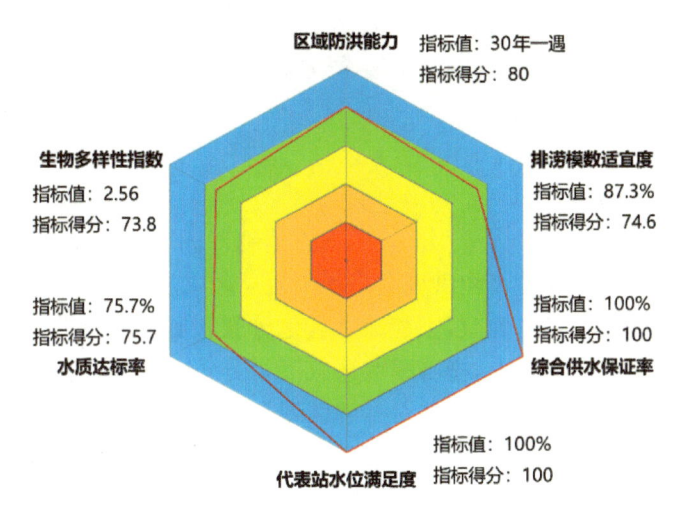

图 3-2　武澄锡虞区水安全保障指标雷达图

表 3-24　武澄锡虞区河湖水系连通与水安全保障适配性评价计算结果

状态层	属性层	指标层	指标值	单位	指标得分	权重
河湖水系连通状态	水系结构	水面率	5.02	%	79.6	0.33
		河网密度	3.64	km/km²	100	0.17
	水系连通	网络连接度	0.34	—	100	0.17
		代表站适宜流速覆盖率	41.0	%	27.3	0.33
水系连通状态得分			69.3			
水安全保障程度	防洪排涝安全	区域防洪能力	30年一遇	—	80	0.24
		排涝模数适宜度	87.3	%	74.6	0.08
	水生态环境安全	水质达标率	75.7	%	75.7	0.24
		生物多样性指数	2.56	—	73.8	0.24
	供水安全	综合供水保证率	100	%	100	0.08
		代表站水位满足度	100	%	100	0.13
水安全保障程度得分			82.0			
水系连通与水安全保障适配度得分			70.1（一般适配）			

3.3　基于区域水安全保障的河湖水系连通格局优化及功能技术需求分析

适配性定量评价结果显示，武澄锡虞区河网密度和网络连接度较 20 世纪 80 年代自然状态略有提升，但水面率较 20 世纪 80 年代自然状态减少了约 10.2%，表明了在城镇化进程中随着土地需求量增加，水面侵占现象较为严重，影响了区域防洪除涝安全。此外，代表站适宜流速覆盖率得分仅为 27.3 分，表征区域整体流速较为缓慢，究其原因，河湖水系被填埋造成断头浜、水利工程不合理调度等造成部分支浜河道与周边河道长期处于阻

037

断状态，严重降低了河道间的实际连通程度，威胁区域防洪安全与水生态环境安全。因此，提出基于区域水安全保障的河湖水系连通格局优化及功能技术需求。

3.3.1 需求分析

1. 防洪除涝安全保障需求

武澄锡虞区防洪能力得分为 80 分，表明尚未达到目标防洪标准。同时发现，随着城镇化快速发展，流域、区域和城市防洪调度格局发生了较大变化，区域尤其是各城市大包围在开展洪涝调度时往往各自为政，不能兼顾其他分区和城市的防洪排涝需求。该现象也反映在排涝模数适宜度指标上，排涝模数适宜度得分 74.6 分，说明现状排涝能力与设计排涝能力不完全匹配程度，表明需要对外部区域与内部圩区的防洪安全进行统一协调考虑。因此，需要从区域、城区、圩区三个层面对武澄锡虞区的防洪除涝问题进行系统分析，研究提出区域防洪除涝安全保障技术，最终保证防洪安全各项指标达到适配水平。

2. 水环境质量提升需求

武澄锡虞区水质达标率和生物多样性指数得分分别为 75.7 分和 73.8 分，表明部分重点水功能区内河道水质存在问题，水体自净能力有限。为提升河湖水系连通与水安全保障尤其是水生态环境安全的适配性，需以动力弱、水质差的区域水网为研究对象，诊断区域水环境存在的突出问题及其成因，通过现场原型观测配合调水试验以及精细化数学模型，定量评估水系格局与工程布局对城区水环境质量提升的适配性，优化沿江引排闸泵及控导工程调度方案，实现水网区水体有序流动和水环境改善，最终保证水生态环境安全各项指标达到适配水平。

3. 供水安全保障技术需求

武澄锡虞区综合供水保障率、代表站水位满足度指标得分均为 100 分，说明现状区域供水保障能力和水位满足程度均较好，但是在后续发展中仍需要考虑到经济社会发展布局与水资源配置格局的协调，避免水质型缺水问题复发，同时，区域需要考虑城市饮用水源结构的多样化，提高应急供水保障能力。因此，在解决区域防洪除涝问题、城市水环境质量提升问题的过程中，需要综合考虑区域内水量与水质，以优化水系格局与改善水利工程调度为主要手段，统筹保障供水安全需求。

3.3.2 优化方法

河湖水系连通格局优化的具体方法主要分为工程措施和非工程措施。工程措施以畅通水系为主要目的，基于水资源空间均衡的理念，强化水资源、水环境的承载能力；非工程措施则以优化调度为主要手段，解决水资源时间上分配不均的问题，保障区域水安全。

1. 工程措施

河湖水系连通存在的问题主要为河道断头、河道隔断、水系束窄、河道淤积等。对于河道断头现象，可选择与周边水系相沟通，当河道拟承担输水任务，且具有开挖空间，即拟开挖区域非基本农田区，且沿线无拆迁征地问题时，考虑实施河道开挖工程；而当原先为老河道，因河道干涸、农田占用、城市发展而导致河道断头时，可考虑开展清障或疏浚工程,利用管涵恢复历史水系连通;当河道较宽、长度较短时,可建设拓扑导流墙形成内部循环水系;当河道周边居民较为密集、水质要求较高,且周边水源水质较好时,可考虑通过泵站、顶管、溢流堰调控来引清提质。对于河道隔断问题,当河道拟具有输水功能,且地处交通要道时,优先考虑拆坝建桥;而对于输水需求较低的近末端河沟,处于非交通要道区位时,考虑工程造价因素,优先利用管涵工程沟通河道。此外,必要时可以采用以下连通措施:开挖疏浚以连接通道,拆除控制闸坝;实行退渔还湖、退田还湖,恢复湖泊湿地河滩;拆除岸线内非法建筑物、道路改线;清除河道行洪障碍,扩大堤防间距,扩展滩区;建设洄游鱼类过鱼设施以及对栖息地加强保护措施;进行点源与面源污染控制;考虑生物工程措施,包括通过人工适度干预,恢复湖泊天然水生植被,提高湖泊水生植物覆盖率,恢复滩区植被;采用生态型护岸结构,恢复河流蜿蜒性等。

2. 非工程措施

以水利工程优化调度为主的非工程措施是优化河湖水系连通格局的重要举措。对于季节性缺水问题,采取增加备用水源的策略,遴选水质优良、水量充沛的优质水源,以满足活水调控的水源需求;对于生态水量不足的情况,可考虑使用活水闸泵站的策略;对于河道水动力不足的问题,可采用闸泵站联合调度的策略,全面提升区域河道流速,改善水系连通性;改进已建闸坝的调度运行方式,制定运行规则,保障枯水季湖泊、湿地的生态需水;实施流域水资源综合管理,对河流、湖泊、湿地、河漫滩实施一体化管理,建立跨行业、跨部门协商合作机制,推动社会公众参与;建设生态监测网,开展河湖水系连通性和河流健康评价等。

3.4 小结

本章在分析武澄锡虞区河湖水系连通与水安全保障存在问题的基础上,基于自然地理、社会经济发展等特点,构建了适合武澄锡虞区的河湖水系连通与水安全保障适配性评价指标体系,具体包含河湖水系连通评价指标体系、水安全保障评价指标体系。

综合运用层次分析方法与耦合协调模型,构建了适用于武澄锡虞区的河湖水系连通与水安全保障适配性评价的定量方法,定量分析了武澄锡虞区现状河湖水系连通格局与区域水安全保障的适配程度。经评价,武澄锡虞区河湖水系连通状态得分为 69.3 分,水安全保障得分为 82.0 分,水系连通与水安全保障适配程度评价得分为 70.1 分,属于一般适配。

现状武澄锡虞区整体河湖水系连通与水安全保障均存在一定问题。在水系连通格局方面,水面率得分为 79.6 分,反映了现状水面率与 20 世纪 80 年代相比降低较多;代表站适宜流速覆盖率得分为 27.3 分,其中,骨干河道水动力情况优于各支流河道,表明骨干河道整体流动性较好,但支流河道流动性受限,需要在日常调度中兼顾支流河道,打通支流流动路径,实现水体有序流动。在防洪排涝安全方面,区域防洪能力得分为 80 分,需进一步完善防洪工程体系,提升区域防洪能力;排涝模数适宜度得分为 74.6 分,城市及圩区排涝能力与设计值存在一定偏差,需注意协调好圩内与圩外的洪涝关系。在水生态环境安全方面,水质达标率得分为 75.7 分,部分河道水质不佳,需要开展针对性的水环境提升治理;生物多样性指数得分为 73.8 分,说明部分水体敏感型种类消失,群落结构趋于简单,稳定性较差,后续在进行水环境质量提升技术研究时,要考虑生物多样性的恢复。

  本次评价结果基于武澄锡虞区现状可获取的数据,后期可在数据允许的情况下,开展区域河湖水系连通与水安全保障适配性的周期性动态评价。

4 武澄锡虞区河湖水系连通格局优化分析

4.1 武澄锡虞区河湖水系与工程布局特征分析

河湖水系是流域水循环和水资源形成的载体，是区域经济社会发展的基础支撑。随着人类活动对河湖水系影响的加剧，天然河湖与人工河道共同形成了新的水网体系，属于"自然-人工"水系。水利工程是实现河湖水系连通的重要构成因素，是构建新的水力联系的前提。河湖水系与水利工程一同构成了河湖水系连通，是多功能、多途径、多形式、多目标和多要素的综合性水网结构工程。

4.1.1 河湖水系布局特征

4.1.1.1 现状河湖水系基本情况

依据《江苏省骨干河道名录》（2018年修订），武澄锡虞区境内有流域性河道3条、区域性骨干河道9条、跨县重要河道9条、县域重要河道29条、主要湖泊7个。其中，流域性河道3条，分别为苏南运河、新沟河[含老新沟河（舜河）、漕河—五牧河、三山港、直湖港、武进港]、望虞河。区域性骨干河道9条，分别为澡港河、锡澄运河、白屈港、张家港、十一圩港、走马塘、东青河、锡北运河、梁溪河。跨县重要河道9条，分别为老桃花港、西横河、申港、黄昌河、东横河、盐铁塘、界河—富贝河、锡溧漕河、雅浦港。县域重要河道29条，其中，常州市区6条，分别为北塘河、丁塘港、潞横河、武南河、永安河、采菱港；江阴市6条，分别为桃花港、利港、新夏港、应天河、冯泾河、青祝河；无锡市区7条，分别为洋溪河—双河、北兴塘—转水河、九里河、伯渎港、曹王泾、小溪港、大溪港；张家港市9条，分别为太字圩港、朝东圩港、一干河、三干河、四干河—新奚浦塘、六干河—西旸塘、北中河、南横套河—七干河、华妙河；常熟市1条，为北福山塘。

4.1.1.2 河湖水系布局特征分析

根据地形特点与水系分布，武澄锡虞区水系总体以苏南运河为界，通常划分为运北水系、运南水系。运北水系又以白屈港、张家港沿江高片为界，分为低片通江水系、高片通江水系、入望虞河水系；运南水系主要是入太湖水系。

运北水系，以南北向通江河道为主，低片入江河道主要有澡港河、桃花港、利港、新沟河、新夏港、锡澄运河、白屈港等；高片入江河道主要有张家港、十一圩港、走马塘等；入望虞河的河道有张家港、锡北运河、九里河、伯渎河等；内部东西向调节河道有北塘河、西横河、东横河、黄昌河、应天河、冯泾河、青祝河等；望虞河为武澄锡虞区边界河道，承担流域引排任务。

运南水系，以入湖河道为主，包括武进港、直湖港、梁溪河、曹王泾、小溪港（蠡河）、大溪港等；内部骨干引排河道有锡溧漕河、武南河、采菱港、永安河、洋溪河—双河等。

苏南运河自西向东经常州、无锡两市区贯穿区域内部，起着水量调节和承转的作用，并连接上述诸多河道，形成纵横交错、四通八达的河网。

上述通江达湖的重要引排河道以及主要横向调节河道，构成了武澄锡虞区水网的骨干框架，流域性河道与区域性骨干河道构成了水网的纲，是区域及市区的行洪、排涝、供水（含调水）、航运的主要通道。此外，地方性河道以排除县区和乡镇境内的洪涝水为主要作用；圩区河道构成圩区水网，发挥着调蓄、排涝和灌溉等作用；乡级河道分布在乡村范围内，是水网的"毛细血管"。

4.1.2 水利工程布局特征

4.1.2.1 水利工程基本情况

经多年治理，区域内形成了沿江控制线、环太湖控制线、武澄锡西控制线、白屈港控制线等流域治理工程，主要城市建设了防洪大包围工程，区域内部还形成了大小圩区进行洼地的防洪治理。

1. 主要控制线

（1）沿长江控制线

沿长江控制线是区域沿长江口门兴建的控制建筑物形成的控制线，具有挡洪、排涝、引水等功能。据调查统计，武澄锡虞区沿江口门（闸泵）共 25 个，其中，常州市 2 个，无锡市 13 个，苏州市 10 个。常州市沿江口门为澡港枢纽、老桃花港排涝站，位于新北区境内；无锡市沿江口门为新河闸、窑港闸、利港闸、芦埠港闸、申港闸、新沟河江边枢纽、夏港抽水站（新夏港枢纽）、夏港水闸、定波北闸（工农闸）、定波闸、白屈港枢纽、大河港闸、石牌港闸，位于江阴市境内；苏州市沿江口门为走马塘江边枢纽、六干河闸、四干河闸、三干河闸、一干河闸、朝东圩港泵闸、太字圩港闸、张家港闸、十一圩港闸、福山闸，位于张家港市、常熟市境内。依据《苏南运河区域洪涝联合调度方案（试行）》（苏防〔2016〕22 号），澡港枢纽、新沟河江边枢纽、新夏港枢纽、工农闸、白屈港枢纽、张家港闸、十一圩港闸、走马塘江边枢纽 8 个口门为武澄锡虞区大型通江口门，其设计闸门自排流量合计为 1 809 m³/s，设计泵排流量合计为 365 m³/s。

（2）环太湖控制线

环太湖控制线是沿太湖主要出入湖口门兴建的控制建筑物而形成的控制线，具有从太湖引水、向太湖排水等功能。据调查统计，武澄锡虞区环太湖口门共 24 个，其中，常州市 2 个，无锡市 22 个。常州市环太湖口门为雅浦港枢纽、武进港枢纽，位于武进区境内；无锡市环太湖口门为新开港闸、高墩港闸、新库港闸、六步港套闸、大溪港闸、小溪港闸、许仙港闸、张桥港闸、杨干港闸、壬子港套闸、庙港闸、新港闸、黄泥田港节制闸、吴塘门套闸、犊山水利枢纽、梅梁湖枢纽、五里湖闸、七号桥节制闸、礼让桥水闸、鱼港一号排涝站、直湖港枢纽、间江口节制闸。依据《苏南运河区域洪涝联合调度方案(试行)》,武澄锡虞区排水入太湖的主要口门有21个,其设计排水流量合计为1 209 m³/s。

(3) 武澄锡西控制线

武澄锡西控制线是区域控制上游湖西高片来水的控制线,以防洪功能为主,主要用途为阻挡湖西高水入侵。目前,共建成10个口门建筑,均在常州市,其中,钟楼区1个、武进区9个。钟楼区为钟楼闸;武进区为南运河闸、武南河闸、渡船浜闸、曹窑港闸、丁舍浜闸、永安河闸、大寨河节制闸、横扁担河闸、南宅河闸。

(4) 白屈港控制线

考虑到澄锡虞高片地区排涝问题,在武澄锡高低片分界线设立白屈港控制线,它同时控制了武澄锡低片的污水通过白屈港控制线进入望虞河。主要包括东横河东节制闸、芦墩浜节制闸、周庄套闸、祝塘套闸、文林套闸、双泾河闸、许坝节制闸、永安桥套闸等工程,均位于无锡市。

2. 主要城市防洪工程

常州市运北片城市防洪大包围工程[①]于2008年全面启动,至2013底基本建成,包含澡港河南枢纽、老澡港河枢纽、永汇河枢纽、北塘河枢纽、横峰沟枢纽、糜家塘枢纽、丁横河枢纽、大运河东枢纽、采菱港枢纽、串新河枢纽、南运河枢纽11座节点工程,运北片(中心城区)城市防洪标准达到200年一遇。

无锡市城市防洪运东大包围工程[②]自2003年开始建设,到2010年基本完成,包含江尖枢纽、仙蠡桥枢纽、利民桥枢纽、伯渎港枢纽、九里河枢纽、北兴港枢纽、严埭港枢纽、寺头港枢纽8座节点工程,运东大包围防洪标准基本达到200年一遇。

3. 圩区工程

圩区是武澄锡虞区农田水利建设的基本工程。中华人民共和国成立初期,武澄锡虞区的圩区以分散和小规模为主,之后通过联圩并圩和机电排涝建设,缩短防洪战线、增强抵御洪水能力,并在联圩并圩的基础上开展圩区综合整治和达标建设,进一步增强防洪能力。

4.1.2.2 水利工程布局特征分析

1. 区域层面

目前,武澄锡虞区形成了多功能、较完整的水利工程体系,主要包括防洪除涝工程体系、水资源保障工程体系、水环境综合治理工程体系。

在防洪除涝工程体系方面,武澄锡虞区外围依托流域长江堤防、环湖大堤和武澄锡西控制线,有效控制了长江、太湖和湖西地区洪水入侵。内部以白屈港控制线为界,分澄锡虞高片与武澄锡低片分别进行治理,形成高低分治的工程布局。目前,已经建成了以依托流域骨干工程为主体,区域骨干河道和平原区各类闸站等工程组成的防洪除涝工程体系,基本形成了"北排长江、南排太湖、东排望虞河、沿运河下泄"的防洪除涝格局。

---

① 常州市运北片城市防洪大包围工程范围为常州中心城区改线运河、老运河、丁塘港、老澡港河东支、老澡港河、沪宁高速公路、凤凰河、童子河、新运河等所围区域。
② 无锡市城市防洪运东大包围工程范围为西至锡澄运河,南沿苏南运河,东以白屈港控制线为界,北至锡北运河,主要保护运河以东的中心城区,保护受益面积为144 km²。

在水资源保障工程体系方面，武澄锡虞区主要依靠本地产水、入境水和长江调水来满足生产生活用水的需求。临望虞河西岸地区以及环太湖地区，通过望虞河引江济太、梅梁湖泵站合理调度，满足望虞河西岸地区生产生活用水以及无锡城区调水引流的要求，基本形成本地水、过境水相结合的水资源配置格局，已初步建立了水资源合理配置和优化调度体系。

在水环境综合治理工程体系方面，武澄锡虞区在控源截污的基础上，一方面持续推进河湖综合整治；另一方面充分利用长江、望虞河等优质水源，积极开展调水引流活水实践，利用泵站拉动太湖北部水体流动，进一步改善了太湖水源地水质，同时加强城区调水，加速水体流动，改善了河道水质。

2. 城市层面

无锡、常州等城市为提高防洪自保能力，合理设置城市防洪控制圈，相继建立了城市防洪自保工程体系，保护了城市防洪安全；城市内部防洪控制圈之外的片区，依据骨干水系格局和防洪排涝分片治理布局，扩大与区域骨干外排通道的沟通能力，加快城区洪涝水及时外排，减轻城区防洪压力，同时遵循"高水自排、低水抽排"的原则，在充分发挥内部调蓄能力的基础上，统筹提高分片排水标准；在城镇防洪方面，通过提高圩区建设标准、联圩并圩、建立二级圩区等，不断完善圩区建设。同时，遵循综合治理理念，基于已有防洪除涝工程布局，结合水体有序流动需求，改善水环境，充分发挥工程综合作用。

4.2 武澄锡虞区河湖水系连通格局演变因素及其影响分析

河湖水系连通格局既包含了河湖水系，也包含了水利工程，二者相互依存、密切相关。河湖水系连通格局的演变受自然变化和人类活动的双重影响，目前，人类活动已逐步成为影响河湖水系连通格局最活跃的因素。

4.2.1 河湖水系连通格局演变历程分析

历史上，武澄锡虞区内河道众多，且多为天然河沟，在陆地形成过程中，随自然淤积程度、时间不同而形成沟畦，河线弯曲，深浅不一，即使是人工开挖的河道，也因技术、经济及社会制度等因素而难以统一顺直。直到1949年前，武澄锡虞区河网呈现的还是纲目不清、弯曲零乱的状态。但是，早期人们开挖建设的引排河道，为后续水网格局的形成奠定了良好的基础。1949年之后，随着地方政府和相关管理部门的不断规划与整治，武澄锡虞区逐渐形成了有网有纲、纵横交错、滨江临湖、四通八达的河湖水网体系，形成了独具特色的江河湖连通水网络格局。

到21世纪初，随着流域治太骨干工程的基本建成，武澄锡虞区基本形成了沿长江控制线、沿太湖控制线、武澄锡西控制线防止外洪入侵和区域内部防止高片水入侵低片的白屈港控制线屏障，极大地改善了人民生活、生产条件，有力地保障和促进了经济社会发展。自1998年开始，全国启动新一轮防洪规划工作，江苏省组织编制形成的《武澄锡虞区防洪规划》成果统一纳入了《太湖流域防洪规划》，于2008年2月经国务院批复，《太湖流域防洪规划》对武澄锡虞区明确区域外围以完善武澄锡西控制线和白屈港东控制线为主，区域内部以白屈港控制线为界,对澄锡虞高片与武澄锡低片分别进行治理,其中,武澄锡低片规划增设新沟河、锡澄运河、梁溪河泵站,整治新沟河和曹王泾等入江、入湖河道,使地区最高洪水位基本达到控制目标,在保证防洪利益的同时,为流域防洪和改善地区及梅梁湖水环境创造一定条件;澄锡虞高片在维持现状河道规模的情况下,主要是加强对低洼圩区的建设。

进入 21 世纪以来,为增强区域、城市防洪除涝能力、提升利用水利工程改善水环境能力,武澄锡虞区组织实施完成了苏南运河常州市区改线工程、苏南运河常州段"四改三"航道整治工程、苏南运河无锡段"四改三"航道整治工程、新沟河延伸拓浚工程、锡澄运河(黄昌河以南段)航道整治、常州市运北主城区"畅流活水"工程主要控导工程等,正在实施望虞河西岸控制工程、锡澄运河扩大北排工程[锡澄运河(黄昌河—长江段)整治工程]、张家港市走马塘江边泵站工程、老桃花港整治工程、锡澄片骨干河网畅流活水工程等。从沿江口门规划建设的泵站来看,为提升武澄锡虞区北排长江能力,计划将建设澡港河泵站扩容工程、锡澄运河定波水利枢纽、十一圩港江边枢纽、新桃花港江边枢纽、老桃花港江边枢纽、走马塘江边泵站、张家港江边泵站 7 座枢纽工程,设计泵站规模高达 450 m³/s,现状规模仅为 50 m³/s,同比将增加 8 倍;现状大型通江口门现状设计泵站规模为 365 m³/s(现状澡港枢纽 40 m³/s、新沟河江边枢纽 180 m³/s、新夏港枢纽 45 m³/s、白屈港枢纽 100 m³/s),扣除澡港枢纽现状规模,未来武澄锡虞区大型通江口门的设计泵站规模将增加 400 m³/s,较现状增加 1.1 倍。

4.2.2 人类活动对河湖水系连通格局演变影响分析

1. 因果回路图法简介

因果关系具有客观性、普遍性、复杂性的特点。首先,因果关系是客观存在的,是客观事物固有的一种相互依存、相互制约的联系,这种抽象的客观存在并不以人的意志为转移。因果关系的客观存在是因果回路图[60-61]的理论基础与前提。其次,因果关系是普遍存在的,有因必有果,有些原因看似没有结果,实质上只要存在原因,必然出现结果;有些结果看似没有原因,实质上只要存在结果,必然能找到原因,因果关系正是以这种对立统一的形式普遍存在。在因果回路图中,因果链将两端的要素以因果关系联系起来,系统中各要素在因果链的连接下,直接或间接地普遍存在着因果关系。最后,因果关系又是错综复杂的,原因和结果可能相互转化,在因果回路图中,某一要素是另一要素的原因,而另一要素反过来又可以成为其原因要素的原因,这就是因果回路关系。另外,一因多果、一果多因的关系普遍存在,因此,一个完整的因果回路图中因果链是交叉复杂的,一个系统要素可能既是多个因果链的起点,也是多个因果链的终点。

因果回路图的基本要素包括因果链、正因果回路、负因果回路。因果回路图正是由一系列因果链相互连接而形成的闭合回路组合,在这些闭合回路中,既包含正因果回路,也包含负因果回路。因果链是从原因到结果的单向箭头,起点是原因要素,而箭头终点则是结果要素。因果回路图用箭头表示变量之间的关系,每个箭头都有极性,用来表示变量之间的关系。正因果回路表现为 $X \xrightarrow{+} Y$,表示在其他条件相同的情况下,X 增加(减少),Y增加(减少)到高于(低于)原所应有的量,极性为正,用符号"+"表示。负因果回路表现为 $X \xrightarrow{-} Y$,表示在其他条件相同的情况下,X增加(减少),Y减少(增加)到低于(高于)原所应有的量,极性为负,用符号"-"表示。正因果回路一般用 R 标记,负因果回路一般用 B 标记。

2. 河湖水系连通格局演变的因果回路关系模型构建

人类活动对河湖水系连通格局的影响,可以理解为社会经济发展系统对河湖水系连通系统的影响。经济的不断增长,促进了资源的开发利用、物质的进一步生产加工以及更加频繁的经济活动,从而构成了一个现代社会经济大系统。而事实上,社会经济发展与河湖水系连通之间是一种相互作用、交互耦合的关系。一方面,在社会经济发展过程中,河湖水系连通格局发生改变,水系问题显现;另一方面,河湖水系连通格局的改变及其提供的服务功能,反过来会影响社会经济发展。社会经济发展系统与河湖水系连通系统之间的关系是非常复杂的,不是单向的。

严格遵循因果回路图方法,绘制武澄锡虞区河湖水系连通格局演变的因果回路关系模型,主要步骤如下:

(1) 确定绘图目标:河湖水系连通系统与社会经济发展系统在相互影响和作用下融合成一个更高级别的关联大系统,用因果回路图加以描述,其目的是以更直观明了、浅显易懂的方式,分析关联大系统内部各要素间的相互关系,从而分析识别影响河湖水系连通格局演变的主要因素。

(2) 明晰系统边界:人类活动对河湖水系连通格局的影响在现实中是一个复杂的系统,关系错综复杂,如果将所有涉及的要素都纳入因果回路图,那将是一个巨大的模型,不仅不符合因果回路图简化模拟现实的原则,其目的性、可行性和可操作性也不高。因此,根据上述绘图目标,应尽量选择河湖水系连通系统与社会经济发展系统间密切相关、最能代表各系统发展水平的、具有集合内涵的要素来绘图。

(3) 确定绘图起始要素:明确关联大系统的边界,实际上也就完成了对相关要素的甄选,接着需要以某个或某几个要素为着手点开始绘图,本研究选择社会经济发展系统中的地区生产总值、常住人口、城镇化,以及河湖水系连通系统的河湖水系连通格局作为起始要素。

(4) 绘制起始要素因果链与因果回路:确定两个系统的绘图起始要素后,分析二者具体的因果关系,绘制与中间要素相关的因果链及因果回路,然后,筛选与上述各要素相关的其他要素,绘制新的因果链与因果回路,依次不断递进,直到所有的相关要素都被纳入进来。

(5) 串联完整因果回路图:前一个步骤是以单要素为着手点而层层递进的,在绘制出众多的因果链与因果回路图中,需要找到其间的相关要素并进行串联,合并、删除重复要素,理顺各因果链与因果回路关系,从而绘制出完整的因果回路图。

(6) 修订完善:河湖水系连通系统与社会经济发展系统之间的关联大系统涵盖要素较多,各要素间关系复杂,且属于跨学科研究,因果回路图绘制难度较大。因此,在初稿完成后,通过文献查询、内部研讨、征询相关专家意见等方式,进行修订完善。

通过以上步骤，绘制形成武澄锡虞区河湖水系连通格局演变的因果回路关系模型，它展示了内部各要素之间的因果反馈关系，图4-1中蓝色线条表示正因果链，红色线条表示负因果链。

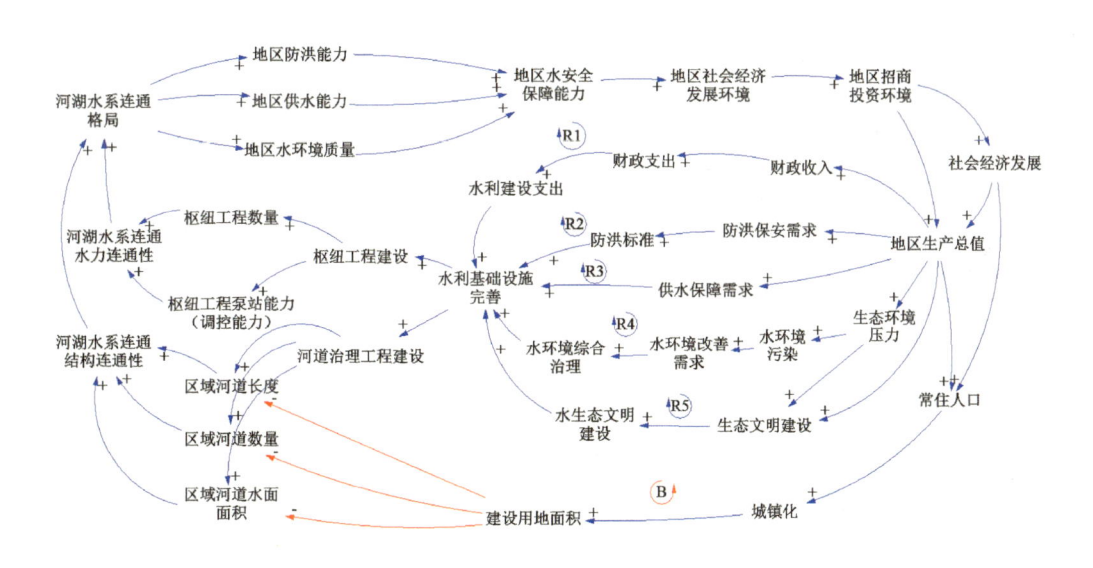

图 4-1　武澄锡虞区河湖水系连通格局演变的因果回路关系模型

3. 人类活动对河湖水系连通格局演变影响分析

纵观整个武澄锡虞区河湖水系连通格局演变的因果回路关系模型，其中包含数量众多的因果回路，进一步分析发现，总体形成了2条大的回路、6条小的回路。

大回路1（负因果回路）：社会经济发展阻碍河湖水系连通的大回路。在社会经济发展过程中，当社会经济发展到一定程度，城镇化趋势显现并不断推进，城镇化率不断提高，建设用地面积增加，大量的末级河道被填埋，河道长度、河道数量降低，人与水争地，水域面积不断缩减，水面率下降，河湖水系连通结构连通性不断下降，导致河湖水系连通系统提供的水安全保障服务功能降低，从而对社会经济的发展产生了一定的不利影响，此阶段河湖水系连通格局朝着坏的态势演变。

大回路2（正因果回路）：社会经济发展促进河湖水系连通的大回路。当河湖水系连通问题越来越引起人们的重视，加上社会经济进一步发展和文明程度的提升，人们对于生活条件和生活环境的要求随之提高，河湖水系连通系统的发展具备了契机，政府投入大量资金及相关治理技术用于改善河湖水系连通状况，水利基础设施建设逐渐完善，促进河湖水系连通系统提供更好的水安全保障服务功能，有力地支撑社会经济进一步发展，此阶段河湖水系连通格局朝着好的态势演变。

小回路1（负因果回路B）：地区社会经济发展→常住人口增加→城镇化率提高→建设用地面积增加→河道长度、数量、水面面积减少→河湖水系连通结构连通性下降→河湖水系连通格局变差→提供的水安全保障服务功能下降→地区水安全保障能力下降→地区社会经济发展环境变差→地区招商投资环境变差→地区社会经济发展水平变低。

小回路2（正因果回路R1）：地区社会经济发展→地区生产总值增加→财政收入增

加→财政支出增加→水利建设支出增加→水利基础设施完善需求增加→建设河道治理工程,建设枢纽工程→河道长度、数量、水面面积增加,枢纽工程数量、泵站能力(调控能力)增加→河湖水系连通结构连通性、水力连通性增加→河湖水系连通格局变好→提供的水安全保障服务功能增加→地区水安全保障能力增加→地区社会经济发展环境变好→地区招商投资环境变好→地区社会经济发展水平变高。

小回路3(正因果回路R2):地区社会经济发展→地区生产总值增加→防洪保安需求增加→防洪标准提高→水利基础设施完善需求增加→建设河道治理工程,建设枢纽工程→河道长度、数量、水面面积增加,枢纽工程数量、泵站能力(调控能力)增加→河湖水系连通结构连通性、水力连通性增加→河湖水系连通格局变好→……→地区社会经济发展水平变高。

小回路4(正因果回路R3):地区社会经济发展→地区生产总值增加→供水保障需求增加→水利基础设施完善需求增加→建设河道治理工程,建设枢纽工程→河道长度、数量、水面面积增加,枢纽工程数量、泵站能力(调控能力)增加→河湖水系连通结构连通性、水力连通性增加→河湖水系连通格局变好→……→地区社会经济发展水平变高。

小回路5(正因果回路R4):地区社会经济发展→地区生产总值增加→生态环境压力增加→水环境污染严重→水环境改善需求增加→水环境综合治理需求增加→水利基础设施完善需求增加→建设河道治理工程,建设枢纽工程→河道长度、数量、水面面积增加,枢纽工程数量、泵站能力(调控能力)增加→河湖水系连通结构连通性、水力连通性增加→河湖水系连通格局变好→……→地区社会经济发展水平变高。

小回路6(正因果回路R5):地区社会经济发展→地区生产总值增加→生态文明建设理念及需求增加→水生态文明建设需求增加→水利基础设施完善需求增加→建设河道治理工程,建设枢纽工程→河道长度、数量、水面面积增加,枢纽工程数量、泵站能力(调控能力)增加→河湖水系连通结构连通性、水力连通性增加→河湖水系连通格局变好→……→地区社会经济发展水平变高。

综合来看,人类活动因素中影响武澄锡虞区河湖水系连通格局演变的因素可以总结为社会经济发展[①]及生态文明建设、城镇化发展、水利基础设施完善需求三大类。

4.2.3 影响研究区河湖水系连通格局的案例分析

运用典型案例研究法,以水环境综合治理作为社会经济发展及生态文明建设的典型案例,以城镇化带来的联圩并圩改造作为城镇化发展的典型案例,以区域沿长江引排工程运用、苏南运河沿线区域防洪除涝工程调整作为水利基础设施完善需求的典型案例,分析不同类型的人类活动对武澄锡虞区河湖水系连通格局产生的影响。

4.2.3.1 水环境综合治理对区域河湖水系连通格局影响分析

1. 水环境综合治理基本情况

《太湖流域水环境综合治理总体方案》提出在武澄锡虞区实施走马塘拓浚延伸工程和

[①] 此处社会经济发展为相对狭义概念上的社会经济发展,因为从广义上讲,社会经济发展可以涵盖生态文明建设、城镇化发展、水利建设等全部内容。

望虞河西岸控制工程、新沟河延伸拓浚工程等提高水环境容量（纳污能力）的引排工程。走马塘拓浚延伸工程将望虞河以西地区河网水排入长江，以加快该地区水体流动。新沟河延伸拓浚工程，使梅梁湖湾、竺山湖湾水体通过直湖港、武进港、雅浦港向北排入长江，还具备应急调引长江水进入太湖的能力，可应对突发性水污染事件。目前，走马塘拓浚延伸工程已于2012年6月实现全线通水，新沟河延伸拓浚工程已于2019年基本建设完成。

在2008年之前，无锡市实施了梅梁湖泵站及大渲河泵站、白屈港调水工程等水环境综合治理工程。梅梁湖泵站枢纽工程是落实国务院批准的《太湖水污染防治"十五"计划》综合措施之一，也是无锡市太湖水环境综合整治的骨干工程，于2004年建成。该工程是以区域调水为主的大型综合性水利工程，主要通过泵站从太湖调水改善无锡市梅梁湖、五里湖及无锡地区河道的水环境，泵站设计流量为50 m³/s。由于无锡市深受梅梁湖调水引流的益处，而梅梁湖泵站常年不停歇开启运行必有需要停运检修维护的时候，因此，无锡市又在大渲河和梁溪河交汇处的大渲河内修建了大渲河泵站作为无锡市梅梁湖调水引流的备用泵站，工程于2008年12月开工建设，2009年5月投入运行。

在2008年之后，无锡市利用城市防洪工程进行科学合理调水，改善城区河道水环境。在规划阶段，无锡市就综合考虑了城市防洪与水环境治理结合这一新思路，明确提出了新建的城市防洪工程将具有调水改善城区河道水环境的功能，并根据水源不同规划了两条调水线路，一是引长江水，通过白屈港枢纽自引或抽引长江水，通过严埭港枢纽将水引入城区河道；二是利用在犊山口新建的梅梁湖泵站抽引太湖水，利用仙蠡桥枢纽南北地涵将水引入城区河道。

2. 对河湖水系连通格局的影响分析

（1）梅梁湖泵站枢纽工程的影响

为改善无锡内河水网的水环境，梅梁湖泵站和大渲河泵站几乎全年无休，轮流将梅梁湖水引入无锡城区。据统计，自2007年运行以来，至2018年10月，梅梁湖泵站、大渲河泵站总调水量超过91亿 m³。

从梅梁湖泵站调出的水将会通过梁溪河进入无锡城区。由于太湖沿岸一些河水不能直接排入太湖，这部分河流的流动性不够，同时，太湖水质相对优于河水，将太湖水引入内河水网后，不仅带动了内河的流动，提高其自净能力，也为其带来了优质的水源。但需要注意的是，泵站调水对苏南运河水位也有一定影响，持续调水使得苏南运河水位上涨，导致苏南运河局部地区出现倒流、滞流的现象。

（2）无锡城市防洪运东大包围工程的影响

自2008年以来，无锡市充分利用城市防洪设施开展工程调水，通过适时、科学、合理地调控城市防洪各大枢纽，根据实际情况，采用动力调水和自流引水等方式进行调水实践，城区水环境得到了明显改善。

2008年至2016年6月，无锡市城市防洪工程累计调水约16.84亿 m³。通过多年的以调水为主的综合治理，城区主要河道断面水质有明显改善。根据相关资料，调水后，水体中的COD_{Mn}、NH_3-N、TP等浓度均有明显下降。以亭子桥断面为例，COD_{Mn}浓度从2008年调水前的23.5 mg/L下降到4.8 mg/L（2016年6月，下同），NH_3-N浓度从18.2 mg/L下降到3.2 mg/L，TP浓度从1.21 mg/L下降到0.504 mg/L，下降幅度明显，总体水质有明显好转。

(3) 走马塘拓浚延伸工程的影响

走马塘拓浚延伸工程的运行为望虞河西岸地区河网提供了排水出路,带动了区域河网水体流动,伯渎港、九里河、锡北运河、张家港水体水质呈现上升趋势;但是由于西岸地区大量水的汇入,走马塘干流水体水质有所下降[62]。

根据《引江济太武澄锡虞区(无锡市)区域调水试验分析报告》①,分析三个阶段(第一阶段为2013年9月22—30日、第二阶段为2013年12月23—30日、第三阶段为2014年1月2—13日)调水试验监测结果发现,走马塘张家港枢纽泵排可以解决望虞河西岸锡澄地区②锡北运河以北的排水出路(污水出路),可有效防止污水进入望虞河,同时加速了该地区河道水体流动速度,提高了河流的自净能力,改善了水环境。

(4) 新沟河延伸拓浚工程的影响

新沟河延伸拓浚工程于2018年10月20日—11月3日实施了新沟河应急引水调度试验③,10月20—22日为"闸引为主,辅以泵引",分析新沟河江边枢纽趁潮自引引水水量、影响范围,以及对新沟河周边区域水体流动性提升、水环境改善的作用,着重改善新沟河运河以北段水质,为后续长江清水南下武澄锡虞区腹地做好准备;10月23日—11月3日为"闸泵联合引水",分析新沟河江边枢纽闸泵联合引水影响范围、入直武地区水量,以及对新沟河尤其是环湖河段、直武地区整体水质改善的效果,探索新沟河应急引水改善太湖水质的可行性。

监测结果分析表明,新沟河引水后,运河以北干河水体可得到充分置换,随着引水的持续,综合污染指数出现明显下降,试验刚开始的6～7天这种响应关系较为明显;西直湖港北枢纽开启后持续引水约3天后,直湖港(湖山桥以北)的长江来水对本底水量置换程度较高,随着引水的持续,综合污染指数出现明显下降,西直湖港北枢纽开启引水第4～6天,这种响应关系较为明显。重点改善期(10月26日—11月3日),新沟河干河及周边93%的断面水质得到不同程度的改善;跟踪监测期(11月4—10日),运河以南河网水质得到进一步提升,综合认为新沟河工程调度对于周边区域具有显著的水环境效应。

4.2.3.2 联圩并圩改造对区域河湖水系连通格局影响分析

1. 联圩并圩改造基本情况

联圩并圩,就是将若干小圩合并成一个大圩,以加强圩区防洪能力,改善圩区除涝排水条件和农业生产环境的措施。中华人民共和国成立初期,太湖流域圩区仍以分散和小规模为主,即使在经济水平相对较高的苏南地区,每处圩区面积也多在几十亩到几百亩之间。武澄锡虞区联圩并圩过程与太湖流域联圩并圩过程是同步产生的,也是太湖流域联圩并圩过程的组成部分。

---

① 江苏省无锡市水利局、江苏省水文水资源勘测局无锡分局:《引江济太武澄锡虞区(无锡市)区域调水试验分析报告》,2014年4月。
② 锡澄地区是指无锡市境内无锡、江阴地区。
③ 太湖流域管理局水利发展研究中心:《太湖流域典型区域水资源联合调度技术应用示范成果分析报告》,2019年9月。

据相关资料统计[①],武澄锡虞区 5 万亩以上的圩区有 1 座,面积为 48.4 km²,平均排涝模数为 3.21 m³/(s·km²);1 万~5 万亩的圩区有 38 座,面积为 540.7 km²,平均排涝模数为 2.27 m³/(s·km²);1 万亩以下的圩区有 630 座,面积为 577.5 km²,平均排涝模数为 1.44 m³/(s·km²)。从圩区排涝模数变化来看,2015 年武澄锡虞区平均排涝模数为 1.90 m³/(s·km²),较 1997 年增加 138%,其主要原因是大规模圩区整治与提标改造,导致圩区排涝动力激增。

2. 对区域河湖水系连通格局的影响分析

(1) 对圩内水系的影响

武澄锡虞区境内开展的联圩并圩改造以及部分有条件的地区开展的万亩圩区达标建设工作,在很大程度上改善了区域内圩区规模小、分散、凌乱、管理混乱的局面,提高了圩区的防洪排涝规模,联圩内抵制洪水能力有所增强。

虽然联圩的配套工程,如套闸、防洪闸、分级闸及机电灌排等在一定程度上提高了圩区抵御洪水的能力,但对河道的水势也产生了重要影响。一方面,圩区大规模排涝时,会造成内外水位差较大,影响堤防安全。另一方面,圩区的运行也使得圩区内外水体自由交换和自净能力削弱,联圩内的河流容易形成死水,导致水质下降;同时,联圩并圩将部分城镇、工厂纳入联圩,大量的工厂废水和群众生活用水被排入圩内河道,圩区水质受到严重污染。

(2) 对圩外水系的影响

圩区范围不断扩大,占用或堵断了原有的排水河道,并且将原有圩外调蓄水面圈围到圩内,降低了区域整体调蓄洪水能力,增加了圩外骨干河道的防洪压力,外河高水位又反过来对圩区的建设提出更高的要求。

圩区排涝能力与区域外排能力未能很好地相互衔接,排涝动力增长过快,集中排水时圩外河道水位上涨迅速,导致区域水情恶化。圩区排涝动力增加,洪涝水排出时间缩短,改变部分区域排洪方向和排洪时间,会引起圩区外局部点水位壅高并影响高水持续时间。圩外水面率减少,区域外河排水通道变成了圩内河道,减少了外排通道,同时降低了圩外水面调蓄能力,将抬高区域面上最高水位,进一步加剧了洪水外排能力不足的矛盾,造成强降雨时圩外河道水位上涨幅度和速度较过去明显上升。

4.2.3.3 沿长江引排工程运用对区域河湖水系连通格局影响分析

1. 沿长江引排工程基本情况

新沟河、锡澄运河、白屈港、走马塘等与武澄锡虞区境内锡澄地区关系密切。新沟河是武澄锡低片涝水北排入江的骨干河道,也是锡澄地区的清水通道,对确保锡澄地区防洪排涝安全、引江济太促进太湖(梅梁湖)水体流动循环和改善区域水环境具有重要作用,新沟河延伸拓浚工程于 2013 年开始启动,2019 年基本建设完成。锡澄运河是锡澄地区集排涝和通航入江的骨干河道,也是地区尾水排放通道之一,平时也可凭之利用长江高潮引水补充地区内河水量,对确保锡澄地区汛期抢排涝水、非汛期引排水改善区域水环境具有重要作用。白屈港是武澄锡低片涝水北排入江的骨干河道,也是锡澄地区清水通道之一,

---

① 水利部太湖流域管理局、太湖流域管理局水利发展研究中心:《太湖流域防洪规划中期评估报告》,2018 年 10 月。

对确保锡澄地区防洪排涝安全和改善区域水环境具有重要作用。走马塘位于澄锡虞高片，是高片规划排水通道，对改善该地区水环境、增强水安全具有重要作用，在望虞河"引江济太"期间，它可避免或减少西岸地区河网排水进入望虞河，走马塘拓浚延伸工程于2009年10月开工建设，2012年6月实现全线通水。计划将实施锡澄运河扩大北排工程（包含新建定波水利枢纽120 m³/s双向泵站）、白屈港综合整治工程、走马塘后续工程（包含新建走马塘江边枢纽80 m³/s）等。这些沿长江引排工程的运用，对武澄锡虞区河湖水系连通格局产生了影响。

2. 对区域河湖水系连通格局的影响分析

（1）对区域北排出路的影响

新沟河、锡澄运河、白屈港、走马塘等区域沿长江引排工程的运用扩展了区域北排出路，完善了区域河湖水系纵向格局，提高了区域北排长江的能力。特别是近年来，走马塘拓浚延伸工程、新沟河延伸拓浚工程的建成与投运，有力提升了区域北排长江的能力。

从空间分布来看，北排长江是武澄锡虞区重要的洪水出路之一，通过锡澄运河、白屈港等纵向河道可以沟通苏南运河和长江，沿江水闸及泵站低潮自排、高潮挡水或闸泵结合向长江排水，降低锡澄地区的河网水位。新沟河、锡澄运河、白屈港、走马塘等工程的运用有助于形成区域内部分片的洪水出路安排。对于武澄锡低片新沟河以东地区，洪涝水主要通过锡澄运河、白屈港、新夏港等北排入江；对于武澄锡低片新沟河及新沟河以西地区，洪涝水主要通过新沟河、利港、澡港河等北排入江，减少对锡澄运河腹部的压力；对于澄锡虞高片，在确保武澄锡低片防洪安全的前提下，通过张家港、十一圩港、走马塘等北排长江，同时通过伯渎港、九里河等东排望虞河。

从排江能力来看，新沟河江边枢纽设计过闸流量为460 m³/s、设计泵排流量为180 m³/s，锡澄运河工农闸设计过闸流量为240 m³/s；白屈港枢纽设计过闸流量为100 m³/s，设计泵排流量为100 m³/s；走马塘江边枢纽设计过闸流量为207 m³/s，因此，新沟河、锡澄运河、白屈港、走马塘4个沿长江引排工程的设计过闸流量为1 007 m³/s，设计泵排流量为280 m³/s，占武澄锡虞区大型通江口门设计过闸流量的55.67%及设计泵排流量的76.71%。新沟河工程建成之前，武澄锡虞区设计泵排流量为185 m³/s（澡港枢纽、新夏港枢纽、白屈港枢纽），新沟河工程建成之后，武澄锡虞区设计泵排流量增加了180 m³/s，增加了近一倍。因此，这4个沿长江引排工程成为武澄锡虞区特别是无锡市重要的排江通道。

从实际运行来看，新沟河、锡澄运河、白屈港、走马塘等沿长江引排工程结合已有其他沿江口门的合理利用，可以有效降低地区水位。例如，无锡市在2016年防洪调度期间，沿江水闸泵站提前抢排，预降武澄锡低片河网水位，腾出有效库容，全力迎战梅雨期强降雨。根据调度方案，白屈港、新夏港泵站的启用水位为青阳站水位4.20 m，入梅前青阳站水位在3.70 m左右，6月14日两站提前启用，强力排涝。据统计，6月14日至7月25日两站总排涝量为4.99亿 m³；沿江水闸也于汛前提前开始两潮抢排，闸排总量达8.17亿 m³。对于走马塘工程突破原有规划设计功能，汛期投入防汛排涝，2016年，无锡市苏南运河最高水位较2015年上涨0.10 m，但无锡市锡北运河锡山段及走马塘沿线地区的防汛压力较上年明显减轻，主要得益于走马塘张家港枢纽的启用排涝。

(2) 对区域引排体系的影响

新沟河、锡澄运河、白屈港、走马塘 4 个沿长江引排工程中,新沟河、白屈港均为武澄锡低片涝水北排入江的骨干河道,也是锡澄地区清水通道,锡澄运河、走马塘均为以排水为主的河道。

目前,新沟河延伸拓浚工程、走马塘拓浚延伸工程均已建成投运,根据《太湖流域水环境综合治理总体方案》《太湖流域防洪规划》《新沟河延伸拓浚工程初步设计报告》,新沟河延伸拓浚工程的主要任务是对直武地区入湖口门进行控制,提高区域洪涝水北排长江的能力,减少进入梅梁湖的污染负荷;配合引江济太等其他工程的运用,促进太湖水体有序流动,提高梅梁湖水环境容量;还具有应急引长江水进入梅梁湖,应对突发水污染事件的能力。根据《太湖流域水环境综合治理实施方案》《走马塘拓浚延伸工程初步设计报告》,走马塘拓浚延伸工程的主要任务是在望虞河西岸控制工程实施后,解决"引江济太"期间望虞河西岸的排水出路,将西岸地区东排望虞河、北排长江改为走马塘北排长江,增加望虞河连续"引江济太"时间,提高"引江济太"效率,增加调水入湖水量。

因此,新沟河、走马塘的建成运行,结合其他口门,可以进一步完善武澄锡虞区锡澄地区的引排格局,形成望虞河、白屈港等引江清水通道,新沟河、锡澄运河、走马塘等排江通道,增强区域调水引流能力。

4.2.3.4 苏南运河沿线区域防洪除涝工程调整对区域河湖水系连通格局影响分析

1. 苏南运河沿线区域防洪除涝工程调整基本情况

(1) 运河沿线工程排涝动力情况

武澄锡虞区境内的苏南运河沿线区域主要包括苏南运河常州段、无锡段沿线区域。现状运河沿线城区防洪基本采取分片包围和建设排涝站方案。运河沿线堤防城市防洪包围堤段规划标准为 100~200 年一遇,其他规划标准大多为 50 年一遇,常州市堤顶高程为 5.5~8.0 m,无锡市堤顶高程为 6.0~6.5 m。防洪包围圈内排涝泵站及河道排水能力按照 20 年一遇最大 24 小时暴雨设计,要求内河水位不高于最高控制水位。运河沿线除市区分片包围堤段外,部分低洼地区也建有圩区及排水泵站。

无锡市运东大包围外排泵站总规模为 485.6 m^3/s,其中,直接排入运河流量为 218.8 m^3/s;太湖新城片外排泵站总规模为 97.0 m^3/s,其中直接排入运河流量为 82.0 m^3/s,无锡城市防洪工程外排泵站入运河流量合计为 300.8 m^3/s。此外,无锡市运河沿线圩区直接排水入运河的有 4 个,直接排入运河流量为 39.5 m^3/s。因此,无锡市苏南运河沿线区域工程直接排入运河流量为 340.3 m^3/s。常州市运北大包围外排泵站总规模为 420.96 m^3/s,其中,直接排入运河流量为 179 m^3/s;湖塘片外排泵站总规模为 78.1 m^3/s,其中,直接排入运河流量为 57.7 m^3/s,常州城市防洪工程外排泵站入运河流量合计为 236.7 m^3/s。此外,常州市运河沿线圩区直接排水入运河的有 14 个,直接排入运河流量为 65.36 m^3/s。因此,常州市苏南运河沿线区域工程直接排入运河流量为 302.06 m^3/s。武澄锡虞区境内苏南运河沿线区域工程直接排入运河流量为 642.36 m^3/s。

(2) 运河沿线工程调度情况

2016 年之前,运河沿线区域无锡市、常州市按照各自的城市防洪工程调度方案来进行。无锡市按照《无锡市城市防洪工程水情调度方案》进行。① 城市防洪工程运行启用水位为 3.80 m,当无锡水位接近 3.80 m,并有继续上涨趋势时,启用城市运东大包围控制圈工程。关闭控制圈周围所有的闸门,开启控制圈泵站,全力排涝。在启用运东大包围控制圈工程过程中,当圈内无锡南门站水位低于 3.20 m 时,停止排涝,闸门继续关闭;当圈内水位高于圈外水位时,停止排涝,闸门敞开。当无锡水位低于 3.80 m 时,大包围控制圈工程停止运行。② 当天气预报无锡市有暴雨、大暴雨或特大暴雨时,启动城市防洪工程提前预降水位,水位必须预降至 3.00 m;当无锡市遭遇大暴雨或特大暴雨时,城市防洪工程各大枢纽泵站应全力开机排涝,最大限度地降低大包围圈内水位。常州市按照《常州市运北片城市防洪大包围节点工程运行调度方案》进行。① 常规调度:当苏南运河常州站水位达到 4.30 m 并且有明显上涨趋势时,运北片城市防洪大包围节点工程关闸挡水;当苏南运河常州站水位上涨至 4.50 m 并且有上涨趋势时,上述节点工程泵站开机排水。当与流域洪水调度相矛盾时,应服从江苏省防汛防旱指挥部统一指挥调度。② 超标准洪水[①]的调度:运北片城市防洪大包围节点工程闸门关闭,泵站有序排水,控制内外河水位差不超 1.20 m。

2016 年 6 月,江苏省防汛防旱指挥部批复实施了《苏南运河区域洪涝联合调度方案(试行)》,对无锡市、常州市城市大包围以及圩区工程提出了调度方案。城市大包围调度:① 当苏南运河沿线代表站水位低于 100 年一遇设计洪水位时,城市大包围按已批准的方案运行,及时排水,确保大包围内部排涝安全。② 当苏南运河沿线代表站水位在 100~200 年一遇设计洪水位之间时,沿运河泵站相机排水。当包围圈内代表站水位低于设定门槛值(内部最高控制水位以下 20 cm)时,沿运河泵站停机,包围圈内其他泵站根据排涝要求进行调度;当包围圈内水位高于设定门槛值时,沿运河泵站开机排水。③ 当苏南运河沿线本河段或下一河段代表站水位高于 200 年一遇设计洪水位时,沿运河泵站原则上不得向运河排水。其他主要圩区调度:① 当苏南运河沿线代表站水位低于防洪设计水位时,圩区内部水位达到起排水位后,各圩区可抢排涝水;② 当苏南运河沿线代表站水位高于防洪设计水位时,沿运河圩区泵站应适时限排,限排原则是农业圩先限排,水面率大、调蓄能力强的圩区先限排,圩内无重点防洪对象且经济损失小的圩区先限排。

此外,2007 年之后,运河沿线区域内,基于保护太湖水资源需求,无锡市环湖口门长期关闭,运河沿线地区涝水南排入湖的出路受阻。《苏南运河区域洪涝联合调度方案(试行)》提出直湖港在无锡(大)站水位高于 4.50 m 时,应开闸排水,但在 2015—2017 年的调度实践中,无锡市出于保护太湖水资源及防范发生水源地供水危机的需要,当水位高至 5.00 m 时才下令开闸,增加了运河沿线地区的防洪风险。

2. 对区域河湖水系连通格局的影响分析

(1) 沿线工程建设前后的影响

近年来,由于苏南运河沿线城市大包围陆续建成,排涝动力显著增强,改变了与运河的水量交换,加重了运河的防洪压力,以及部分原有排涝通道受阻等原因,一直以航运为主要任务的运河两岸排水量加大,运河渐渐成为两岸地区的主要排涝通道。加之 2007 年

---

① 超标准洪水的界定:运北片城市防洪大包围外的超标准洪水是指苏南运河钟楼闸上水位超 5.52 m,太湖平均水位超 4.97 m,长江魏村潮位达到或高于 7.80 m 的洪水。运北片城市防洪大包围内涝超标准是指区域 24 小时降雨超 20 年一遇标准,即 175.7 mm,苏南运河常州站超 4.80 m 并呈明显上涨趋势时的内涝洪水。

太湖蓝藻暴发后,为改善太湖水质,无锡市环太湖口门长期关闭,原主要涝水出路受阻,转而向运河排涝。如此一来,一旦遭遇强降雨,运河水位迅速上涨,给运河沿线区域及上下游各大城市防洪排涝带来巨大的压力。上述情况联同下垫面的变化,以及降雨影响等因素,运河水情发生较大的变化,主要体现在运河水位的变化以及运河出现倒流现象。

从运河水位上来看,2015—2017 年常州、无锡运河水位连创历史新高。按截至 2017 年统计,常州、无锡历史最高水位分别发生在 2015 年(6.43 m)、2017 年(5.32 m),此前的历史最高水位发生在 1991 年或 1999 年,而近三年则超过了 1991 年和 1999 年。发生高水位的原因除了降雨影响外,大包围的投入运行是主要原因。在运河水位达到规定值后,围堤上的众多口门关闭,一方面运河两岸行水通道减少;另一方面大包围内有大量涝水排入,包围内河水位控制往往较低,滞涝容积发挥的作用不够,形成内松外紧,加大了外排水量。目前,武澄锡虞区境内运河沿线区域工程直接排入运河流量达到 642.36 m³/s,使运河水位高涨。因此,运河沿线区域城市防洪工程及圩区启用,对抬高年最高水位有较大影响。

近年来,运河沿线洛社段[①]逆流现象频发,限制了武澄锡虞区腹部平原河网洪水经运河东泄的空间,加剧了运河沿线区域的洪涝风险,增大了沿线地区防洪压力。洛社站位于无锡站上游,离无锡城市防洪工程较远,无锡城市防洪运东大包围圈于 2008 年基本建成,分析发现,从 2008 年开始,洛社站频现逆流(含顺逆不定),逆流天数不断增加,2011—2013 年洛社站逆流天数均增加至 120 天,全年约有 1/3 的天数出现逆流,2014 年为 112 天,2015 年为 117 年,2016 年为 97 天,如图 4-2 所示。分析其原因,2007 年以前,运河无锡段常年以顺流为主,遇台风或局部大暴雨时产生短时逆流;2007 年之后,由于梅梁湖泵站、大渲河泵站持续通过梁溪河向苏南运河调水,同时,无锡城市防洪工程开始运行,有部分水量通过江尖、仙蠡桥、利民桥枢纽泵站进入苏南运河,抬高了苏南运河水位,导致洛社站出现逆流天数较多。

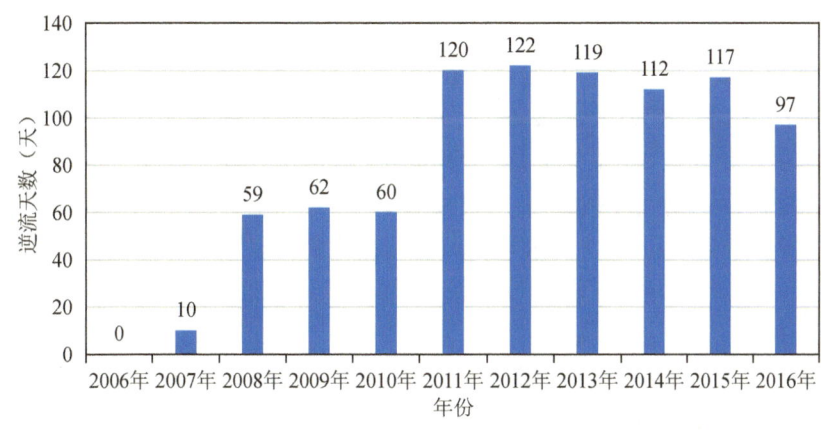

图 4-2 运河沿线洛社站各年份逆流天数(含顺逆不定天数)

---

① 洛社站位于无锡市惠山区洛社镇,与常州市相接,地处运河无锡站上游,常年流向为东南方向。

(2) 沿线工程联合调度的影响

2015年,无锡、常州城市防洪包围圈工程调度主要考虑城市内部安全,未考虑运河控制水位问题,因而出现运河沿线"外紧内松"的不协调现象,常州部分地区因外河高水壅积导致受涝,无锡段因受上下游顶托而持续高水位。

2016年,城市防洪包围圈工程基本按照《苏南运河区域洪涝联合调度方案(试行)》确定原则进行调度,启用时间合理、运行次数多、单次运行时间短、排涝效益大,常州、无锡城市防洪工程累计排涝分别为 1.48 亿 m^3、1.19 亿 m^3;2016 年 6—7 月,无锡市在确保城市防洪安全的前提下,合理安排开机台数及排水方向,减轻苏南运河沿线及周边地区防汛压力,大包围最多时仅开机 12 台,最大外排流量不超过 180 m^3/s,仅为外排能力的 44%。苏南运河高水位期间,运河沿线泵站开机不超过 2 台,排涝流量不超过 30 m^3/s。2017年,为应对汛末强降雨,无锡市在保证城市防洪安全的前提下,主动压减泵站开机台数,减少向运河排水,有效缓解了运河水位快速上涨的趋势。

但是,目前城市防洪包围圈工程的运用矛盾还是比较突出的,调度机制尚需完善,在《苏南运河区域洪涝联合调度方案(试行)》及调度实践中,包围圈内河网调蓄空间运用不充分,强降雨期间内外河水位差过大。

4.2.4 河湖水系连通格局演变综合分析

本节以 2000 年左右为时间节点,对 21 世纪以前、21 世纪以后武澄锡虞区河湖水系连通格局演变进行综合分析。

1. 21 世纪以前,区域河湖水系连通格局演变综合分析

武澄锡虞区是太湖流域乃至全国城镇化快速发展且城镇化程度很高的地区,城镇化对河湖水系连通格局演变产生了明显的影响。相关学者[63]研究过 20 世纪 60 年代至 2000 年左右的城镇化进程下的武澄锡虞区河湖水系连通格局的演变情况。研究认为,20 世纪 60 年代、80 年代和 2003 年 3 个时期河湖水系连通格局的比较可以有力地说明河流的自然形态在人为干预下的变化情况。20 世纪 60 年代的河流湖泊状态受人类活动影响小,水系变化不大;从 80 年代开始,太湖流域经济率先发展起来,随后城镇化步伐加快,农村变为城镇,小城镇变为大城市;2003 年代表城镇化后的状况。20 世纪 60 年代至 80 年代城镇化发展缓慢,80 年代至 2003 年则属于城镇化"爆发"阶段。随着城镇化发展,武澄锡虞区线状、面状水系在数量上均明显减少,河网密度变小。此外,河湖水系连通格局变化对水位也产生了影响,主要表现在城镇化快速发展会导致河网水系萎缩,连通性受阻,河网调蓄能力降低,增大了降雨径流系数,加快了地表径流速度,缩短了汇流时间,导致水位上涨,加大了区域洪灾风险。

2. 21 世纪以后,区域河湖水系连通格局演变综合分析

(1) 社会经济发展及生态文明建设带来的影响

2000 年以后,武澄锡虞区的地区生产总值处于持续增加的态势,常住人口也呈逐年增加趋势。地区社会经济高速发展,一方面对水安全保障提出了越来越高的需求,另一方面也给水利建设提供了充足的建设资金。党的十八大提出关于大力推进生态文明建设,在此背景下,地区在进行城市开发建设时,比以往更加注重人水和谐,河网水系被建设用

地填埋、占用等现象逐渐减少,地区通过多种方式不断恢复和增加水域面积。

(2) 城镇化发展带来的影响

基于中国科学院南京地理与湖泊研究所解译的太湖流域 1985 年、1995 年、2000 年、2005 年、2010 年、2015 年土地利用类型成果,以及《无锡市统计年鉴》《常州市统计年鉴》等资料,对武澄锡虞区不同时期的水田面积、建设用地面积进行了统计(图 4-3),分析发现,从建设用地变化来看,武澄锡虞区从 20 世纪 80 年代开始进入城镇化进程,2000 年之后,城镇化进程明显加速。随着城镇化进程的发展,自 1985 年以来,武澄锡虞区土地利用发生了很大变化,水田面积持续减少,建设用地面积持续增加,土地利用变化主要表现为以水田与建设用地的转换为主,2010 年建设用地面积较 1995 年增加了一倍之多,2015 年建设用地面积较 2000 年增加了一倍之多。

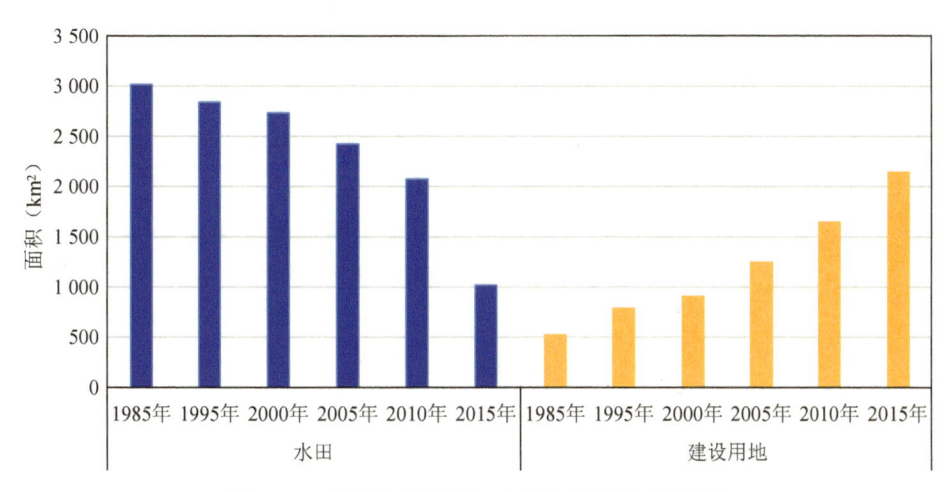

图 4-3 武澄锡虞区水田、建设用地面积变化过程

(3) 水利基础设施完善带来的影响

武澄锡虞区境内无锡、常州等城市经济社会快速发展均对水利基础设施完善提出了越来越高的需求,要建设与经济社会发展相适应的防洪除涝格局,形成与经济社会现代化相适应的防洪除涝能力。为提升地区防洪除涝能力而实施的河道治理(包含河道清淤、拓浚、延伸等)与水利工程建设等,一般除了具有防洪除涝功能之外,也会促进地区河湖水系连通水平的提升,例如,河道清淤、拓浚可以提升河道的过流能力,河道延伸可以加强河湖水系的沟通,工程的合理调度在防洪期间可以发挥防洪功能,在非防洪期间可以发挥引清调水的功能,改善地区水环境质量。

2011 年,中央一号文件提出,"完善优化水资源战略配置格局,在保护生态前提下,尽快建设一批骨干水源工程和河湖水系连通工程,提高水资源调控水平和供水保障能力";2013 年 10 月,水利部印发《关于推进江河湖库水系连通工作的指导意见》,明确河湖水系连通是优化水资源配置战略格局、提高水利保障能力、促进水生态文明建设的有效举措,要求各地有序推进河湖水系连通;2015—2016 年,水利部全面安排和部署河湖水系连通工作。对于武澄锡虞区境内的无锡市,2006 年,无锡市被水利部确定为全国水生态系统保护与修复试点城市,在试点期间实施了生态调水、河道整治等河湖水系连通相关的措施;2013年7月,无锡市被水利部列入全国首批水生态文明建设试点城市,试点期间建设了江河湖连通的调水引流清水通道,加强了河网水环境的综合整治,增强了调水的引流能力,改善了境内江河湖水网的贯通度,实现了江湖之间的畅引畅排,提高了区域河湖水系的连通水平。因此可以认为,自2000年以来,特别是2005年以来,河湖水系连通的水利工程体系在不断完善,工程的规划设计水平及调控水平也在不断提高。

总的来看,2000年之后,武澄锡虞区境内不同层面、不同类型的河道治理、枢纽工程在持续建设,工程的数量和泵站规模也较以往高很多,这些促进了武澄锡虞区河湖水系连通格局的演变趋于良好,也增强了武澄锡虞区河湖水系连通的调控能力。相关研究[64]基于武澄锡虞区20世纪60年代、80年代,21世纪10年代不同时期水系数据与长系列水位资料,分析发现不同时期的水文连通性存在差异,水文连通性存在先下降后上升的发展趋势,1960—1980年该地区的平均水文连通性为0.89,1980—2000年平均水文连通性降至0.82,2000—2016年平均水文连通性恢复到0.91。说明水文连通性受水系结构变化的影响深刻,也受水利工程建设运行等人类活动的影响,武澄锡虞区在20世纪80年代城镇化迅速发展,水系结构大幅度衰减,水文连通性呈下降趋势;2000年之后,水系结构虽仍在衰退,但通过水系合理规划建设,水文连通性明显增加。

综上所述,水利基础设施完善、城镇化发展、社会经济发展及生态文明建设等人类活动的影响对武澄锡虞区河湖水系连通格局的演变均具有很强的驱动性。对于武澄锡虞区来说,自2000年以来,水利基础设施完善对河湖水系连通格局的影响最大,主要表现为直接影响;其次是城镇化发展对河湖水系连通格局的影响,直接影响与间接影响兼具;社会经济发展及生态文明建设对河湖水系连通格局的影响也较大,主要表现为间接影响。

4.3 武澄锡虞区河湖水系连通格局及工程布局优化分析

武澄锡虞区经济发达、人口集聚、城镇化程度高,面对社会经济发展新的形势,对城市防洪保安、水环境改善等水安全保障需求越来越高,因此,亟须对河湖水系连通格局及工程布局进行优化,以提升区域水安全保障水平。

4.3.1 优化基本原则

河湖水系连通是以实现水资源可持续利用、人水和谐为目标,以改善水生态环境状况、提高水资源统筹调配能力和抗御自然灾害能力为重点,借助各种人工措施,利用自然水循环的更新能力等举措,构建蓄泄兼顾、丰枯调剂、引排自如、多源互补、生态健康的河湖水系连通网络体系。其目标是构建适合经济社会可持续发展和生态文明建设需要的河湖连通网络体系,可通过水利工程实现直接连通,也可通过区域水资源配置网络实现间接连通。因此,武澄锡片河湖水系连通布局需要遵循以下基本原则。

1. 坚持科学规划、合理布局

基于武澄锡虞区河湖水系特点、未来功能定位,统筹协调流域与区域、上下游、左右岸、相关涉水行业,综合考虑防洪减灾、水资源开发利用、水环境治理,以流域综合规划、水利发展规划、防洪规划、水系规划、生态河湖行动计划、生态环境保护规划等为基础,尊重现状并衔接已有建设与规划,根据武澄锡虞区河湖水系连通需求,科学布设连通工程,确定连通格局与连通方式。

2. 坚持保护优先、综合利用

妥善处理武澄锡虞区开发利用与保护的关系,正确处理资源、环境、经济发展之间的协调关系,在保障连通区域的防洪、水量、水质、水生态安全的前提下进行河湖水系连通,既要满足经济社会发展对水的合理需求,也要保障水资源保护和生态环境建设,满足维护河湖水系的基本生态用水需求,充分发挥河湖水系的通道功能、资源功能、环境功能、生态功能等综合功能。

3. 坚持强化管理、发挥效益

加强武澄锡虞区河湖水系连通工程的运行管理,充分发挥技术、行政、法律、政策等各种手段对河湖水系连通的保障作用。对于现状及规划建设的河湖水系连通工程,要科学管理、合理调度,注重河湖水系连通工程的水量调度、洪水调度、生态调度,充分发挥河湖水系连通的综合效益。要将现状河湖水系连通工程的效益发挥和挖潜,作为规划安排新增河湖水系连通工程的重要基础,如确有需要,才考虑规划新增。

4.3.2 优化建议

根据武澄锡虞区地理位置、河湖水系布局和水资源水环境特点,结合社会经济对防洪、供水和改善水环境等方面需求,为适应水情、工情的变化特别是太湖水环境保护的要求,统筹平衡区域与流域、城市之间的治理需求,综合考虑河湖水系连通格局演变因素及其影响,在现有水利工程基础上,尊重现状并与已有规划相衔接,从修建江河湖连通工程、扩大区域引排长江骨干通道、维系或新建水流连接通道、修建控导工程以及枢纽工程等方面,提出武澄锡虞区河湖水系连通格局与工程布局优化建议,强化区域河网与长江、太湖的水力联系,提高区域水安全保障能力。

1. 河湖水系连通格局建议

针对武澄锡虞区河湖水系连通总体架构,建议对境内区域性骨干河道进行梳理、整治,基于流域性河道、区域性骨干河道,优化形成"倒爪字"形、"八纵三横"的河湖水系连通总体格局,形成"通江达湖、南北互济、东西互通,蓄泄兼筹、引排顺畅、调控自如"的河湖水系连通格局。"八纵"从西向东依次为澡港河、新沟河、锡澄运河、白屈港、张家港、十一圩港—东青河、走马塘、望虞河;"三横"从北向南依次为张家港、锡北运河、苏南运河。其中,望虞河为武澄锡虞区和阳澄淀泖片的边界河道,苏南运河贯穿武澄锡虞区东西,新沟河贯穿武澄锡虞区南北,澡港河、锡澄运河、白屈港、十一圩港—东青河、走马塘为运北水系纵向河道,锡北运河为运北水系横向河道,张家港为运北水系兼具纵向与横向的"L"形河道。

针对武澄锡虞区河湖水系连通内部架构,建议按照运南片水系、运北片水系(西横河—东横河以南)、沿江高片水系(西横河—东横河以北)三个片区,对河网水系进行梳理沟通,并加强对水利工程的合理调度。

(1)运南片水系,南滨太湖、北临运河,入太湖河道均建有口门建筑物进行控制。运南片水系无锡直湖港以东地区,建议合理利用太湖蓄排,统筹区域、城市防洪与太湖水环境保护要求,实现防洪和水环境保护的协调统一,提高太湖的洪水蓄滞能力和水资源调配能力,为周边地区提供防洪安全屏障和供水安全,同时,通过合理调度,引导太湖和太湖新城片、梁溪片等区域河网有序流动,改善区域河网水环境。运南片水系常武地区及无锡直湖港以西地区,洪水主要通过武进港、直湖港经由新沟河北排长江,内部涝水主要通过武宜运河、南运河、采菱港、锡溧漕河等内部河道北排运河。

(2) 运北片水系,苏南运河、望虞河是其外围河道,拥有新沟河、锡澄运河、白屈港、东青河、走马塘等纵向河道以及锡北运河、张家港、九里河、伯渎港、界河—富贝河、青祝河等横向河道,河网水系四通八达,同时无锡市建有运东大包围,常州市建有运北大包围。建议利用诸多纵向通江河道,在汛期进行区域洪涝水北排,在非汛期开展调水引流,调引长江水补充区域水资源,同时增强水体流动,提高水环境容量,改善区域水环境。建议充分利用运河沿线地区包围圈和圩区调蓄,统一调度,合理限排,减少汛期两岸地区入运河水量,减轻运河防洪压力。建议加强望虞河相机调控,扩大锡澄地区东排望虞河能力,结合望虞河后续工程,优化、调整望虞河西岸地区水系,统筹安排望虞河西岸地区排水出路。

(3) 沿江高片水系,地势相对较高,河道大多为纵向通江河道,并均建有口门建筑物进行控制,其中,澡港枢纽、新沟河江边枢纽、新夏港枢纽、锡澄运河工农闸、白屈港枢纽、张家港闸、十一圩港闸、走马塘江边枢纽为武澄锡虞区大型通江口门。建议进一步提高流域、区域骨干河道引排水能力,扩大区域北排长江和引江能力,同时加强区域河网与长江的连通,增加区域水资源量和水环境容量。

2. 河湖水系连通工程布局建议

针对武澄锡虞区河湖水系连通工程布局,以实现外部防洪、内部防涝、水质改善、生态修复等目标的协调统一为目标,建议以流域工程为依托,以区域工程为骨干,以城市工程为重要节点,联同圩区、农村河道等工程,形成多层次、多类型的水利工程建设布局。防洪保安方面以安全蓄泄区域洪涝水为重点,在新沟河延伸拓浚、望虞河西岸控制等流域工程的基础上,结合高等级航道整治改造,对锡澄运河、白屈港、锡北运河等骨干河道进行综合治理,增建、扩建沿江泵闸枢纽,提高北排长江和东排望虞河的能力;水资源供给方面以构建合理引排格局为重点,提高水资源调控能力;水生态环境方面以保障太湖水生态安全为重点,加大滨湖地区河道水生态修复与保护力度,同时增强区域河网水体流动,提高水环境容量。

(1) 纵向连通方面,主要涉及运北片水系、沿江高片水系,建议实施老桃花港整治工程(含老桃花港江边枢纽)、新桃花港整治工程(含新桃花港江边枢纽)、锡澄运河扩大北排工程(黄昌河—长江段,含锡澄运河定波水利枢纽)、白屈港综合整治工程、张家港整治工程(含张家港江边泵站)、十一圩港整治工程(含十一圩港江边枢纽)、走马塘江边泵站等工程。其中,河道整治方面建设内容主要为河道拓浚、堤防达标建设、沿线护岸建设等,以恢复并挖潜河道的通道功能、提升过流能力;沿江枢纽及泵站建设主要是增加外排或引江动力,进一步提高通江河道的引排能力,减轻太湖和望虞河防洪与供水压力,消除太湖水环境保护限制南排的影响,兼顾提高区域引江水资源配置能力。

(2) 横向连通方面,主要涉及运北片水系、运南片水系,运北片水系建议实施北兴塘—转水河整治工程、界河—富贝河整治工程、锡北运河整治工程(东湖段)、张家港整治工程；运南片水系建议实施洋溪河—双河整治工程，滨湖地区实施梁溪河清淤等工程。河道整治方面建设内容主要为河道拓浚、堤防达标建设、沿线护岸建设、清淤等，以打通河道沟通瓶颈、发挥河道的通道功能、提升过流能力。

4.4 小结

本章在对现状武澄锡虞区河湖水系与工程布局分析的基础上，研究了河湖水系连通格局演变历程，分析了人类活动与河湖水系连通格局的影响，通过分析水环境综合治理、联圩并圩改造、沿长江引排工程运用、苏南运河沿线区域防洪除涝工程运用对区域河湖水系连通格局的影响，提出了武澄锡虞区河湖水系连通与工程布局优化的方向及建议。

武澄锡虞区河湖水系连通系统属于典型的"自然-人工"水系，河湖水系连通格局演变经历了历史时期、1949年以后、21世纪以来3个阶段。水利基础设施完善、城镇化发展、社会经济发展及生态文明建设等人类活动影响对武澄锡虞区河湖水系连通格局的演变均具有很强的驱动性。自2000年以来，水利基础设施完善对河湖水系连通格局的影响最大，主要表现为直接影响；其次是城镇化发展对河湖水系连通格局的影响，直接影响与间接影响兼具；社会经济发展及生态文明建设对河湖水系连通格局的影响也较大，主要表现为间接影响。

针对武澄锡虞区河湖水系连通总体架构，建议对境内区域性骨干河道进行梳理、整治，基于流域性河道、区域性骨干河道，优化形成"倒爪字"形、"八纵三横"的河湖水系连通总体格局，形成"通江达湖、南北互济、东西互通，蓄泄兼筹、引排顺畅、调控自如"的河湖水系连通格局。针对河湖水系连通内部架构，建议按照运南片水系、运北片水系（西横河—东横河以南）、沿江高片水系（西横河—东横河以北）三个片区，对河网水系进行梳理沟通，并加强对水利工程的合理调度。

针对武澄锡虞区河湖水系连通工程布局，以实现外部防洪、内部防涝、水质改善、生态修复等目标的协调统一为目标，建议以流域工程为依托，以区域工程为骨干，以城市工程为重要节点，联同圩区、农村河道等工程，形成多层次、多类型的水利工程建设布局。在防洪保安方面，以安全蓄泄区域洪涝水为重点，在新沟河延伸拓浚、望虞河西岸控制等流域工程的基础上，结合高等级航道整治改造，对锡澄运河、白屈港、锡北运河等骨干河道进行综合治理，增建、扩建沿江泵闸枢纽，提高北排长江和东排望虞河的能力；在水资源供给方面，以构建合理引排格局为重点，提高水资源调控能力；在水生态环境方面，以保障太湖水生态安全为重点，加大滨湖地区河道水生态修复与保护力度，同时增强区域河网水体流动，提高水环境容量。

5 区域"分片治理-滞蓄有度-调控有序"防洪除涝安全保障技术研究

5.1 总体研究思路

5.1.1 总体思路

武澄锡虞区地势低平、河网纵横、圩区密布，现状区域防洪能力已基本达到30年一遇标准，并逐步提升至50年一遇。随着社会经济快速发展，大范围、高强度的人类活动不断影响和改变着区域下垫面特性、河湖水系结构和水利工程体系，并进一步改变了区域水文过程[65]，加之上下游、干支流、相邻水利分区间洪水相互影响，给区域防洪除涝安全保障带来新的挑战。武澄锡虞区尚存在区域内部防洪除涝治理分区仍不系统、城市防洪工程及圩区的调蓄作用存在进一步优化和挖掘的空间，区域、城市、圩区多层级防洪除涝调度协同性不够等薄弱环节亟待解决。武澄锡虞区保障区域-城区-圩区不同层级防洪除涝安全的核心在于科学处理好外部洪水和内部涝水的关系。

1. 防御外部洪水

武澄锡虞区外部洪水主要包括北侧长江、西侧上游湖西区以及南侧太湖等方向来水。外部洪水防御采用挡疏结合方式，北侧通过长江堤防抵御长江洪水，西侧通过武澄锡西控制线抵挡湖西区排水，南部通过环太湖大堤阻挡太湖洪水。

2. 内部洪涝水调蓄

武澄锡虞区内部洪涝水调蓄采取以泄为主、蓄泄兼筹的方式，具体包括分片治理、及时外排、河网调蓄三个方面。

（1）分片治理

分片治理是区域防洪除涝安全保障的基础。分片治理是通过对地理空间进行不同片区划分，从而针对不同分片制定相应的防洪除涝安全保障措施。现状武澄锡虞区内部利用区域内建成的白屈港控制线分为武澄锡低片、澄锡虞高片，通过白屈港控制线抵挡东部澄锡虞高片洪水进入武澄锡低片，使得高片洪水直接入江或向东入望虞河外排长江，实现高水高排，减少对低片洪涝叠加影响，形成区域分片治理的基础。

（2）及时外排

洪涝水及时外排可有效降低区域河网水位、减少区域内高水位持续时间，是保障区域防洪除涝安全的根本。长期以来,武澄锡虞区内部洪涝水外排出路主要为北排长江、南排太湖,以及沿苏南运河下泄阳澄淀泖区,其中,北排长江利用通江河道排入长江,排水范围主要是苏南运河以北的沿江区域;苏南运河以南地区洪涝水则主要南排太湖,但近年来为保护太湖水环境,区域南排太湖出路受限,区域内的无锡市区环湖口门(除武进港、雅浦港外)通常处于关闭状态;此外,苏南运河穿武澄锡虞区而过,也是区域洪涝水外排的重要通道。

(3) 河网调蓄

汇流和调蓄是河网水系的基本功能之一,河网调蓄功能的发挥在削减洪峰、降低河网水位、降低洪涝危害中具有重要作用。对于武澄锡虞区而言,内部调蓄既包括圩外河网调蓄,也包括城市防洪工程和圩内河网调蓄。

因此,立足武澄锡虞区的区域、城区、圩区不同层级的防洪除涝需求,考虑区域地形地势、河湖水系连通特性、水体流动格局、排水骨干通道和控制性工程能力,充分发挥沿长江骨干工程北排能力、区域内部河网调蓄功能、圩区滞蓄作用,利用重要节点工程实施错时错峰调度,提升武澄锡虞区的区域、城区、圩区不同层级防洪除涝安全保障程度(图5-1)。

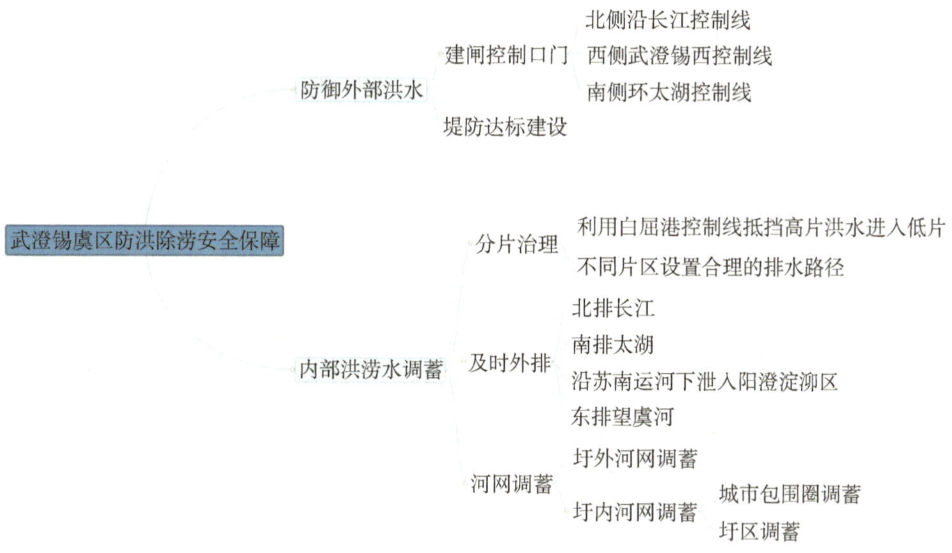

图 5-1 武澄锡虞区防洪除涝任务逻辑分析图

5.1.2 技术要点

立足武澄锡虞区的区域、城区、圩区不同层级防洪除涝安全保障需求,结合不同片区地形、地貌、工程建设等不同基础条件,按照蓄泄兼筹的思路,厘清了武澄锡虞区的区域、城区、圩区防洪除涝治理的关键在于"以时间换空间、以空间换时间、由无序变有序",提前预降水位、腾出河网调蓄空间,利用节点工程错时错峰调度[66],削减洪涝峰值,使得区域洪水、城市圩区涝水有效排泄,体现水系连通、蓄泄兼筹、上下游协调、左右岸兼顾、干支流配合[67]。区域、城区、圩区不同层级防洪除涝治理要点如图5-2所示。

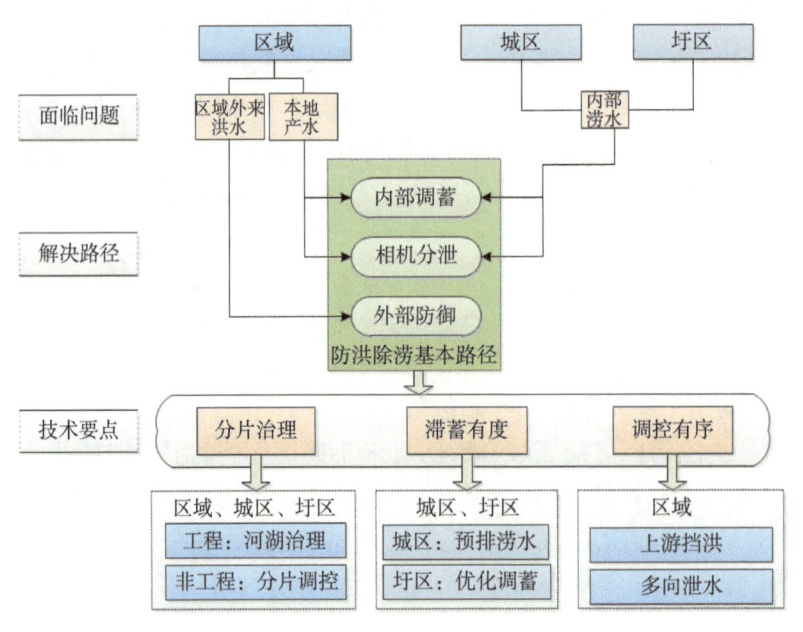

图 5-2　武澄锡虞区防洪除涝技术要点

（1）区域层面：着眼武澄锡虞区整体，兼顾不同片区差异性，以区域代表站水位安全为目标，以抵御区域外来洪水、消纳本地降雨产水为核心，形成高低分治、洪涝分泄的分片治理总体格局。在此基础上，进一步挖掘发挥区域、城区、圩区多层级河网的调蓄功能，优化区域洪水多向分泄格局，协调区域-城区-圩区不同层级、北部沿江-南部沿湖-中部沿运河等不同片区的调控需求，形成多维统筹、分级调控的防洪除涝安全保障格局。其中，北部沿长江区域应充分利用其靠近长江、排水动力强的优势，发挥沿江水利工程防洪排涝功能，扩大区域北排长江能力。中部沿运河区域应发挥河网、城市防洪工程、圩区的调蓄功能和节点控制工程作用，运河沿线地区城市包围圈和圩区调蓄实施合理限排，实现内部挖潜、增加调蓄，同时合理调控位于运河上的重要节点工程钟楼闸，错时错峰调度，减轻下游防洪压力。东部望虞河西岸区域应合理利用蠡河枢纽向望虞河分泄运河及区域洪涝水。此外，在加大北排长江的同时，南部靠近太湖的区域可在满足太湖水生态环境保护要求的前提下，适度向太湖分泄区域洪水以缓解区域防洪压力。

（2）城区、圩区层面：着眼城市防洪工程和圩区安全，同时兼顾区域整体防洪需求，以适度、有序消纳和排泄城市防洪工程、圩区涝水为核心，通过河道疏浚、堤防达标建设、新增排涝动力等工程措施提高工程防御能力；通过预降水位、适度增加内部调蓄、相机排涝等调度手段进一步提高城市和圩区防洪除涝安全保障程度。具体而言，对于城市防洪工程，防洪除涝安全保障策略重在"预排涝水、相机排水"，即当预报未来有强降雨时，利用城市包围圈防洪除涝设施，提前预降城市内部水位，预留调蓄空间；降雨过程中根据城市包围圈内部水位和外部骨干河道水位进行相机排水。对于圩区工程，防洪除涝安全保障策略重在"优化调蓄、适时排涝"，即针对不同类型圩区，适当调整圩区调蓄水深，增加圩区调蓄能力，降雨过程中根据圩内、圩外水位关系适时排水。

5.1.3 技术框架

在武澄锡虞区防洪除涝现状及需求分析的基础上,立足新形势下武澄锡虞区的区域、城区、圩区不同层面的防洪除涝需求,考虑区域地形地势、河湖水系连通特性、水体流动格局、排水骨干通道和控制性工程能力,充分发挥沿长江骨干工程北排能力、区域内部河网调蓄功能、圩区滞蓄作用,按照错时错峰的调度思路,协调流域、区域、城市主要控制工程调度,提高洪水入江能力,均衡区域上下游、运河左右岸防洪风险水平,保障武澄锡虞区的区域、城区、圩区3个层级的防洪除涝安全,具体包含分片治理技术、滞蓄有度技术、调控有序技术3个方面。

基于区域片区特性及空间异质性,研究提出武澄锡虞区分片治理方案;以区域、城区、圩区防洪安全保障为目标,对于外部洪水、内部洪涝水,充分利用骨干河道排泄功能、圩区滞蓄作用及水利工程群联合调度,优化区域-城区-圩区协同调度方式,均衡上下游、左右岸的防洪风险水平,研究提出武澄锡虞区滞蓄有度、调控有序的技术方案,最终形成武澄锡虞区"分片治理-滞蓄有度-调控有序"防洪除涝安全提升技术。

(1)分片治理:原则是考虑区域、城市、圩区面临的洪涝类型、治理要求、地形分布、河湖水系及防洪工程体系的完整性、承泄区条件等因素,并与流域、区域、城市防洪规划的水利分区相协调,在现状澄锡虞高片、武澄锡低片高低分治的工程布局的基础上,划分不同层级、多维尺度的治理分片进行分片治理、分片(分区)施策,实施不同类型、不同标准的分片治理,实现高低分开、洪涝分治,高水高排、低水抽排。

(2)滞蓄有度:原则是基于不同片区内部及河网的调蓄能力和洪涝承受水平,尽可能提升调蓄功能、增加滞洪能力;通过区域河道疏浚、拓宽等治理,提高圩区建设标准,联圩并圩,建立二级圩区等,不断发挥河道功能、完善圩区建设,通过增加调蓄水深、结合提前预泄的方式,留足合理的蓄水面积,合理挖掘河网调蓄水的潜力,充分发挥区域内部河网调蓄功能、圩区滞蓄作用。

(3)调控有序:原则是站在区域整体的角度,对水利工程进行有序调控;利用洪水与涝水形成的时差,按照错时错峰的调度思路,协调武澄锡虞区的区域、城市、圩区不同层面的主要控制工程调度,有机整合各自的排水能力,实现区域洪涝水的有序排泄。

5.2 主要研究工具

对武澄锡虞区地形、下垫面、河湖水系、水文监测站点以及涉及的流域、区域、城市、圩区等不同层面的工程等基础数据进行了系统全面的梳理,开发建立了水文、水动力模型以及各类应用组件,构建了武澄锡虞区防洪除涝数学模型。

5.2.1 水文模型

武澄锡虞区防洪除涝数学模型采用分布式架构,根据不同区域的产汇流机理不同可以划分为若干不同的产汇流特征单元。在产汇流特征单元内部,考虑下垫面特性以及降水的空间不均匀性,可以进一步划分为产汇流计算单元进行模拟,产流模拟具体分为水面产流模拟、水田产流模拟、旱地产流模拟、建设用地产流模拟、鱼塘产流模拟;坡面汇流模拟具体分为圩外河网坡面汇流模拟、圩区汇流模拟。水文模型以降水和蒸发量过程为主要输入条件,根据水流在下垫面运行的不同阶段,可以分解为产流过程与汇流过程,模型计算结果为水动力计算模块提供输入。

1. 下垫面分类及解译

下垫面面积及分布信息是产流计算的基础。为了能更精确地反映土地利用信息的空间分布对地区产流过程的影响,采用遥感卫片解译的方法识别武澄锡虞区内土地利用分布情况,再结合国土部门统计数据和实地查勘修正,得到较为准确的区域内土地利用分布信息,用于模型产流计算。根据不同下垫面产流机理,将下垫面分为水面、水田、旱地、建设用地4类。为提高产流模拟精度,在解译过程中对下垫面类型做进一步细分,依据《土地利用现状分类》(GB/T 21010—2007)和《第二次全国土地调查土地分类》,结合武澄锡虞区特征,武澄锡虞区下垫面分类标准确定为5个一级类、9个二级类,如表5-1所示。

表5-1 武澄锡虞区土地利用遥感解译分类表

一级类		二级类		含义
编码	名称	编码	名称	
01	耕地	011	水田	指用于种植水稻、莲藕等水生农作物的耕地,包括实行水生、旱生农作物轮种的耕地,以及沟渠、田坎等
		012	旱地	指无灌溉设施,主要靠天然降水种植旱生农作物的耕地,以及沟渠、田坎等
02	林地			主要指生长乔木、竹类、灌木的土地
03	城镇村及工矿用地、交通运输用地	031	透水层	指以自然植被和人工植被为主要存在形态的城市用地,不包括城市内的林地、水域等
		032	不透水层	指城镇用地中水体不能通过其渗入土壤的人为要素,包括道路、车道、人行道、停车场、屋顶和建筑等
04	水域及水利设施用地	041	河流	指天然形成或人工开挖河流现状水位岸线之间的水面
		042	湖泊	指天然形成的积水区现状水位岸线所围成的水面
		043	水库	指人工拦截汇集而成的积水区现状蓄水位岸线所围成的水面
		044	坑塘	指人工开挖或天然形成的不规则积水区现状水位岸线所围成的水面,且一般未用作水产养殖
		045	鱼塘	指人工开挖的形状规则的积水区现状水位岸线所围成的水面,且用作水产养殖
05	其他土地			指上述地类以外的其他类型的土地

2. 产流模拟

考虑到圩区和圩外河网在汇流过程的差异,为了更真实地反映武澄锡虞区产汇流过程,防洪除涝数学模型采用区别于常规产流模拟的方式,在区分下垫面的基础上,进一步区分圩区和圩外河网进行模拟。因此,武澄锡虞区降雨产流计算涉及圩内水面、城镇和道路等不透水地面、水田及旱地(包括非耕地)和圩外水面、城镇和道路等不透水地面、水田及旱地(包括非耕地)等8种下垫面上的产流计算。此外,考虑到鱼塘产流与水面、水田有相似之处,但也有一定区别,将鱼塘单独作为一类下垫面进行产流模拟。武澄锡虞区总产流量则为上述下垫面产流量之和,计算结果作为河网水动力模型的输入。

(1) 水面产流模拟

水面产流(净雨深)模拟采用降雨扣除蒸发的方法进行计算。

$$R_W = P - C_E E$$

式中:P 为日降水量,mm;E 为蒸发皿的蒸发量,mm;C_E 为蒸发皿折算系数;R_W 为水面日产流量,mm。

对于圩区而言,圩区内的水面产流计算还需进一步考虑圩内水体的调蓄作用,计算过程如下:

$$W_E = W_S + (P - C_K E)$$

当 $W_E \leqslant W_M$ 时,不产流,即

$$R_W = 0$$

当 $W_E > W_M$ 时,产流量为

$$R_W = W_E - W_M$$

式中:W_E 为圩区内水面水体时段末的蓄水量,mm;W_S 为圩区内水面水体时段初的蓄水量,mm;W_M 为圩区内水面水体的蓄水容量,mm,其他符号意义同前。

(2) 水田产流模拟

水田产生的产流量按照田间水量平衡原理来计算。为了保证水稻的正常生长,水稻在不同的生育期需要田面维持一定的水层深度,其中,起控制作用的水田水层深度有水田的适宜水深上限、适宜水深下限、耐淹水深等。适宜水深下限主要控制水稻不致因水田水深不足而失水凋萎影响产量,当水田实际水深低于适宜水深下限时,须及时进行灌溉。适宜水深上限主要是控制水稻最佳生长允许的最大水深,每次灌溉时以此深度作为限制条件。耐淹水深主要控制水田的水层深度不能超过其值,当降雨过大而使水层水深超过耐淹水深时,要及时排除水田里的多余水量,水田的排水量即为水田所产生的净雨深。根据作物生长期的需水过程及水稻田适宜水深上、下限,耐淹水深等因素,逐日进行水量平衡计算,推求水田产水量 R。

$$H_0 = H_1 + P - \alpha E - f$$

式中:H_0 为计算过程中间变量,水深,mm;H_1 为时段初的田间水深,mm;P 为时段内降水量,mm;E 为时段内水面蒸发量,mm;α 为水稻的需水系数;f 为田间渗漏量,mm。

当 $H_0 > H_{\max}$ 时,

$$\begin{cases} R = H_0 - H_{\max} \\ H_2 = H_{\max} \end{cases}$$

当 $H_{\min} \leqslant H_0 \leqslant H_{\max}$ 时,

$$\begin{cases} R=0.0 \\ H_2=H_0 \end{cases}$$

当 $H_0 < H_{\min}$ 时,

$$\begin{cases} R=H_0-H_m \\ H_2=H_m \end{cases}$$

式中：H_2 为时段末的田间水深，mm；$H_{\min}$ 为水田的适宜水深下限，mm；H_m 为水田的适宜水深上限，mm；$H_{\max}$ 为水田的耐淹水深，mm；R 为正值时表示产水量，mm，为负值时表示灌溉量，mm。

在非水稻种植季节，水稻田作为旱地处理，产流计算按旱地下垫面的产流方法进行。

(3) 旱地产流模拟

旱地上空降雨形成径流的条件主要是降水量超过土壤缺水量，这种降雨径流的特点适合采用蓄满产流模型来计算降雨产生的径流。新安江模型正是基于蓄满产流理论，且在湿润地区与半湿润地区具有广泛的应用。因此，旱地(含林地、草地)产流计算继续采用三层蒸发—水源的新安江蓄满产流模型，用三个土层的模型，将流域土壤平均蓄水容量 WM 分为上层蓄水容量 WUM、下层蓄水容量 WLM 与深层蓄水容量 WDM；将流域土壤平均蓄量 W 分为上层蓄量 WU、下层蓄量 WL 与深层蓄量 WD，分别计算其蒸发量。降雨先补充上层，当上层蓄满时继续补充下层，当下层蓄满时继续补充深层；蒸散发则是先消耗上层的蓄水，当上层蓄水消耗完以后继续消耗下层蓄水，当下层蓄水消耗完以后继续消耗深层蓄水。

当上层蓄量足够时，上层蒸散发为

$$EU=E$$

当上层蓄水耗干，而下层蓄量足够时，下层蒸散发为

$$EL=E \cdot WL/WLM$$

当下层蓄水亦不足，要触及深层蓄量时，深层蒸散发为

$$ED=C \cdot E$$

式中：C 为深层蒸散发系数；E 是流域蒸散发量，mm，其计算公式如下：

$$E=K \cdot EM$$

式中：K 为蒸散发折算系数；EM 为实测水量蒸发量，mm。

在应用蓄满产流方法计算旱地总产流量时，逐时段水量平衡方程为

$$W_{t+1}=P_t-R_t-E_t+W_t$$

式中：P_t 为时段降水量，由实测资料给出；W_t 为时段初流域土壤含水量，为已知的初始条件或前一时段末的流域土壤含水量；E_t 为时段流域蒸散发量，可以根据本时段初的流域土

壤含水量W_t和本时段的实测水面蒸发量,通过上述的流域实际蒸散发计算模型来计算得到;R_t为时段降雨形成的总径流量;W_{t+1}为时段末流域土壤含水量。

(4) 建设用地产流模拟

建设用地根据城市实际,分为三类下垫面:① 透水层,主要由城市中的绿化地带组成,其特点是有树木和植物生长,占城市面积的比例为A_1;② 具有填洼的不透水层,道路、屋顶等为不透水层,具有坑洼或下水道管网等调蓄作用,占城市面积的比例为A_2;③ 不具填洼的不透水层,占城市面积的比例为A_3。建设用地产流模型如图5-3所示。

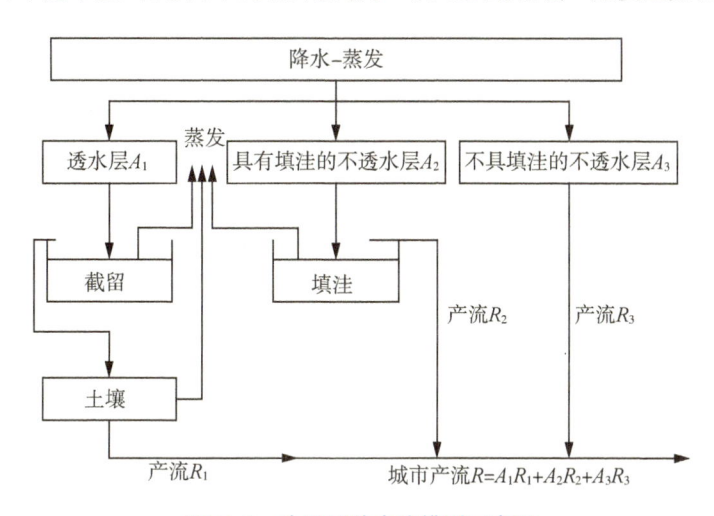

图5-3 建设用地产流模型示意图

(5) 鱼塘产流模拟

考虑到淡水鱼类及其他水产品生长需要一定的光照、水温等条件,鱼塘养殖应有一定的适宜水深范围。为此,采用类似水田灌溉的方式,通过设置适宜水深上限、适宜水深均值、适宜水深下限等对鱼塘产流过程进行模拟:当水深低于适宜水深下限时,从河道取水进行补水,补到适宜水深均值;当水深高于适宜水深上限时,需开启泵站抽排,同样排到适宜水深均值。

3. 坡面汇流模拟

流域汇流可分为坡面汇流和河网汇流两个阶段。传统单位线描述的是坡面汇流与河道汇流整体过程。而对于平原河网地区,产水单元没有统一的汇流出口,无法像推求山丘区汇流单位线那样计算率定汇流单位线。为此,根据汇流区域的几何属性和河网分布特征,将河网多边形作为平原区汇流研究的基本单元。对于平原河网地区,河网多边形面上汇流阶段仍可称为坡面汇流。由于在平原河网区域较大空间尺度中,河道汇流多采用水动力学方法求解,所以平原区汇流单位线研究的是平原区坡面汇流阶段,后续再与水动力模型耦合,从而完成对平原河网区的产汇流计算。

(1) 圩外河网坡面汇流模拟:采用分布式汇流单位线方法,由网格坡度得到汇流方向和汇流速度,再由面积-时间曲线得到面积时间累积曲线,最终得到分布式汇流单位线。

(2) 圩区汇流模拟:根据实际情况拟定圩区枯水位上限,当圩外河网水位低于该水位时,圩区敞开;当圩外河网水位高于该水位时,圩区启用。遇降雨时,圩内产水先蓄在圩内水域,并控制圩内水面蓄水深不超过圩区调蓄水深;当圩内蓄水深超过圩区调蓄水深时,将多余水量排出圩区,排水流量不超过排涝模数对应的排涝能力。

5.2.2 水动力模型

水文模型计算结果为水动力模拟提供径流输入,水动力模型则通过河网、节点、工程调度运行及边界概化,模拟河网各断面水位、流量过程。根据武澄锡虞区平原河网特点,将区域内影响水流运动的基础要素分别概化为零维要素、一维要素、联系要素、边界条件及其他要素。

1. 零维要素

零维要素是指具有一定的水面积和调蓄功能的调蓄节点,主要是湖泊、圩区这一类要素,在模型中以点要素表征。对于零维要素,水流行为的影响主要表现在水量的交换,动量交换可以忽略。反映水流行为的指标是水位,水位的变化规律遵循水量平衡原理,即流入该要素的净水量等于该要素蓄量的增量,其方程用下式描述:

$$\sum Q = A(z)\frac{\partial Z}{\partial t}$$

对该方程可直接进行差分离散。

2. 一维要素

一维要素即河流水系,模型中基于区域河网水系拓扑结构对其进行概化。描述河道水流运动的圣维南方程组为

$$\begin{cases} B\frac{\partial Z}{\partial t} + \frac{\partial Q}{\partial x} = q \\ \frac{\partial Q}{\partial t} + \frac{\partial}{\partial t}\left(\frac{\alpha Q^2}{A}\right) + gA\frac{\partial Z}{\partial x} + gA\frac{|Q|Q}{k^2} = qV_x \end{cases}$$

式中:q 为旁侧入流,Q、A、B、Z 分别为河道断面流量、过水面积、河宽和水位;V_x 为旁侧入流流速在水流方向上的分量,一般可以近似为零;k 为流量模数,反映河道的实际过水能力;α 为动量校正系数,是反映河道断面流速分布均匀性的系数。

圣维南方程组属于一阶拟线性双曲型偏微分方程组,实际中对方程组的处理常采用数值解的方法将其离散化。本书中对上述方程组采用有限差分法四点线性隐式格式进行离散。

3. 联系要素

联系要素是指控制水流运动的闸、泵、堰等水工建筑物,模拟水流运动的零维要素、一维要素必须通过耦合才能求解,各部分模拟的耦合则通过联系要素实现。水工建筑物(闸、泵、堰等)概化为模型要素后,其过流流量采用水动力学方法来模拟。

4. 边界条件

水动力模型边界条件类型包括水位边界条件、流量边界条件、水位流量关系边界条件等。

5. 其他要素

其他要素主要包括河道交叉位置节点、潮位节点以及用于模拟供水、用水、耗水、排水

的引排水节点。上述要素在模型中概化为零维要素。

武澄锡虞区防洪除涝数学模型河网概化如图 5-4 所示。

图 5-4　武澄锡虞区防洪除涝数学模型河网概化示意图

5.2.3　模型率定验证

模型参数率定与验证综合考虑了洪水、平水、枯水情况,以 2013 年、2016 年分别作为枯水和洪水的典型年份进行模型参数率定,以 2012 年作为典型平水年进行验证。从水位、水量、流量模拟结果来看,模型模拟的精度较高,能够反映武澄锡虞区河网地区的水流特点。其主要水位站计算水位与实测水位对比如表 5-2、表 5-3 所示。

表 5-2　模型率定主要水位站水位分析表(2—9 月)

水情	水位站	最低水位(m) 计算值	最低水位(m) 实测值	误差(计算值−实测值)	最高水位(m) 计算值	最高水位(m) 实测值	误差(计算值−实测值)
枯水(2013 年)	太湖	3.11	3.08	0.03	3.56	3.52	0.04
	常州(二)	3.40	3.35	0.05	4.12	4.04	0.08
	无锡(大)	3.34	3.30	0.04	3.88	3.93	−0.05
	陈墅	3.29	3.25	0.04	3.80	3.84	−0.04
	青阳	3.37	3.33	0.04	3.89	3.96	−0.07

(续表)

水情	水位站	最低水位(m)			最高水位(m)		
		计算值	实测值	误差(计算值－实测值)	计算值	实测值	误差(计算值－实测值)
洪水 (2016年)	太湖	3.04	3.08	－0.04	4.87	4.87	0
	常州(三)	3.29	3.27	0.02	6.47	6.17	0.30
	无锡(大)	3.25	3.23	0.02	5.21	5.11	0.10
	陈墅	3.27	3.25	0.02	5.17	4.76	0.41
	青阳	3.27	3.29	－0.02	5.16	5.13	0.03

表5-3　模型验证主要水位站水位分析表(全年)

水情	站点名称	最低水位(m)			最高水位(m)		
		计算值	实测值	误差(计算值－实测值)	计算值	实测值	误差(计算值－实测值)
平水 (2012年)	太湖	3.03	3.04	－0.01	3.92	3.91	0.01
	常州(二)	3.28	3.20	0.08	4.75	4.87	－0.12
	无锡(大)	3.26	3.20	0.06	4.53	4.43	0.10
	陈墅	3.29	3.24	0.05	4.32	4.26	0.06
	青阳	3.29	3.24	0.05	4.55	4.49	0.06

5.3　武澄锡虞区防洪除涝安全保障技术研究

5.3.1　区域防洪除涝安全保障技术

高城镇化水网区防洪除涝安全保障技术的核心是分片治理、滞蓄有度、调控有序。分片治理是在分析区域河湖水系连通特性、排泄水骨干通道、控制性工程等基本情况的基础上,将区域划分为不同层级、多维尺度的治理分片,并提出分片治理方案。滞蓄有度是基于数学模型,分析区域水网大系统、城市防洪工程和圩区小系统对洪涝水的滞蓄能力和滞蓄潜力,并优化区域蓄泄关系。调控有序是以流域或更小产汇流区域为整体,蓄泄兼筹、错时错峰、有序泄水,即充分考虑排泄水骨干通道的行洪能力、外排能力、调蓄能力,畅通区域排泄水出路,针对洪水和涝水形成的时间差,科学调度控制性水利工程,统筹安排区域、城区、圩区洪水和涝水的排泄路径和排泄时机,实现区域洪涝水的有序排泄。通过上述技术的耦合,形成"分片治理-滞蓄有度-调控有序"的水网区防洪除涝安全保障技术。

5.3.1.1　分片治理技术

针对平原河网地区水系呈网状结构、河道比降较小的特点,空间分片被认为是平原河网地区适用的治理模式之一[7],洪旱兼顾、分区治理的治水思想也成为平原河网地区治水经验的重要核心。长期以来治水工作者对武澄锡虞区洪涝水的围与导、挡与疏进行了不断探索和实践，经过多年治理，分片治理的思想已在武澄锡虞区得到了较好的体现。

水网区分片治理技术是指通过对地理空间进行不同片区划分，从而针对不同分片制定相应的防洪除涝安全保障措施的一种技术。其目标是统筹治理区域洪水、涝水，以实现高低分治、洪涝分泄、精准调度、蓄泄得当。其原则是基于地理位置、地形地貌、河湖水系结构特征、水流运动规律、水利工程建设及调度运行情况、排水条件和潜力等因素，考虑区域、城市、圩区等不同层面面临的洪涝类型、治理要求，并与区域、城市现有的综合规划、防洪规划等确定的治理分区相协调，划分为不同层级、多维尺度的治理分片，为不同治理分片量身制订治理方案。分片治理技术按以下步骤进行。

（1）分析治理现状

分析研究区域经济发展、地形地貌、洪涝形势和现状水利工程建设及调度控制运行情况，梳理防洪除涝薄弱环节，提出防洪除涝安全保障的重点方向。

（2）划分治理片区

基于地理位置、地形地貌、河湖水系结构特征、水流运动规律、水利工程建设及调度运行情况、排水条件和潜力、洪涝类型、治理要求等因素的异同，遵循经济社会条件相类似、水利工程与行政区划相协调、骨干河道与片区内部河道相匹配的基本原则，运用图示分析法对研究区域进行分区划片，形成若干次级治理分片。

（3）提出治理方案

根据各治理片区的现状条件、防洪薄弱环节，分析其防洪除涝的重点方向，从增加区域洪涝水外排、河网合理调蓄、优化水利工程调度等方面因地制宜提出各治理分片的治理方案，以期提升各分片防洪除涝安全保障程度。

5.3.1.2 滞蓄有度技术

河网水系不仅在河湖水系连通与行洪排涝方面发挥着重要作用，而且河网对水量的调蓄能力使其在削减洪峰、降低洪水危害中发挥重要作用[54]。水系对于洪涝水的调蓄能力是影响洪涝灾害出现频率及程度的决定因素之一。已有较多的研究验证了调蓄能力下降将导致洪水危害的加剧，而调蓄作用的发挥则可以提高区域防洪减灾整体能力[69]。

防洪工程的建设和运用本质上是通过改变和调整流域自然蓄泄特性从而发挥效益，即在保证防洪工程安全的前提下，通过优化防洪工程调度，合理安排洪水"蓄"与"泄"，使防洪效益最大化。防洪工程的科学调度运用，可以优化调整洪涝水蓄泄关系，有效发挥调峰、错峰、削峰的作用，从整体上降低洪水的风险[70]。对于平原河网地区，城市防洪工程和圩区建设是提高低洼地区防洪标准最直接的措施之一。此时，区域河网的调蓄能力既包含了圩外河网的调蓄能力，也包含了圩区及城市大包围的调蓄能力。城防、圩区建设按照洪涝分开、高低水分开、内外水分开、控制内河水位的原则，通过圈圩筑堤、建闸控制、设站排水等方法，防止外河洪水侵袭，排除圩内涝水，从而达到防洪和排涝的目的。但同时，圩区建设使得各圩区自成封闭系统，诸多河道成为圩内河道，其涝水则主要排入周边圩外河道，从而改变了自然状态下圩内、圩外洪涝水的汇流过程和时空分配。

水网区滞蓄有度技术是指针对平原水网区城市防洪工程、圩区众多的现象，通过优化区域内洪涝水在圩内、圩外两个系统的时空分布，从而达到降低区域整体防洪风险目的的一种技术。其原则是基于不同片区河网、圩区、城市防洪工程的调蓄能力和洪涝承受能力，通过提前预降水位为后期滞蓄涝水预留空间、优化圩区调蓄水深等方式，合理挖掘河网调蓄水的潜力，优化区域洪涝水在时间尺度及不同对象中的空间分配，充分发挥区域河网、圩区对洪涝水的滞蓄作用。滞蓄有度技术按以下步骤进行。

（1）选取典型情景

根据研究区域历史水文、降雨数据识别场次降雨涨水期，建立典型情景集合，通过水文水动力数学模型计算模拟各情景下河网水位、河网槽蓄量、引排水量等要素。

（2）分析蓄泄现状

掌握河网蓄泄特征是蓄泄关系优化和制定防洪安全保障措施的重要前提和基础[71]。建立水网区蓄泄特征表征因子、防洪风险指数（详见 5.3.3.2 节），并采用数学模型分别计算研究区域蓄泄特征表征因子值和防洪风险指数值，通过以上定量化因子客观反映区域蓄泄情况。

（3）城市防洪工程和圩区分类

根据研究区域内城市防洪工程和圩区的自然属性、社会属性，采用系统聚类方法进行城防和圩区分类，并阐明不同类型圩区的基本特征。

（4）蓄泄关系优化

针对区域防洪风险指数 $R>0$ 的情景，根据不同圩区（城防）类别，在保证圩区（城防）防洪除涝安全的前提下，综合考虑圩区排水能力、圩区重要性、圩堤自身安全等因素适当调整不同类型圩区调蓄水深，增加圩区（城防）调蓄量，发挥其雨洪调蓄作用，通过优化区域洪涝水在时间尺度及不同对象中的空间分配，从而降低区域整体的防洪风险。

区域防洪除涝滞蓄有度技术研究思路如图 5-5 所示。

其中，典型情景选取遵循以下原则：

（1）典型情景起始时间记为 t_1，t_1 前 3 日基本无降雨；

（2）时段内单日最大降水量达到"中雨"等级（10 mm）以上；

（3）场次降雨结束后区域最高水位被称为"峰值水位"，并将该日作为典型情景结束时间，记为 t_2，典型场次降雨过程示意见图 5-6。

5.3.1.3 调控有序技术

平原河网地区水系密布、地势低平、河道坡降普遍较小、水流流速慢，水利工程在防洪保安中发挥的作用尤为重要，通过水利工程合理调控可使某个流域或区域内的洪涝水有序排出，从而在有限的工程条件下提升区域、城市、圩区防洪安全保障程度。

调控有序技术是指通过闸泵等水利工程调控手段，有序排出区域洪涝水，实现有限工程条件下的防洪效益最大化。其原则是站在区域整体的角度，遵循"优化洪涝水多向分泄格局，科学调度关键防洪控制工程"的理念，采用水利工程调控方式协调区域、城市、圩区防洪安全，蓄泄兼筹、错时错峰、有序泄水，即充分考虑排泄水骨干通道的行洪能力、外排能力、调蓄能力，畅通区域排泄水出路，针对洪水和涝水形成的时间差，科学调度控制性水利工程，统筹安排区域、城区、圩区洪水和涝水的排泄路径和排泄时机，综合确定某个区域

5 区域"分片治理-滞蓄有度-调控有序"防洪除涝安全保障技术研究

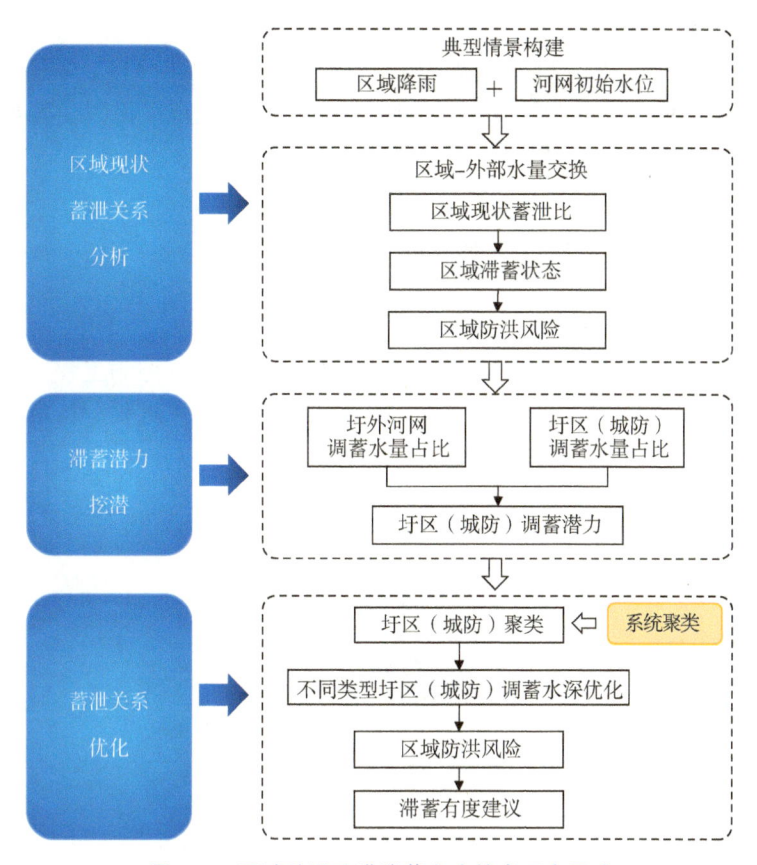

图 5-5 区域防洪除涝滞蓄有度技术研究思路

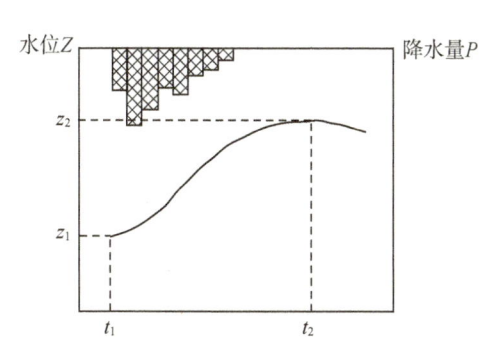

图 5-6 典型场次降雨过程示意图

内洪涝水排泄方向、次序和规模,根据区域各向排水能力大小、排水能力发挥程度、现状排水潜力大小,实现区域洪涝水的有序排泄,保障区域、城市、圩区不同层面防洪安全(图5-7)。调控有序技术按以下步骤进行。

(1) 选取典型情景

根据研究区域历史水文、降雨数据识别场次降雨涨水期,建立典型情景集合,通过数学模型计算模拟各情景下河网水位、河网槽蓄量、引排水量等要素。为便于综合分析,本节典型情景选择和5.3.1.2节的典型情景一致。

(2) 分析调控现状

建立水网区调控有序表征因子(详见 5.3.4 节),并采用防洪除涝数学模型分别计算流域、区域、城区等不同层面的调控有序表征因子值,通过上述定量化因子客观反映区域对洪涝水的调控情况。

(3) 单向泄水优化

从增加洪涝水外排、优化区域泄水格局、错峰调度有序泄水等角度进行单向泄水优化。

(4) 多向泄水联合调控

综合各向分泄区域洪涝水方案的优化结果、区域重要节点控制工程调控方案优化结果,开展区域多向泄水联合调控,并采用防洪除涝数学模型计算模拟分析不同降雨情景下联合调控方案效果与风险,最终得到最优的调控有序方案建议。

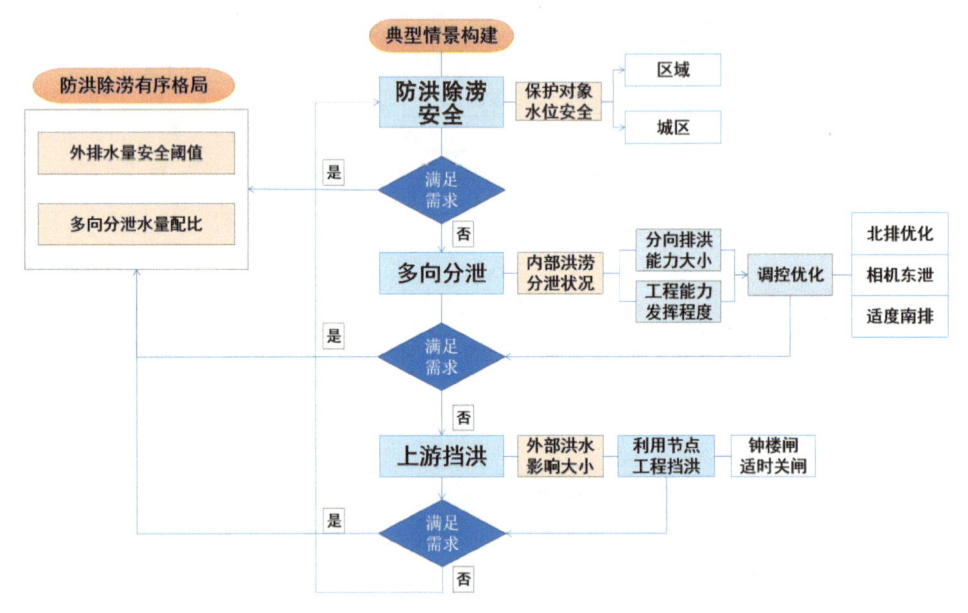

图 5-7　区域防洪除涝调控有序技术研究思路

5.3.2　分片治理技术方案

分片划分采用图示分析法,以高分辨率遥感影像为基础,结合地形地势、水利工程、圩区建设等资料进行图解分析,按照地势地貌相似、水系结构相似、圩区建设情况相似的原则,把空间上相连的地域划分为同一个片区,以区域内的骨干河道和控制线作为分水线可以将区域划分成若干个不嵌套的一级分区,每个分区按其内部的河道又可划分成更小的不嵌套的二级分区,以此类推。片区划分成果具有以下特点:有一定的面积、形状、范围和界线;有明确的区位特征;区域内部某些特征相对一致,区域与区域之间有明显的差异性。

5.3.2.1　现状分片治理基础

武澄锡虞区地处太湖流域北部平原河网地区,区域内地势总体呈周边高、中部低,地面高程大部分在 4.5～6.0 m,其中,低于 4.8 m 的陆域面积占区域总面积的 21.2%。与多数平原河网地区类似,区域内水系纵横交错,呈网状结构,河流比降较小,汛期河网涨水迅速但退水缓慢。区域排水格局主要为北排长江、西排望虞河、南入太湖,然而,汛期区域西部为上游湖西区来水,北部易受长江洪水和高潮位顶托,南部向太湖泄水受限,区域内洪涝水叠加大大增加了防洪除涝保障难度。

分片治理、高水高排、低水低排等治理思想,是长期以来太湖流域治水经验的总结,也是现代防洪和内涝治理的主要原则。经过多年治理,分片治理的思想在武澄锡虞区得到了较好的体现。目前,武澄锡虞区已形成以沿长江控制线、沿太湖控制线、武澄锡西控制线为外围控制线,内部以白屈港控制线分为武澄锡低片和澄锡虞高片,澄锡虞高片地势较武澄锡低片高出 1.5～2.0 m。同时,随着区域社会经济高速发展和保护标准的逐步提高,区域内大部分低洼地已建成圩区,实现圩内和圩外分片。截至 2015 年,武澄锡虞区圩区(不含城市防洪工程)总数量为 669 座,集中分布于武澄锡低片、运河沿线和澄锡虞高片沿江地区,圩区面积为 1 166.6 km², 平均排涝模数为 1.90 m³/(s·km²), 常州、无锡已建成城市防洪工程,两市城市城防工程[①]总面积为 703.5 km²。外围控制线、内部控制线、城市防洪工程和圩区形成了武澄锡虞区分片治理的基础。然而,现状武澄锡虞区高低分片和圩内圩外分片的划分主要基于地形地势的差异,分片治理仍有进一步优化的空间。

5.3.2.2 区域分片治理方案

武澄锡虞区整体地形相对平坦,地势特点为四周较高、腹部低,形似"锅底"。区内地貌大部分属长江三角洲高亢平原、圩田平原和水网平原类型等,仅北端张家港市沿江地区属长江三角洲冲积平原区。区内水网平原区地面高程一般在 3.5～5.5 m,沿江高亢平原区地面高程在 6.0～7.0 m,低洼圩区地面高程一般在 4.0～5.0 m,南端无锡市区及附近一带地面高程最低,仅为 2.8～3.5 m,总体上,武澄锡虞区东部地区地面高程高于西部地区。基于区域东西向地形高程差异,目前已在白屈港东侧区域东西向河道建节制闸进行控制,即白屈港控制线,以此将武澄锡虞区分为西侧的武澄锡低片和东侧的澄锡虞高片。遵循地势地貌相似性原则,仍以白屈港控制线作为边界将武澄锡虞区分为武澄锡低片和澄锡虞高片。

武澄锡虞区河网密布、水系纵横交错,河湖水系在空间上具有一定的特征。起着水量调节和承转作用的苏南运河自西向东贯穿武澄锡虞区,区内水系以苏南运河为界,可分成运北水系和运南水系。运北水系多为南北向通江河道,主要包括望虞河、澡港河、桃花港、利港、新沟河、新夏港、锡澄运河、白屈港、走马塘、张家港、十一圩港等,区域内西横河、黄昌河、应天河、青祝河、锡北运河、九里河、伯渎港等东西向河道与通江河道相连,形成运北水系的总体格局。运南水系主要包括直湖港、武进港、梁溪河、曹王泾和大溪港等入湖河道,以及锡溧漕河、武南河、采菱港、永安河等内部骨干引排河道。武澄锡虞区城市防洪工程和圩区众多,主要集中在武澄锡低片、苏南运河沿线和澄锡虞高片沿江地区。基于水系结构相似性,武澄锡虞区可分为运河南片水系、运河北片水系、沿江高片水系,详见图 5-8。

---

① 包括无锡市的运东大包围、太湖新城片,常州市的运北片、采菱东南片、湖塘片、潞横草塘片。

图 5-8　武澄锡虞区分片治理划分示意图

据此,综合考虑圩内圩外划分情形,将武澄锡虞区划分形成三级分片并嵌套圩区的分片治理格局。一级分片为澄锡虞高片、武澄锡低片;澄锡虞高片二级分片为高片北部沿江片区、高片中部片区、高片南部片区,武澄锡低片二级分片为运北片、运南片;运北片三级分片又进一步分为沿江片区、中部河网片区,运南片三级分区又进一步分为运南片西片、运南片中片、运南片东片。详见表5-4。

表 5-4　武澄锡虞区分片治理划分成果

区域	一级分片	二级分片	三级分片
武澄锡虞区	澄锡虞高片	高片北部沿江片区(a1)	—
		高片中部片区(a2)	—
		高片南部片区(a3)	—
	武澄锡低片	运北片	沿江片区(b1)
			中部河网片区(b2)
		运南片	运南片西片(b3)
			运南片中片(b4)
			运南片东片(b5)

在分片划分的基础上,通过分析各治理分片河湖水系特征、水利工程建设及调度运行情况、排水条件和潜力、防洪除涝薄弱环节等,提出分片防洪除涝安全保障对策。

1. 高片治理方案

高片北部沿江片区(a1)以张家港以北为主,主要为张家港市范围,地面高程在3.4～3.9 m,片区内已建成圩区15个。片区内洪涝水主要通过张家港、北十一圩港、七干河等通江河道直接排入长江,防洪除涝治理方向主要为扩大河道外排、实施圩堤达标建设等。

高片中部片区(a2)除张家港与东青河交汇处以南的河道两侧建有零散小圩区外,其余区域地势整体偏高,片区内洪涝水向北主要经区域骨干河道走马塘北排长江,或向西汇入武澄锡低片、向东排入望虞河。片区防洪除涝治理方向主要是对现有河道进行连通和疏浚。

高片南部片区(a3)位于无锡城市防洪工程东侧,望虞河西岸嘉菱荡、鹅真荡、宛山荡、南清荡周边局部低洼地区建有圩区。该片区洪水出路向北经走马塘外排,或向东经九里河、伯渎港等河道排入望虞河后外排,片区防洪除涝治理方向主要是实施圩堤达标建设、联圩并圩等。

2. 低片治理方案

运北片南北向主要河道白屈港、锡澄运河、澡港河沟通长江和苏南运河,新沟河沟通长江、苏南运河及太湖,东西向河道辅助连通南北向主要骨干河道。随着城镇化进程和城市建成区防洪除涝标准的提高,苏南运河两侧圩区排涝动力显著加强。片区防洪除涝治理方向主要是通过增大沿江水利工程外排能力,及时排出区域涝水,同时发挥圩区调蓄作用。

运南片西片(b3)为武澄锡西控线、苏南运河、惠山以西包围的区域,苏南运河沿岸已建成圩区;运南片中片(b4)为惠山至梁溪河区域;运南片东片(b5)为梁溪河以东区域。运南片防洪除涝治理方向主要是实施圩区内部河道治理、水系连通、河道疏浚,同时挖掘河网内部调蓄潜力,进一步优化已有工程调度方案等。

5.3.3 滞蓄有度技术方案

针对平原水网区城市防洪工程、圩区众多的现象,采用情景重构和数模模拟相结合的方法,通过优化区域内洪涝水在圩内、圩外两个系统的时空分布,从而达到降低区域整体防洪风险的目的。基于情景重构的数模模拟结果,评估圩外河网、圩区(城防)相对调蓄作用的贡献,相应情景水网现状蓄泄关系对应的区域洪涝风险,从而解析调蓄潜力,揭示区域现状蓄泄关系及其安全程度。在此基础上,采用系统聚类方法将圩区分为若干类型,通过提前预降水位、适当调整不同类型圩区调蓄水深等方式,增加圩区(城防)调蓄量,以此优化洪涝水在区域内的时空分配。

5.3.3.1 现状蓄泄关系分析

1. 情景设计

武澄锡虞区河网初始水位以区域内常州(三)、无锡(大)、青阳、陈墅、洛社、戴溪等站平均水位表征,根据1989—2018年各站长系列水位资料,常州(三)站、无锡(大)站、青阳站近30年多年平均水位分别为3.53 m、3.35 m、3.47 m;降雨特征以区域累计降水量、区域时段平均日降水量以及区域最大单日降水量等表征。由于滞蓄有度技术主要用于缓解区域防洪除涝矛盾,情景重构主要基于2015年、2016年等近年对武澄锡虞区造成较大影响的流域大洪水或特大洪水年份的典型场次降雨过程。选取2015年、2016年实测降雨过程中的典型情景共计30个,上述情景河网初始水位在3.31～4.71 m,时段天数在4～14天,累计降水量为13.4～445.1 mm,平均日降水量为4.5～63.6 mm,峰值水位为3.52～5.57 m。

表 5-5　区域蓄泄关系分析典型情景选取

情景编号	t_1—t_2	平均初始水位(m)	平均峰值水位(m)	降水特征 累计降水量(mm)	降水特征 平均日降水量(mm/d)	降水特征 最大单日降雨量(mm)
T1	2015年3月17—21日	3.31	3.72	59.8	15.0	30.6
T2	2015年4月2—8日	3.47	3.84	68.4	11.4	32.8
T3	2015年5月15—19日	3.39	3.61	36.1	9.0	22.4
T4	2015年5月27日—6月4日	3.47	4.16	166.9	20.9	110.3
T5	2015年6月15—19日	3.56	4.72	192.3	48.1	139.6
T6	2015年6月25—29日	3.81	5.22	254.4	63.6	113.0
T7	2015年7月6—12日	4.04	4.07	44.4	7.4	25.2
T8	2015年7月16—20日	3.90	4.06	36.7	9.2	20.1
T9	2015年7月23—28日	3.90	3.82	31.3	6.3	11.7
T10	2015年8月9—13日	3.62	3.84	67.0	16.8	56.2
T11	2015年8月22—26日	3.66	3.73	58.3	14.6	35.6
T12	2015年9月4—7日	3.62	3.72	51.6	17.2	49.0
T13	2015年9月28日—10月2日	3.57	3.72	45.8	11.5	24.0
T14	2015年11月12—19日	3.50	3.69	51.1	7.3	22.7
T15	2015年12月9—12日	3.54	3.62	20.5	6.8	17.9
T16	2016年1月4—7日	3.45	3.52	13.4	4.5	13.4
T17	2016年4月5—9日	3.48	3.73	39.5	9.0	29.0
T18	2016年4月15—27日	3.60	3.82	96.9	8.1	21.3
T19	2016年5月8—12日	3.61	3.68	22.7	5.7	20.5
T20	2016年5月18—23日	3.63	3.80	78.5	15.7	39.6
T21	2016年5月27日—6月3日	3.64	3.97	62.5	8.9	30.6
T22	2016年6月8—13日	3.84	3.89	52.2	10.5	33.4
T23	2016年6月21日—7月5日	3.71	5.57	445.1	31.8	82.2
T24	2016年7月11—17日	4.71	4.53	55.5	9.3	20.7
T25	2016年8月2—8日	3.88	3.76	52.5	8.8	15.3
T26	2016年9月14—18日	3.51	4.26	146.5	36.6	84.2
T27	2016年9月28日—10月2日	3.70	4.58	119.7	29.9	78.8
T28	2016年10月20—29日	3.77	4.64	226.6	25.2	71.1
T29	2016年11月7—10日	3.93	3.86	36.0	12.0	36.0
T30	2016年12月25—29日	3.45	3.56	19.8	5.0	15.4

注：区域平均水位为常州(三)、无锡(大)、陈墅、洛社、青阳、戴溪6站平均水位。

2. 成果分析

分析发现,当武澄锡虞区初始水位在多年平均水位[①]以上且遭遇较大降雨时,区域总体上以泄水为主,如图 5-9 所示。在研究情景中,单位降水量区域滞蓄水量(每 10 mm 降水量相应的区域滞蓄水量,以下简称"单位降雨滞蓄水量")为 −644 万~1 918 万 m³,单位降水量区域外排水量(每 10 mm 降水量相应的区域外排水量,以下简称"单位降雨外排水量")为 634 万~3 340 万 m³。

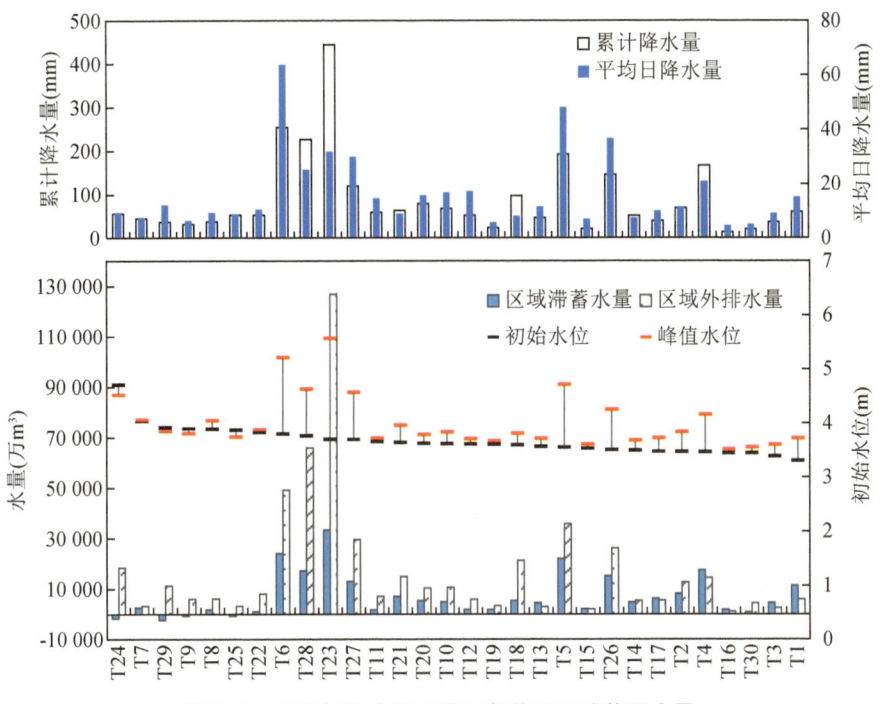

图 5-9　不同初始水位和降雨条件下区域蓄泄水量

区域初始水位是影响武澄锡虞区蓄泄关系的主要因素,随着区域初始水位的升高,蓄泄比 SDR(总滞蓄水量与区域外排水量的比值)总体呈降低趋势。当区域初始水位超过 3.60 m 时,SDR 基本集中在 0.26~0.50,当区域初始水位在 3.30~3.60 m 时,SDR 与初始水位呈现一定的负相关性,如图 5-10(a)所示。SDR 与降水量也有一定关系,当平均日降水量较小(<25 mm,中雨[②])时,SDR 范围跨度较大,在 0.16~1.89;当平均日降水量增加到一定值(>25 mm,大雨及以上)时,SDR 显著减小,基本集中在 0.26~0.62,如图 5-10(b)所示。SDR 与降水量的这种规律与区域水利工程引排调度有关,当初期降水量较小时,区域引排调度情况存在一定的不确定性,存在排水、关闸甚至部分时段短期引水的情况,这就导致区域水量蓄泄情况的多样性。

[①]　武澄锡虞区多年平均水位以常州站、无锡站、青阳站近 30 年多年平均水位 3.45 m 表征。
[②]　依据降水量等级划分,24 小时内,降水量为 0.1~9.9 mm 时为小雨;降水量为 10.0~24.9 mm 时为中雨;降水量为 25.0~49.9 mm 时为大雨;降水量为 50.0~99.9 mm 时为暴雨;降水量为 100.0~249.9 mm 时为大暴雨;降水量≥250.0 mm 时为特大暴雨。

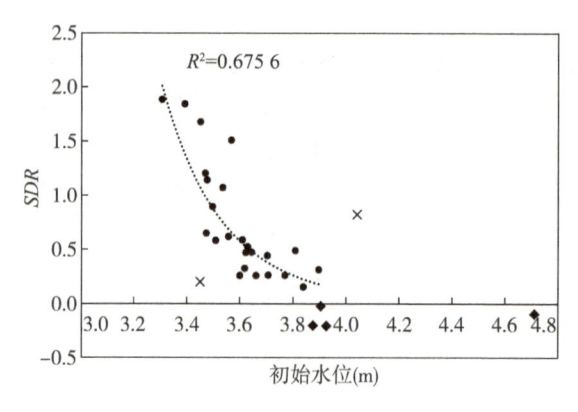

(a) SDR 与初始水位关系

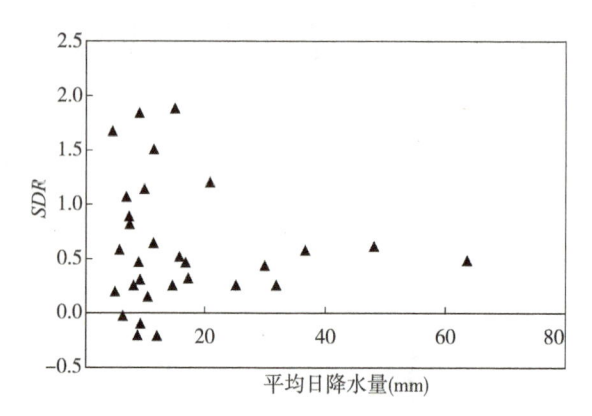

(b) SDR 与平均日降水量关系

图 5-10　武澄锡虞区蓄泄比与初始水位、降水量关系图

进一步分析圩区调蓄功能发挥潜力,可以发现,典型情景①中,武澄锡虞区圩区(城防)滞蓄量占比 $P_{圩}$[圩区(城防)滞蓄水量占区域总滞蓄水量的比例]在 0.03～0.6,且大部分不超过 0.389,如图 5-11 所示。$P_{圩}$ 与区域降水量成负相关关系,当区域降水量较小时,$P_{圩}$ 分布跨度较大,随着区域降水量的增加,$P_{圩}$ 呈现明显减小趋势,表明就武澄锡虞区而言,圩区的相对调蓄作用的贡献随着区域降水量的增加而减小,圩外河网发挥的相对调蓄作用的贡献被动增加,部分情景下 $P_{圩}$ 甚至小于 0.1,这意味着城防及圩区发挥的调蓄作用十分有限,对于区域整体防洪安全而言是不利的。

5.3.3.2　区域滞蓄有度技术方案

针对城市防洪工程、圩区内河网调蓄潜力运用不充分,强降雨期间圩外河网和圩区内部汛情"外紧内松"的情况,蓄泄关系优化策略是在保证圩区(城防)防洪除涝安全的前提下,对武澄锡虞区现有圩区进行聚类,以分类开展不同圩区调蓄能力挖潜,适当增加涨水期城市防洪工程、圩区内部调蓄,具体为预报可能发生暴雨时根据不同圩区(城防)类别,采取提前预降水位、增加圩区调蓄水深等手段。

---

① 鉴于本书对于圩外河网滞蓄量占比、圩区(城防)滞蓄量占比的定义,不考虑典型情景中 T9、T24、T25、T29 这 4 个区域滞蓄水量为负的情景。

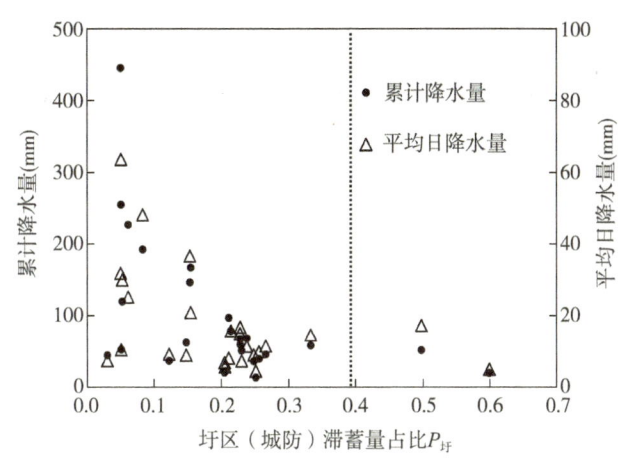

图 5-11 圩区(城防)滞蓄量占比与降水量间的关系

圩区(城防)聚类分析结果表明,武澄锡虞区 5 万亩以上圩区共 4 个,分别为无锡市城市防洪工程(无锡市运东大包围)、无锡市玉前大联圩、常州市城市防洪工程(常州市运北片)、常州市采菱东南片,在进行聚类分析前,将以上 4 个 5 万亩以上的圩区单独作为一类。对武澄锡虞区 38 个主要 5 000~5 万亩圩区,采用系统聚类法进行聚类分析,综合考虑圩区自然属性和社会属性,采用数理统计相关方法将其分为 3 个类别。其余 5 000 亩以下圩区由于面积较小,水量调蓄作用相应较小,因此自成一类。由此,武澄锡虞区圩区(城防)共分为 5 类,聚类结果如表 5-6 所示。

表 5-6 武澄锡虞区主要圩区分类结果

类别	个数	圩区名称
第一类(A)	4	无锡市城市防洪工程(无锡市运东大包围)、无锡市玉前大联圩、常州市城市防洪工程(常州市运北片)、常州市采菱东南片
第二类(B)	6	黄桥联圩、新解放圩、洛钱大联圩、开发区东联圩、洛西联圩、小芙蓉圩
第三类(C)	7	芙蓉大圩、阳湖大圩、马安大圩、马甲圩、荷花圩、黄天荡圩、北渚联圩
第四类(D)	25	舜西联圩、武锡联圩、石塘湾大联圩、阳山大联圩、芙蓉圩、港东大联圩、港西大联圩、万张联圩、甘露大联圩、荡北大联圩、璜塘河东大联圩、桐岐联合圩、团结圩、青阳镇联圩、郑陆联圩、锡武联圩、荡南联圩、民主联圩、大船浜圩、北国联圩、常锡联圩、戴溪市镇圩、蒲岸圩、璜塘河西联圩、九顷圩
第五类(E类)		其他圩区(5 000 亩以下圩区)

根据 1989—2018 年逐日水位资料,常州(三)站、无锡(大)站非汛期多年平均水位分别为 3.37 m、3.26 m。常州、无锡城市防洪规划对城市防洪工程和圩区内部控制水位也提出了要求[①]。本次常州市城市防洪工程(常州市运北片)、无锡市城市防洪工程(无锡市运东大包围)预降水位原则为不高于常州(三)站、无锡(大)站非汛期多年平均水位,并适当

[①] 《常州市城市防洪规划修编报告(2017—2030 年)》明确常州市运北片最低控制水位为 3.50~4.00 m,采菱东南片最低控制水位为 2.40~3.50 m;《无锡市城市防洪规划报告(2016—2030 年)》明确无锡运东大包围最低控制水位为 3.20 m。

下调，常州市采菱东南片预降水位设置为略低于常州市运北片，玉前大联圩预降水位设置为不低于其圩内控制水位下限。据此，武澄锡虞区河网蓄泄关系优化方案为：常州市运北片分别提前预降水位至 3.30 m、3.20 m、3.10 m，常州市采菱东南片分别提前预降水位至 3.20 m、3.10 m、3.00 m，无锡市城市防洪工程提前预降水位至 3.20 m、3.10 m、3.00 m，玉前大联圩提前预降水位至 1.80 m、1.70 m；B 类圩区调蓄水深增加至 0.5~0.7 m，C 类圩区调蓄水深增加至 0.5~0.6 m，D 类圩区调蓄水深增加至 0.4 m，E 类圩区调蓄水深增加至 0.1~0.3 m，由此构成方案 a、方案 b、方案 c，详见表 5-7。

表 5-7 圩区（城防）增加调蓄方案表

类别	圩内调蓄水位			
	基础方案	方案 a	方案 b	方案 c
第一类（A）	不考虑城市防洪工程预降水位	常州市运北片提前预降水位至 3.30 m；采菱东南片提前预降水位至 3.20 m；无锡市运东大包围提前预降水位至 3.20 m；玉前大联圩提前预降水位至 1.80 m	常州市运北片提前预降水位至 3.20 m；采菱东南片提前预降水位至 3.10 m；无锡市运东大包围提前预降水位至 3.10 m；玉前大联圩提前预降水位至 1.80 m	常州市运北片提前预降水位至 3.10 m；采菱东南片提前预降水位至 3.00 m；无锡市运东大包围提前预降水位至 3.00 m；玉前大联圩提前预降水位至 1.70 m
第二类（B）	调蓄水深 0.2 m	调蓄水深 0.5 m	调蓄水深 0.6 m	调蓄水深 0.7 m
第三类（C）	调蓄水深 0.2 m	调蓄水深 0.5 m	调蓄水深 0.6 m	调蓄水深 0.6 m
第四类（D）	调蓄水深 0.2 m	调蓄水深 0.4 m	调蓄水深 0.4 m	调蓄水深 0.4 m
第五类（E）	调蓄水深 0.1~0.2 m	调蓄水深 0.1~0.3 m	调蓄水深 0.1~0.3 m	调蓄水深 0.1~0.3 m

注：本表中基础方案为未进行区域蓄泄关系优化的方案。

同等初始水位和降雨条件时，引入区域防洪风险指数 R 进行分析。为衡量不同情景下由于降雨、不同蓄泄情况而导致的圩外河网蓄水状态和防洪除涝风险差异，通常认为某个水位站水位处于该站保证水位以下时，防洪风险基本可控，同时，防洪风险又与河网水位超保证水位历时有关，因此，防洪风险指数 R 可按下式计算：

$$r_i = \int_{t_1}^{t_2} h_i(t)\,\mathrm{d}t$$

$$h_i(t) = \begin{cases} z_i(t) - H_i, & z_i(t) > H_i \\ 0, & z_i(t) \leqslant H_i \end{cases}$$

$$R = \frac{\sum_{i=1}^{n} r_i}{n}$$

式中：r_i 为水位站 i 的防洪风险指数；R 为区域防洪风险指数；$z_i(t)$ 为水位站 i 的水位过程；H_i 为水位站 i 的保证水位；t_1、t_2 分别为起止时刻；n 为站点数量。

当 $R>0$ 时，表示区域内部分或全部水位站水位超过保证水位，区域存在一定防洪风险。

研究表明，在 T5、T6、T23、T24、T27、T28 等典型情景下，方案 a、方案 b、方案 c 河网总体滞蓄水量较基础方案增加 2.8%～22.3%，滞蓄水量增加主要在城防及圩区，各方案圩区（城防）滞蓄水量占比 $P_{圩}$ 较基础方案增加 0.04～0.14，但 $P_{圩}$ 仍远小于圩区面积占比，即圩区（城防）单位面积滞蓄水量 $AS_{圩}$ 仍远小于圩外河网单位面积滞蓄水量 $AS_{外}$，这主要是由圩区本身调蓄能力小于圩外河网的特征决定的，也表明城防和圩区调蓄水量的增加总体在合理范围内。尽管河网总体滞蓄水量增加，但各方案下区域防洪风险指数 R 均有不同程度的减小，部分情景下 R 值较基础方案降低 15.9%～38.6%，该结果正是由于圩外河网、城防及圩区的合理调蓄而优化了区域洪涝水的时空分布，同时表明本研究提出的水网区滞蓄有度技术在城市防洪工程和圩区建设程度较高的地区具有较好的应用效果。详见表 5-8。

表 5-8 武澄锡虞区蓄泄关系优化效果

情景编号	方案	初始水位（m）	区域累计雨量（mm）	时段末水位（m）	圩外河网滞蓄量占比 $P_{外}$	圩区（城防）滞蓄量占比 $P_{圩}$	区域防洪风险指数 R	较基础方案防洪风险降低程度
T5	基础方案	3.56	192.3	4.72	0.92	0.08	3.19	—
	方案 a			4.70	0.86	0.14	3.16	−0.8%
	方案 b			4.70	0.86	0.14	3.15	−1.2%
	方案 c			4.70	0.85	0.15	3.11	−2.5%
T6	基础方案	3.81	254.4	5.22	0.95	0.05	12.00	—
	方案 a			5.21	0.90	0.10	11.37	−5.2%
	方案 b			5.15	0.89	0.11	11.22	−6.5%
	方案 c			5.21	0.87	0.13	11.15	−7.1%
T23	基础方案	3.71	445.1	5.57	0.95	0.05	31.58	—
	方案 a			5.57	0.91	0.09	31.36	−0.7%
	方案 b			5.58	0.92	0.08	31.17	−1.3%
	方案 c			5.58	0.91	0.09	31.58	−0.4%
T24	基础方案	4.91	55.5	4.53	—	—	3.98	—
	方案 a			4.51	—	—	3.30	−17.1%
	方案 b			4.51	—	—	3.34	−15.9%
	方案 c			4.51	—	—	3.33	−16.3%

(续表)

情景编号	方案	初始水位(m)	区域累计雨量(mm)	时段末水位(m)	圩外河网滞蓄量占比$P_外$	圩区(城防)滞蓄量占比$P_圩$	区域防洪风险指数R	较基础方案防洪风险降低程度
T27	基础方案	3.70	119.7	4.58	0.95	0.05	0.39	—
	方案a			4.57	0.86	0.14	0.28	−30.3%
	方案b			4.56	0.83	0.17	0.24	−38.6%
	方案c			4.57	0.81	0.19	0.26	−33.1%
T28	基础方案	3.77	226.6	4.64	0.94	0.06	0.97	—
	方案a			4.63	0.86	0.14	0.80	−17.5%
	方案b			4.62	0.83	0.17	0.77	−20.8%
	方案c			4.62	0.84	0.16	0.78	−19.7%

注:表中 T24 情景由于区域滞蓄水量为负值,不计算$P_外$、$P_圩$。

5.3.4 调控有序技术方案

5.3.4.1 区域水利工程调控现状

为全面反映区域调控现状,在 2015 年、2016 年实况降雨下针对两类工况进行分析:工况一是指 2016 年当年的实际工况,简称"实际工况",用于分析当年实际调度下的安全状况;工况二是充分考虑研究期间区域防洪除涝规划工程建设进展,在 2016 年实际工况基础上,新增新沟河延伸拓浚工程、锡澄运河定波水利枢纽扩建、采菱港马杭枢纽、无锡大河港泵站工程、无锡运东大包围高桥闸站工程建设等 6 项已完工的节点工程,简称"优化工况",用于分析规则调度下的安全状况。

引入区域排洪有序度 DS 来分析区域水利工程调控现状,计算公式为

$$DS_i = \frac{W_i^O - (W_i^I + W_i^G)}{W_i^O}$$

式中:W_i^O 为累计到当前时刻区域 i 的外排水量;W_i^G 为累计到当前时刻区域 i 的本地产水量;W_i^I 为累计到当前时刻区域 i 的其他区域来水量。DS_i 值越大,表明排洪有序度越高。当 $DS_i=0$ 时,即 $W_i^O=(W_i^I+W_i^G)$,外排水量等于来水量与产水量之和,认为处于"适配"与"不适配"的临界点。

基于 2015 年、2016 年 30 个典型情景模拟计算不同工况下的区域排洪有序度 DS,分析发现:实际工况下区域排洪有序度 DS 为−0.89~0.55,优化工况下区域排洪有序度 DS′为−0.71~0.60,较实际工况下平均升高 0.11。本次以"排洪有序度大于等于 0"作为工程调控与洪水规模相适配的评判标准,实际工况下 T7~T9、T16、T18、T19、T22、T24、T25、T29、T30 这 11 个情景的工程调控与洪水规模相适配;优化工况下区域排洪有序度普遍得到提升,除上述 11 个情景外,新增 T3、T11~T15、T17 等 7 个情景的区域排洪有序度大于 0,工程调控与洪水规模相适配的情景增加为 18 个。由表 5-9、表 5-10 可见,优

表 5-9 实际工况下武澄锡虞区排洪状况

情景编号	t_1-t_2	时段初区域平均水位(m)	降雨特征 时段累计降雨量(mm)	降雨特征 平均日降雨量(mm/d)	降雨特征 雨强类型	时段产水量(m³)	湖西区来水量(m³)	区域外排水量(m³) 北排长江	区域外排水量(m³) 东排望虞河	区域外排水量(m³) 南排太湖	区域外排水量(m³) 排入运河	区域外排水量(m³) 总外排水量	排洪有序度
T1	2015年3月17—21日	3.31	59.8	15.0	中雨	19 471	3 617	5 458	3 512	172	3 083	12 224	−0.89
T2	2015年4月2—8日	3.47	68.4	11.4	中雨	24 428	5 785	10 990	8 938	265	3 676	23 869	−0.27
T3	2015年5月15—19日	3.39	36.1	9.0	小雨	7 322	5 659	2 912	6 755	132	3 043	12 842	−0.01
T4	2015年5月27日—6月4日	3.47	166.9	20.9	中雨	48 833	10 756	17 556	14 417	1 162	7 114	40 249	−0.48
T5	2015年6月15—19日	3.56	192.3	48.1	大雨	70 572	6 312	30 451	14 334	7 677	4 132	56 593	−0.36
T6	2015年6月25—29日	3.81	254.4	63.6	暴雨	126 588	11 100	43 941	18 561	13 280	5 607	81 390	−0.69
T7	2015年7月6—12日	4.04	44.4	7.4	小雨	11 101	16 732	18 623	8 821	1 167	2 725	31 336	0.11
T8	2015年7月16—20日	3.90	36.7	9.2	小雨	11 300	12 138	18 858	6 208	143	3 651	28 861	0.19
T9	2015年7月23—28日	3.90	31.3	6.3	小雨	3 811	15 162	15 385	8 487	134	4 003	28 009	0.32
T10	2015年8月9—13日	3.62	67.0	16.8	中雨	17 867	6 864	10 934	8 603	86	2 301	21 923	−0.13
T11	2015年8月22—26日	3.66	58.3	14.6	中雨	11 393	5 164	5 996	7 613	78	2 023	15 709	−0.05
T12	2015年9月4—7日	3.62	51.6	17.2	中雨	8 795	4 457	5 099	4 367	36	2 687	12 189	−0.09
T13	2015年9月28日—10月2日	3.57	45.8	11.5	中雨	9 278	5 932	6 823	3 247	79	3 391	13 541	−0.12
T14	2015年11月12—19日	3.50	51.1	7.3	小雨	11 512	5 797	2 958	1 189	125	5 875	10 148	−0.71
T15	2015年12月9—12日	3.54	20.5	6.8	小雨	4 492	2 948	1 371	2 704	71	2 777	6 924	−0.07

(续表)

情景编号	t_1—t_2	时段初区域平均水位 (m)	降雨特征 时段累计降雨量 (mm)	平均日降雨量 (mm/d)	雨强类型	时段产水量 (m^3)	湖西区来水量 (m^3)	区域外排水量 (m^3) 北排长江	东排望虞河	南排太湖	排入运河	总外排水量	排洪有序度
T16	2016年1月4—7日	3.45	13.4	4.5	小雨	1 694	872	1 666	1 510	37	2 511	5 724	0.55
T17	2016年4月5—9日	3.48	39.5	9.9	小雨	10 429	3 557	5 337	4 486	145	3 739	13 707	−0.02
T18	2016年4月5—27日	3.60	96.9	8.1	小雨	26 862	11 859	10 526	19 902	270	8 966	39 665	0.02
T19	2016年5月8—12日	3.61	22.7	5.7	小雨	4 721	6 990	3 741	6 551	110	2 703	13 105	0.11
T20	2016年5月18—23日	3.63	78.5	15.7	中雨	18 699	6 824	7 414	10 000	151	3 908	21 474	−0.19
T21	2016年5月27日—6月3日	3.64	62.5	8.9	小雨	23 750	11 734	12 340	12 835	789	3 778	29 741	−0.19
T22	2016年6月8—13日	3.84	52.3	10.5	中雨	12 431	6 897	9 136	8 903	540	1 689	20 269	0.05
T23	2016年6月21日—7月5日	3.71	445.1	31.8	大雨	170 406	26 993	93 624	33 679	24 986	10 388	162 677	−0.21
T24	2016年7月11—17日	4.71	55.5	9.3	小雨	15 399	19 020	32 622	7 430	539	9 165	49 757	0.31
T25	2016年8月2—8日	3.88	52.5	8.8	小雨	4 368	9 412	8 278	9 501	170	1 635	19 583	0.30
T26	2016年9月14—18日	3.51	146.5	36.6	大雨	45 753	4 018	18 074	9 289	1 842	3 763	32 968	−0.51
T27	2016年9月28日—10月2日	3.70	119.7	29.9	大雨	49 081	6 695	24 486	11 322	5 166	5 671	46 644	−0.20
T28	2016年10月20—29日	3.77	226.6	25.2	大雨	87 674	11 410	44 924	24 875	8 489	6 043	84 331	−0.17
T29	2016年11月7—10日	3.93	36.0	12.0	中雨	6 675	6 054	12 228	8 719	360	1 155	22 462	0.43
T30	2016年12月25—29日	3.45	19.8	5.0	小雨	3 342	3 021	5 673	2 846	83	3 546	12 148	0.48

表 5-10　优化工况下武澄锡虞区排洪状况

情景编号	t_1-t_2	时段初区域平均水位(m)	降雨特征 时段累计降雨量(mm)	平均日降雨量(mm/d)	雨强类型	时段产水量(m^3)	湖西区来水量(m^3)	区域外排水量(m^3) 北排长江	东排望虞河	南排太湖	排入运河	总外排水量	排洪有序度
T1	2015年3月17—21日	3.21	59.8	15.0	中雨	19 471	4 304	10 364	2 282	28	3 798	16 473	−0.44
T2	2015年4月2—8日	3.22	68.4	11.4	中雨	24 428	5 792	13 950	7 171	41	3 102	24 264	−0.25
T3	2015年5月15—19日	3.18	36.1	9.0	小雨	7 322	4 917	5 946	4 640	17	2 853	13 456	0.09
T4	2015年5月27日—6月4日	3.38	166.9	20.9	中雨	48 833	8 004	17 598	12 606	460	7 573	38 237	−0.49
T5	2015年6月15—19日	3.49	192.3	48.1	大雨	70 572	4 112	28 674	12 011	8 633	5 918	55 235	−0.35
T6	2015年6月25—29日	3.80	254.4	63.6	暴雨	126 588	5 302	41 925	16 151	11 823	7 038	76 937	−0.71
T7	2015年7月6—12日	4.05	44.4	7.4	小雨	11 101	14 326	17 546	4 963	21	5 168	27 699	0.08
T8	2015年7月16—20日	3.90	36.7	9.2	小雨	11 300	10 662	15 828	3 396	21	4 071	23 316	0.06
T9	2015年7月23—28日	3.91	31.3	6.3	小雨	3 811	14 573	17 753	4 169	21	4 127	26 070	0.29
T10	2015年8月9—13日	3.58	67.0	16.8	中雨	17 867	6 191	13 598	4 757	14	2 611	20 980	−0.15
T11	2015年8月22—26日	3.59	58.3	14.6	中雨	11 393	5 151	10 621	4 312	12	1 864	16 809	0.02
T12	2015年9月4—7日	3.52	51.6	17.2	中雨	8 795	4 669	10 463	3 371	9	2 498	16 342	0.18
T13	2015年9月28日—10月2日	3.51	45.8	11.5	中雨	9 278	6 311	10 485	3 682	12	3 524	17 703	0.12
T14	2015年11月12—19日	3.35	51.1	7.3	小雨	11 512	7 214	13 805	2 685	18	4 951	21 458	0.13
T15	2015年12月9—12日	3.39	20.5	6.8	小雨	4 492	4 119	7 338	1 777	10	1 960	11 085	0.22

续表

情景编号	t_1-t_2	时段初区域平均水位(m)	降雨特征 时段累计降雨量(mm)	降雨特征 平均日降雨量(mm/d)	降雨特征 雨强类型	时段产水量(m^3)	溧西区来水量(m^3)	区域外排水量(m^3) 北排长江	区域外排水量(m^3) 东排望虞河	区域外排水量(m^3) 南排太湖	区域外排水量(m^3) 排入运河	总外排水量	排洪有序度
T16	2016年1月4—7日	3.37	13.4	4.5	小雨	1 694	3 275	9 160	1 492	6	1 824	12 482	0.60
T17	2016年4月5—9日	3.33	39.5	9.9	小雨	10 429	4 901	10 309	5 763	21	3 762	19 854	0.23
T18	2016年4月15—27日	3.43	96.9	8.1	小雨	26 862	12 083	20 364	14 421	39	7 844	42 669	0.09
T19	2016年5月8—12日	3.53	22.7	5.7	小雨	4 721	5 913	8 561	4 578	13	2 663	15 815	0.33
T20	2016年5月18—23日	3.55	78.5	15.7	中雨	18 699	6 447	13 269	7 049	27	3 931	24 276	−0.04
T21	2016年5月27日—6月3日	3.63	62.5	8.9	小雨	23 750	11 691	20 964	9 184	58	3 672	33 878	−0.05
T22	2016年6月8—13日	3.73	52.3	10.5	中雨	12 431	9 219	17 607	5 907	49	948	24 511	0.12
T23	2016年6月21日—7月5日	3.69	445.1	31.8	大雨	170 406	20 811	118 123	33 474	12 498	12 011	176 106	−0.09
T24	2016年7月11—17日	4.17	55.5	9.3	小雨	15 399	16 859	27 869	4 600	13	4 763	37 245	0.13
T25	2016年8月2—8日	3.73	52.5	8.8	小雨	4 368	10 647	14 180	4 847	7	1 901	20 936	0.28
T26	2016年9月14—18日	3.44	146.5	36.6	大雨	45 753	4 994	28 797	8 382	736	5 017	42 931	−0.18
T27	2016年9月28日—10月2日	3.48	119.7	29.9	大雨	49 081	7 089	33 382	9 781	1 123	4 948	49 234	−0.14
T28	2016年10月20—29日	3.54	226.6	25.2	大雨	87 674	12 570	67 689	17 733	1 072	5 208	91 702	−0.09
T29	2016年11月7—10日	3.59	36.0	12.0	中雨	6 675	6 733	13 666	4 358	22	473	18 519	0.28
T30	2016年12月25—29日	3.32	19.8	5.5	小雨	3 342	4 458	10 702	1 983	12	2 542	15 239	0.49

化工况在增加区域排洪能力的同时提高了区域实现洪水有序外排的概率。分析认为,水利工程调度主要以预设的参考站水位控制值为主要约束,参考站水位变化又受时段降雨和调度作用的影响,区域排洪有序度受时段初始水位的影响较小,主要受时段累计降水量的影响,且时段累计降水量越大,区域排洪有序度越低。

5.3.4.2 区域调控有序技术方案

武澄锡虞区北滨长江,南与太湖湖区为邻,东与望虞河为邻,西与湖西区接壤,具有北、东、南三个排水方向,其中,北部沿江工程较多,且具有较好的北向排水能力。本书从前述30个典型情景中,选择区域水位安全度最低的情景T23作为研究对象,模拟计算了现状基础调度方案下区域水位安全度因子,并选择区域水位安全度因子较低的若干情景,在北排、东泄、上游挡洪单向调控优化研究的基础上,开展多向泄水调控优化研究,以实现区域调控有序。

1. 方案设计

(1) 扩大北排

武澄锡虞区北排优化主要基于新沟河工程以及区域沿江水利工程开展。北排优化策略1主要基于增加直武地区涝水北排的目的,研究适当抬高直湖港闸、武进港闸向太湖排水的调度参考水位,在不显著增加直武地区防洪压力的条件下,尽可能促使武澄锡虞区洪涝水北排。优化策略2主要基于增加运河沿线及周边区域涝水北排的目标,在优化策略1的基础上,探索新沟河工程配合常州、无锡等市城市防洪工程启用,增加新沟河工程北排力度的可能性。具体方案设计见表5-11、表5-12。

表5-11 新沟河工程扩大外排方案设计思路

方案	新沟河江边枢纽	西直湖港闸站枢纽	遥观北枢纽	遥观南枢纽	直湖港闸、武进港闸
JC	太湖水位≥4.65 m,闸泵排水;太湖水位<4.65 m;戴溪站≥4.50 m,闸泵排水;2.80 m≤戴溪站<4.50 m;若青阳站≥4.00 m,闸泵排水;若青阳站<4.00 m,开闸排水;戴溪站<2.80 m:关闸	戴溪站>4.50 m,敞开;戴溪站水位处于2.80～4.50 m,若节制闸南侧水位≥2.50 m,闸泵北排,否则开闸北排;戴溪站<2.80 m,敞开	戴溪站≥3.60 m,闸泵北排;戴溪站<3.60 m,开闸北排	戴溪站≥4.50 m:敞开;3.60 m≤戴溪站<4.50 m,闸泵北排;戴溪站<3.60 m:开闸北排	戴溪站>4.50 m,开闸向太湖排水
XG1	同JC方案	戴溪站控制水位由4.50 m调整至4.70 m	同JC方案	戴溪站控制水位由4.50 m调整至4.70 m	戴溪站控制水位由4.50 m调整至4.70 m
XG2	同JC方案	戴溪站控制水位由4.50 m调整至4.80 m	同JC方案	戴溪站控制水位由4.50 m调整至4.80 m	戴溪站控制水位由4.50 m调整至4.80 m

（续表）

方案	新沟河江边枢纽	西直湖港闸站枢纽	遥观北枢纽	遥观南枢纽	直湖港闸、武进港闸
XG3	同JC方案	戴溪站控制水位由4.50 m调整至4.90 m	同JC方案	戴溪站控制水位由4.50 m调整至4.90 m	戴溪站控制水位由4.50 m调整至4.90 m
XG4	2.80 m≤戴溪站<4.50 m;常州(三)站≥4.30 m或无锡(大)站≥3.80 m,或青阳站水位≥4.00 m,闸泵排水;其他情况开闸排水,其余同JC方案	同JC方案	戴溪站≥3.60 m,或常州(三)站≥4.30 m或无锡(大)站≥3.80 m,启用泵站北排,否则开闸北排	同JC方案	同JC方案
XG5	同XG4方案	同XG2方案	同XG4方案	同XG2方案	同XG2方案
XG6	在XG5方案基础上,新沟河江边枢纽泵站适度增加开启度				
XG7	在XG5方案基础上,新沟河江边枢纽泵站全开				

注:JC方案是指基础方案。

表5-12 区域沿江工程扩大外排方案设计思路

方案	区域低片沿江工程				区域高片沿江工程		
	澡港枢纽	老桃花港排涝站	沿江低片其他泵站(含定波闸泵)	白屈港枢纽	大河港泵站	张家港闸、十一圩港闸	走马塘江边枢纽
YJD0（同XG7）	常州站高于5.00 m,泵站开启度为0.8	常州站高于5.00 m,泵站开启度为0.6	青阳站高于4.20 m,泵站开启度为0.6	青阳站高于4.20 m,泵站开启度为0.6	无锡站高于4.10 m,泵站开启度为0.6	太湖高于4.65 m或无锡站高于3.60 m,开闸排水	太湖高于4.65 m,或北澳站高于4.35 m,或无锡站高于2.80 m,开闸排水
YJD1	常州站高于5.00 m,泵站开启度为1.0	常州站高于5.00 m,泵站开启度为0.8	青阳站高于4.20 m,泵站开启度为0.8	青阳站高于4.20 m,泵站开启度为1.0	同YJD0方案	同YJD0方案	同YJD0方案
YJD2	同YJD1方案	常州站高于5.00 m,泵站开启度为1.0	青阳站高于4.20 m,泵站开启度为1.0	同YJD1方案	同YJD0方案	同YJD0方案	同YJD0方案

(续表)

方案	区域低片沿江工程				区域高片沿江工程		
	澡港枢纽	老桃花港排涝站	沿江低片其他泵站（含定波闸泵）	白屈港枢纽	大河港泵站	张家港闸、十一圩港闸	走马塘江边枢纽
YJD3	常州站高于4.90 m，泵站开启度为1.0	常州站高于4.90 m，泵站开启度为1.0	青阳站高于4.10 m，泵站开启度为1.0	青阳站高于4.10 m，泵站开启度为1.0	同YJD0方案	同YJD0方案	同YJD0方案
YJD4（同YJG0）	常州站高于4.80 m，泵站开启度为1.0	常州站高于4.80 m，泵站开启度为1.0	青阳站高于4.00 m，泵站开启度为1.0	青阳站高于4.00 m，泵站开启度为1.0	同YJD0方案	同YJD0方案	同YJD0方案
YJG1	采用XG优化＋YJD优化方案调度				太湖高于4.65 m或无锡站高于4.10 m，泵站开启度为0.8	同YJD0方案	同YJD0方案
YJG2	采用XG优化＋YJD优化方案调度				太湖高于4.65 m或无锡站高于4.10 m，泵站开启度为1.0	同YJD0方案	同YJD0方案
YJG3	采用XG优化＋YJD优化方案调度				太湖高于4.65 m或无锡站高于4.00 m，泵站开启度为1.0	同YJD0方案	同YJD0方案
YJG4	采用XG优化＋YJD优化方案调度				太湖高于4.65 m或无锡站高于3.90 m，泵站开启度为1.0	同YJD0方案	同YJD0方案

(2) 相机东泄

相机东泄研究主要基于苏南运河蠡河枢纽开展。相机东泄问题的核心和难点在于，受望虞河河道规模和行洪能力的限制，运河通过蠡河枢纽向望虞河泄水时，望虞河排泄太湖洪水水量、运河泄水水量可能存在互相影响。相机东泄调度策略为合理协调望虞河承担太湖和运河洪水东泄的时机和量级，在运河高水位行洪期间且太湖水位相对可控时，暂停或减少太湖向望虞河泄洪，通过蠡河枢纽和望亭立交的调度运用错峰行洪。

相机东泄的关键是适宜的"东泄时机"以及最大的"东泄潜力"，即当运河水位达到何种条件时可开启蠡河枢纽向望虞河泄水，同时，太湖水位处于何种条件下可暂停望虞河泄水，以配合蠡河枢纽泄水，避免望虞河泄水对蠡河枢纽下游水位的顶托从而影响运河东泄水量。

根据运河沿线水系结构、水文站点分布特征,以及与现有调度方案的衔接,仍以无锡(大)站作为运河水位的代表站,考虑到尽可能增加蠡河枢纽东泄的时机,仍以运河无锡(大)站水位超过其警戒水位 3.90 m 作为运河水位条件。根据图 5-12,当无锡(大)站水位超过 3.90 m 时,太湖水位低于警戒水位 3.80 m 的概率为 0.37,低于 4.20 m[①] 的概率为 0.75。因此,为增加蠡河相机东泄的可能时机,按照错峰行洪的原则,分别研究太湖水位低于 3.80 m、4.20 m 作为蠡河枢纽相机东泄时望虞河暂停排水水位条件的可行性。由此形成若干方案,如表 5-13 所示。

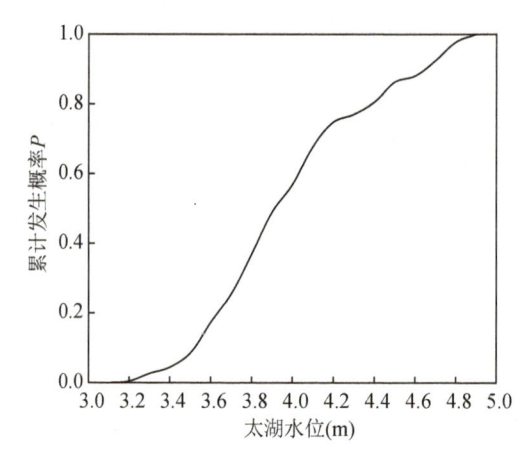

图 5-12　2011—2020 年无锡(大)站＞3.90 m 时太湖水位累计发生概率图

表 5-13　蠡河枢纽相机东泄方案表

方案编号	蠡河枢纽调度方式	望虞河望亭立交调度方式
LH1	关闭	按照《太湖流域洪水与水量调度方案》执行调度
LH2	无锡(大)站＞3.90 m 时,开启东泄	按照《太湖流域洪水与水量调度方案》执行调度
LH3	无锡(大)站＞3.90 m 时,开启东泄	在《太湖流域洪水与水量调度方案》执行调度的基础上,当无锡(大)站＞3.90 m 且太湖≤3.80 m 时,暂停泄水
LH4	无锡(大)站＞3.90 m 时,开启东泄	在《太湖流域洪水与水量调度方案》执行调度的基础上,当无锡(大)站＞3.90 m 且太湖≤4.20 m 时,暂停泄水

(3) 上游挡洪

上游挡洪研究主要基于钟楼闸开展。调度实践和相关研究结果表明,钟楼闸关闭可显著降低运河下游水位,但同时可能造成运河上游地区不同程度的水位壅高。钟楼闸调度的难点一是钟楼闸关闭与开启时上下游水位之间的协调,二是要兼顾钟楼闸关闭期间对上游地区的防洪风险。因此,从保障武澄锡虞区防洪除涝安全角度出发,上游挡洪调度

---

① 根据《水利部关于印发全国流域性洪水划分规定(试行)的通知》(水防〔2021〕153 号),太湖发生流域性较大洪水的标准为太湖日均水位超过 4.20 m。

技术研究的本质是寻求钟楼闸最优的启用条件(关闸水位、开闸水位),研究如何协调运河钟楼闸上下游地区之间的防洪风险,目的是寻求涨水期钟楼闸上下游水位站超保风险最小的最优解集,通过错时错峰调度钟楼闸工程,平衡并降低运河上下游洪水风险。

钟楼闸关闸挡洪调度参考水位常州(三)站水位(x_a)下限为 4.80 m,上限为 5.30 m,无锡(大)站(x_b)下限为 4.50 m,上限为 4.60 m;同理,钟楼闸开闸泄水调度参考水位丹阳站(x_c)下限为 6.80 m,上限为 7.00 m。基于该策略,设计若干套不同的调度方案,详见表5-14。

表 5-14 涨水期钟楼闸启用水位研究方案集

方案编号	关闸挡洪水位(m) 常州水位 x_a	关闸挡洪水位(m) 无锡水位 x_b	开闸泄水水位(m) 丹阳水位 x_c
ZL1(现行调度方案)	5.30	4.60	6.80
ZL2	5.20	4.60	6.80
ZL3	5.10	4.60	6.80
ZL4	5.00	4.60	6.80
ZL5	4.90	4.60	6.80
ZL6	4.80	4.60	6.80
ZL7	5.30	4.50	6.80
ZL8	5.20	4.50	6.80
ZL9	5.10	4.50	6.80
ZL10	5.00	4.50	6.80
ZL11	4.90	4.50	6.80
ZL12	4.80	4.50	6.80
ZL13	5.30	4.60	7.00
ZL14	5.20	4.60	7.00
ZL15	5.10	4.60	7.00
ZL16	5.00	4.60	7.00
ZL17	4.90	4.60	7.00
ZL18	4.80	4.60	7.00
ZL19	5.30	4.50	7.00
ZL20	5.20	4.50	7.00
ZL21	5.10	4.50	7.00
ZL22	5.00	4.50	7.00
ZL23	4.90	4.50	7.00
ZL24	4.80	4.50	7.00

2. 单向效果分析

引入代表站水位安全度 ZF、外排工程排洪能力适配度 DF 两项指标分析不同方案的防洪效果。各指标计算公式分别为

$$ZF_i = \frac{Z_i^{FG} - Z_i}{Z_i^{FG}}$$

$$ZF_j = \frac{\sum ZF_i}{n}$$

式中：Z_i 为当前时刻水位代表站 i 的水位；Z_i^{FG} 为水位代表站的保证水位；n 为水位代表站的数量；ZF_i 为某个水位站的水位安全度，ZF_i 上限值为 1，其值越大，表明该站当前防洪安全程度越高，当 $ZF_i = 0$ 时，此刻，该站水位恰为保证水位，认为该状态处于"适配"与"不适配"的临界点；ZF_j 为某个区域的水位安全度，取 n 个代表站水位安全度 ZF_i 的算术平均值作为区域整体的水位安全度。

$$DF_i = Q_i/Q_i^D \, (Z_i/Z_i^{FG})^{-1}$$

式中：Q_i 为水利工程 i 的实际泄流流量；Q_i^D 为水利工程 i 最大设计过流流量；Z_i 为水位站 i 实际水位，Z_i^{FG} 为水位站 i 的保证水位。DF_i 值越大，表明该工程当前排洪能力适配度越高。本书定义当 $DF_i = 0.6$ 时，认为排洪能力处于"适配"与"不适配"的临界点。

在进行上游挡洪研究时，设置目标函数，即钟楼闸上下游防洪风险总和最小。具体如下：

$$\begin{cases} F = \min R = \min\left[\alpha \sum_{i=1}^{n} a_i r_1^i + \beta \sum_{j=1}^{m} b_j r_2^j\right] \\ \text{s.t.} \begin{cases} \sum_{i=1}^{n} a_i = 1, \sum_{j=1}^{m} b_j = 1 \\ \alpha + \beta = 1 \end{cases} \end{cases}$$

$$r_1^i = \int_{t_1}^{t_2} h_1^i(t)\,dt$$

$$h_1^i(t) = \begin{cases} z_1^i(t) - H_1^i, & z_1^i(t) > H_1^i \\ 0, & z_1^i(t) \leqslant H_1^i \end{cases}$$

$$r_2^j = \int_{t_1}^{t_2} h_2^j(t)\,dt$$

$$h_2^j(t) = \begin{cases} z_2^j(t) - H_2^j, & z_2^j(t) > H_2^j \\ 0, & z_2^j(t) \leqslant H_2^j \end{cases}$$

式中：n、m 分别为钟楼闸下游地区、上游地区站点数量；a_i 为钟楼闸下游地区水位站 i 的权重系数；b_j 为钟楼闸上游地区水位站 j 的权重系数；α、β 分别为钟楼闸下游地区、上游地

区的权重系数；$z_1^i(t)$为钟楼闸下游地区水位站i的水位过程；H_1^i为水位站i的保证水位；r_1^i为钟楼闸下游地区水位站i的防洪风险指数；$h_1^i(t)$为钟数闸下游地区水位站i超过保证水位的幅度；$z_2^j(t)$为钟楼闸上游地区水位站j的水位过程；H_2^j为水位站j的保证水位；r_2^j为钟楼闸上游地区水位站j的防洪风险指数，其计算方法参照r_1^i；$h_2^j(t)$为钟数闸上游地区水位站j超过保证水位的幅度；t_1、t_2分别为起止时刻。

考虑到钟楼闸功能定位为减轻常州、无锡等市和武澄锡低洼地区的防洪压力，同时避免启用时对于上游丹阳地区、金坛地区可能造成的防洪风险，因此，水位站点的选取要兼顾钟楼闸上下游。钟楼闸未启用时，下游水位站选取常州(三)站、洛社站、无锡(大)站，以三站防洪风险指数表示下游常州、无锡两座城市和运河沿线防洪风险大小；上游水位站选取丹阳站、金坛站、王母观站、坊前站，以四站防洪风险指数表示上游区域防洪风险大小。钟楼闸启用时，考虑到钟楼闸关闭期间，位于钟楼闸上游的常州(三)站不能近似作为表征钟楼闸下游常州地区水位的水位站，因此，在运河钟楼闸下游建立虚拟水位站常州1(虚拟)站，作为钟楼闸下游常州地区水位的水位站，下游水位站选取常州1(虚拟)站、洛社站、无锡(大)站，以三站防洪风险指数表示下游常州、无锡两座城市和运河沿线防洪风险大小；上游水位站选取丹阳站、金坛站、王母观站、坊前站、常州(三)站，以五站防洪风险指数表示上游区域防洪风险大小。

以现有调度方案中钟楼闸关闸挡洪调度参考水位作为调度参考水位的上限；同时考虑到钟楼闸关闸挡洪有可能增加上游地区防洪风险，因而，关闸挡洪调度参考水位不宜过低，通常认为区域内某个水位站水位处于保证水位以下时，该水位站代表的区域防洪风险基本可控，故认为关闸挡洪调度参考水位宜接近保证水位。因此，钟楼闸关闸挡洪调度参考水位①常州(三)站水位(x_a)下限为 4.80 m，上限为 5.30 m，无锡(大)站(x_b)下限为 4.50 m、上限为 4.60 m；同理，钟楼闸开闸泄水调度参考水位丹阳站(x_c)下限为 6.80 m、上限为 7.00 m。

目标函数满足下列约束条件：

$$Z_{a,\min} \leqslant x_a \leqslant Z_{a,\max}$$

$$Z_{b,\min} \leqslant x_b \leqslant Z_{b,\max}$$

$$Z_{c,\min} \leqslant x_c \leqslant Z_{c,\max}$$

式中：x_a、x_b分别为钟楼闸关闸挡洪调度参考的常州(三)站水位、无锡(大)站水位，x_c为钟楼闸开闸泄水调度参考的丹阳站水位；$Z_{a,\min}$、$Z_{a,\max}$分别为x_a的下限和上限；$Z_{b,\min}$、$Z_{b,\max}$分别为x_b的下限和上限；$Z_{c,\min}$、$Z_{c,\max}$分别为x_c的下限和上限。

结合钟楼闸功能定位以及下游地区、上游地区水情变化对其启闭的敏感度分析，目标函数中钟楼闸下游地区、上游地区的权重系数α、β分别采用 0.7、0.3。

---

① 由于运河常州市区附近钟楼闸下缺少水位站，当钟楼闸未启用时，可认为常州(三)站水位近似于运河常州市区附近钟楼闸下水位，因此，仍以常州(三)站作为钟楼闸启用的调度参考水位之一，同时保留常州(三)站、无锡(大)站作为钟楼闸启用的调度参考站。

(1) 扩大北排

分析发现,XG1～XG3方案主要通过抬高武澄锡虞区直武地区向太湖泄水的调度参考水位,从而促进区域洪涝水北排。3个方案下新沟河江边枢纽外排能力发挥较基础方案均有所提升,新沟河江边枢纽外排适配度均较基础方案略有提升;从流域、区域、城区不同层面的水位安全度变化来看,方案XG2相对较优。XG4方案将新沟河工程与常州、无锡城市防洪工程进行联合调度,从而促进运河沿线地区洪涝水北排,该方案下新沟河江边枢纽外排适配度较基础方案提升5.7%。XG5方案综合上述两种策略,该方案下新沟河江边枢纽外排适配度较基础方案提升5.6%,从流域、区域、城区不同层面的水位安全度变化来看,XG5方案下流域、区域、城区不同层面的水位安全度提升0.5%～2.1%,详见表5-15。

表5-15 方案XG1～XG5武澄锡虞区调控状态指标变化情况统计

调控有序表征因子		各方案较基础方案提升幅度				
		XG1方案	XG2方案	XG3方案	XG4方案	XG5方案
水位安全度	$ZF'_{流域}$	0	0.1%	0.5%	−0.1%	0.5%
	$ZF'_{区域}$	1.0%	0.1%	−2.7%	1.6%	0.9%
	$ZF'_{城区}$	−0.5%	0.2%	−1.5%	0.1%	0.9%
	$ZF'_{运河沿线}$	6.6%	0.3%	−7.2%	7.9%	2.1%
外排工程排洪能力适配度	$DF'_{新沟河江边枢纽}$	0.2%	0.2%	0.2%	5.7%	5.6%

XG6、XG7方案在XG5方案基础上进一步扩大了新沟河江边枢纽北排。通过外排工程排洪能力适配度和流域、区域、城区、运河沿线水位安全度的比较,认为XG7方案优于XG6方案。XG7方案下新沟河沿江枢纽排洪能力适配度为0.26,较XG5方案提升14.6%,流域、区域、运河沿线水位安全度与XG5方案基本相当。YJD0～YJD4等方案在XG7方案基础上进一步发挥武澄锡虞区沿江水利工程的外排能力,通过外排工程排洪能力适配度和流域、区域、城区、运河沿线水位安全度的比较,认为YJG4方案最优。YJG4方案下区域沿江工程排洪能力适配度较基础方案有所提高,同时,流域、区域、城区、运河沿线水位安全度较基础方案提升1.0%～29.6%,如表5-16、表5-17、表5-18所示。

综上所述,通过扩大新沟河工程以及武澄锡虞区沿江水利工程外排,同时抬高武澄锡虞区直武地区向太湖泄水的控制水位,可增加流域、区域、城区水位安全度,区域整体防洪排涝安全保障程度得到一定提升。

表5-16 XG5～XG7方案外排工程排洪能力适配度

外排工程	XG5方案	XG6方案	XG7方案	较XG5方案变幅	
				XG6方案	XG7方案
新沟河江边枢纽	0.227	0.242	0.260	6.6%	14.5%

(续表)

外排工程	XG5 方案	XG6 方案	XG7 方案	较 XG5 方案变幅	
				XG6 方案	XG7 方案
夏港抽水站	0.351	0.346	0.319	−1.4%	−9.1%
澡港枢纽	0.141	0.134	0.134	−5.0%	−5.0%
定波闸	0.136	0.135	0.130	−0.7%	−4.4%

表 5-17　XG5~XG7 方案流域-区域-城区水位安全度

分析指标	XG5 方案	XG6 方案	XG7 方案	较 XG5 方案变幅	
				XG6 方案	XG7 方案
$ZF'_{流域}$	−0.031	−0.031	−0.031	0	0
$ZF'_{区域}$	−0.129	−0.129	−0.130	0	−0.8%
$ZF'_{城区}$	0.019	0.028	0.018	48.3%	−5.3%
$ZF'_{运河沿线}$	−0.210	−0.209	−0.210	0.5%	0

表 5-18　YJG4 方案与基础方案调控状态指标对比

分析指标		基础方案	YJG4 方案	YJG4 较基础方案变幅
水位安全度	$ZF'_{流域}$	−0.033	−0.029	12.1%
	$ZF'_{区域}$	−0.129	−0.126	3.1%
	$ZF'_{城区}$	0.022	0.029	31.8%
	$ZF'_{运河沿线}$	−0.209	−0.207	1.0%
外排工程排洪能力适配度	北向 $DF'_{低片沿江工程}$	0.210	0.240	14.3%
	北向 $DF'_{高片沿江工程}$	0.300	0.290	−3.3%
	南向 $DF'_{常州地区环湖口门}$	0.110	0.070	−36.4%
	南向 $DF'_{无锡地区环湖口门}$	0.040	0.030	−25.0%
	东向 $DF'_{望虞河西岸口门}$	0.320	0.340	6.3%

(2) 相机东泄

结果表明，LH2、LH3 方案蠡河枢纽日均东泄水量分别为 93.7 万 m^3/d、39.8 万 m^3/d，无锡(大)站最高日均水位较 LH1 方案降低 1 cm；LH4 方案蠡河枢纽日均东泄水量为 170 万 m^3/d，望亭立交关闭时长较 LH1 方案增加 3 天，太湖最高日均水位较 LH1 方案升高 2 m，无锡（大）站最高日均水位较 LH1 方案降低 1 cm。当无锡（大）站水位超过 3.90 m 时开启蠡河枢纽相机东泄运河水后，无锡（大）站最高水位可降低 1～3 cm；在未因蠡河枢纽开启泄水而增加望亭立交关闭时长的情况下，对太湖最高日均水位无显著影响，但在因蠡河枢纽开启泄水而增加望亭立交关闭时长的情况下，太湖最高日均水位有一定程度的上升。详见表 5-19。

武澄锡虞区通过蠡河枢纽相机东泄的适宜时机为无锡（大）站水位超过 3.90 m、太湖水位不超过 3.80 m，即当无锡（大）站水位超过 3.90 m 时开启蠡河枢纽相机东泄运河水，蠡河枢纽开启期间，若太湖水位不超过 3.80 m，则望亭立交暂停泄水。采用相机东泄调度后，在蠡河枢纽发挥最大泄水潜力的情况下，无锡（大）站最高水位有所降低。

表 5-19 蠡河枢纽相机东泄模拟结果

情景 起止时间	方案 编号	蠡河枢纽 泄水量 （万 m³）	蠡河枢纽 日均泄水量 （万 m³/d）	望亭立交 排水水量 （万 m³）	望亭立交 关闭时长 （d）	太湖最高 日均水位 （m）	无锡（大）站 最高日均 水位（m）
2016 年 6 月 21 日—7 月 5 日	LH1	0	0	25 995	0	4.78	4.96
	LH2	1 405	93.7	25 061	0	4.78	4.95
	LH3	1 408	93.9	25 066	0	4.78	4.95
	LH4	2 549	170	18 548	3	4.80	4.95

注：本表中 3 个典型时段分别对应 T5、T6、T23 情景，其中"2015 年 6 月 25—30 日"结束时间根据无锡（大）站计算最高水位发生时间在原 T6 基础上延迟 1 天。

（3）上游挡洪

对目标函数进行求解，ZL21 方案为最优解集。该方案中 x_a、x_b、x_c 分别为 5.10 m、4.50 m、7.00 m，即当无锡（大）站水位达到 4.50 m 或常州（三）站水位达 5.10 m，且根据天气预报湖西区及武澄锡低片有较大降雨过程，无锡、常州水位均将继续迅速上涨时，启动关闸程序；钟楼闸关闭期间，当丹阳站水位可能超过 7.00 m 时，适时打开钟楼闸泄水；洪水退水期，当无锡（大）站水位低于 4.50 m，同时常州（三）站水位低于 5.10 m 时，打开钟楼闸泄水。详见表 5-20。

ZL21 方案关闸时长较 ZL1 方案增加 65 h，相对关闸时长较 ZL1 方案增加 0.15，钟楼闸下泄水量较 ZL1 方案减少 0.38 亿 m³，减少幅度为 27.6%，ZL21 方案目标函数 F 值较 ZL1 方案减小 5.7%。钟楼闸调度需同时兼顾对太湖以及武澄锡低片的影响。除已纳入目标函数的水位站以外，上游挡洪优化方案中太湖最高日均水位较现行调度方案无明显变化，钟楼闸下游青阳站、陈墅站最高日均水位较 ZL1 方案降低 0.01～0.03 m，钟楼闸上游扁担河、苏南运河（与扁担河交汇处）、德胜河（与十里横河交汇处）由于距离钟楼闸较近，最高日均水位较 ZL1 方案升高 0.04～0.07 m（表 5-21），考虑到该区域缺少水位站点，无法采用特征水位衡量防洪风险，同时，该区基本未建有圩区，因此，防洪风险主要与骨干河道堤防高度有关。

表 5-20　最优调度方案集调度效益分析表

降雨条件	方案	关闸挡洪水位 常州(三)水位 x_a	关闸挡洪水位 无锡(大)水位 x_b	开闸泄水水位 丹阳水位 x_c	关闸时间(h)	相对关闸时长	钟楼闸下泄水量(亿 m³)
"201606"降雨	ZL1 方案	5.30	4.60	6.80	138	0.30	1.37
	ZL21 方案	5.10	4.50	7.00	203	0.45	0.99

表 5-21　钟楼闸调度其他相关站点最高日均水位变化

降雨条件	方案	计算最高日均水位(m) 太湖	钟楼闸上游 扁担河	钟楼闸上游 苏南运河(与扁担河交汇处)	钟楼闸上游 德胜河	钟楼闸下游武澄锡虞区 青阳	钟楼闸下游武澄锡虞区 陈墅
"201606"降雨	ZL21 方案	4.86	6.32	6.39	6.10	4.94	4.87
	ZL21 较 ZL1 变化	0	0.04～0.07	0.04～0.07	0.04～0.07	−0.03～−0.01	−0.03～−0.01

3. 综合效果分析

根据调控有序技术内涵,通过区域洪涝水多向有序分泄,达到保障区域防洪除涝安全的目的,以单个分泄方向调控方案优化成果为基础,构建区域优化调控方案。综合北排优化、相机东泄、上游挡洪等各向调控优化方案,提出武澄锡虞区调控有序技术方案,见表5-22。与基础方案相比,A1 方案综合考虑了北向分泄(新沟河工程扩大外排、沿江其他工程扩大外排)、上游挡洪(优化钟楼闸调度),A2 方案则在 A1 方案的基础上进一步考虑东向分泄(蠡河枢纽相机东泄)。

表 5-22　区域调控有序技术方案构成表

调控对象		A1 方案	A2 方案
北向分泄	新沟河工程	XG7 方案	同 A1 方案
	沿江其他工程	YJG4 方案	同 A1 方案
东向分泄	蠡河枢纽	按现状调度	无锡(大)站水位超过 3.90 m 时,开启蠡河枢纽相机东泄运河水,其间若太湖水位不超过3.80～4.20 m,则望亭立交暂停泄水
上游挡洪	钟楼闸	ZL21 方案	同 A1 方案

以前述构建的典型情景为对象验证分析优化效果。首先采用系统聚类分析法对30 个典型情景进行分类,聚类指标采用时段累计降水量、时段平均日降水量、时段最大日降水量。典型情景聚类分析结果如表 5-23 所示。

表 5-23 典型情景聚类分析结果

分类	对应情景编号	时段累计降水量	时段平均日降水量	时段最大日降水量
		降雨特征(mm)		
第一类	T23	445.1	31.8	82.2
第二类	T4、T5、T26、T27	119.7~192.3	20.9~48.1	78.8~139.6
第三类	T6、T28	226.6~254.4	25.2~63.6	71.1~113
第四类	T1、T2、T3、T7、T8、T9、T10、T11、T12、T13、T14、T15、T16、T17、T18、T19、T20、T21、T22、T24、T25、T29、T30	13.4~96.9	4.0~17.2	11.7~56.2

不同典型情景下的水位安全度计算结果表现出一定的规律：① 当平均日降水量较大（超过 25 mm，涉及第一类、第二类、第三类情景）时，A1、A2 方案流域、区域、城市不同层面的水位安全度均具有一定改善效果，且 A2 方案的改善效果总体优于 A1 方案。第一类情景下（情景 T23），较基础方案，A1、A2 方案 $ZF'_{运河沿线}$ 提高了 0.023~0.024，$ZF'_{区域}$ 提高了 0.012，$ZF'_{流域}$ 基本没有变化，表明调控有序方案对区域涝水排出有积极作用，且基本未影响流域防洪。第二类情景下（情景 T4、T5、T26、T27），A2 方案较基础方案，$ZF'_{流域}$、$ZF'_{区域}$、$ZF'_{城区}$ 总体有所改善，$ZF'_{流域}$ 提高了 0.002~0.064，$ZF'_{区域}$ 提高了 0.010~0.132，$ZF'_{城区}$ 提高了 0.001~0.126，相较于 A1 方案而言，部分情景下 A2 方案的效果更优。第三类情景下（情景 T6、T28），T6 情景下 A2 方案较基础方案明显改善，$ZF'_{流域}$ 提高了 0.112，$ZF'_{运河沿线}$ 提高了 0.346，$ZF'_{区域河网}$ 提高了 0.332，$ZF'_{区域}$ 提高了 0.339，$ZF'_{城区}$ 提高了 0.110。② 当平均日降水量较小（不足 25 mm，涉及第四类情景），大部分情景下水位安全度较基础方案没有发生明显的变化。不同方案典型情景流域-区域-城市水位安全度变化情况如表 5-24 所示。

表 5-24 不同方案典型情景流域-区域-城市水位安全度变化情况

情景编号	t_1-t_2	流域	运河沿线	区域河网	平均	城区
			区域			
		流域-区域-城市水位安全度 ZF'				
		A1 方案-基础方案				
T23	2016年6月21日—7月5日	0.001	0.023	0	0.012	−0.007
T4	2015年5月27日—6月4日	0.004	0	0.004	0.002	−0.003
T5	2015年6月15—19日	0.001	−0.017	−0.007	−0.012	0.003
T26	2016年9月14—18日	−0.001	0.008	0.013	0.010	0.002

(续表)

情景编号	t_1-t_2	流域-区域-城市水位安全度 ZF′				
^	^	流域	区域			城区
^	^	^	运河沿线	区域河网	平均	^
T27	2016年9月28日—10月2日	0.004	0.001	0.012	0.011	0.002
T6	2015年6月25—29日	0.005	−0.004	−0.008	−0.006	−0.025
T28	2016年10月20—29日	0.001	0	0.004	0.002	0
A2方案-基础方案						
T23	2016年6月21日—7月5日	0.001	0.024	0	0.012	−0.007
T4	2015年5月27日—6月4日	0.002	0.125	0.138	0.131	0.126
T5	2015年6月15—19日	0.064	0.140	0.124	0.132	0.077
T26	2016年9月14—18日	−0.001	0.008	0.011	0.010	0.001
T27	2016年9月28日—10月2日	0.004	0.002	0.011	0.012	0.002
T6	2015年6月25—29日	0.112	0.346	0.332	0.339	0.110
T28	2016年10月20—29日	0	−0.003	−0.001	−0.002	−0.005

注：A1方案-基础方案是指A1方案较基础方案的变化幅度，下同。

典型情景所在的2015年、2016年型下，较基础方案，调控有序方案区域、城市、流域不同层面代表站水位在5—10月期间均有一定程度的下降。运河沿线常州（三）站、无锡（大）站水位下降主要集中在7月，区域河网青阳站、陈墅站水位下降主要集中在6—8月。

当平均日降水量较大（超过25 mm）时，较基础方案，A2方案下大部分情景北排长江水量增加，增幅主要为0.10亿~0.36亿 m^3，东排望虞河水量略有增加，南排太湖水量略有减小或基本不变；排入运河水量均有所减少，减幅为0.01亿~0.12亿 m^3。典型情景区域多向泄水量变化如表5-25所示。

表5-25　不同方案典型情景区域排水量变化情况　　　　单位：亿 m^3

情景编号	A2方案-基础方案				
^	北排长江	东排望虞河	南排太湖	排入运河	总外排水量
T23	0.36	−0.05	−0.05	−0.12	−0.26
T4	0.10	0.01	0	−0.01	0.09
T5	0.14	0.03	−0.01	−0.01	−0.02
T26	0.17	0	0	−0.05	0.11

(续表)

情景编号	A2 方案-基础方案				
	北排长江	东排望虞河	南排太湖	排入运河	总外排水量
T27	0.11	0.03	0	−0.04	0.12
T6	0.01	0.02	−0.01	−0.02	−0.19
T28	−0.17	0.14	0.02	−0.06	−0.08

综上所述，A2方案增加了沿江北向泄水，优化了钟楼闸上游挡洪，并考虑了蠡河枢纽在流域大洪水期间相机东泄，区域北排长江水量、东排望虞河水量有所增加，南排太湖水量、排入运河水量有所减少，运河沿线、区域河网、城区的水位安全度有所提升，因此，调控有序技术方案在提升武澄锡虞区防洪除涝安全保障方面具有较好的效果。

5.4 武澄锡虞区防洪除涝安全保障技术实施效果

5.4.1 保障技术实施效果分析

基于武澄锡虞区现状工况[①]，以现状防洪除涝风险相对最大的 T23 情景[②]为案例，进行区域"分片治理-滞蓄有度-调控有序"防洪除涝安全保障技术效果论证。针对 T23 情景，应用区域防洪除涝安全保障技术后，武澄锡虞区内部滞蓄水量有所增加，通过圩外河网、城防及圩区的合理调蓄优化了区域洪涝水的时空分布，尽管河网调蓄水量有所增加，但水位站水位超过保证水位的幅度或历时有所减少，河网对于洪涝水调蓄作用的潜力得到更好的发挥。武澄锡虞区北排长江的泄水比例有所增加，南排入太湖的泄水比例有所减少，钟楼闸更好地发挥了拦截上游洪水的作用，区域多向分泄配比得到优化，形成了调控有序的防洪除涝格局。在同等的初始水位和降雨条件下，代表站水位安全度、区域防洪风险指数的降低是区域防洪除涝安全保障技术实施效果最直接的表征。应用该项技术后，由常州（三）站、无锡（大）站、陈墅站、青阳站四站平均水位表示的区域最高水位由 5.28 m 降至 5.23 m，水位超过各站保证水位的幅度或历时有所减少，区域平均水位安全度 $ZF'_{区域}$ 由 −0.13 提升至 −0.12，无锡（大）站、陈墅站防洪风险指数 R 较基础方案分别降低 10.6%、21.2%，青阳站防洪风险指数 R 无明显变化，常州（三）站防洪风险指数 R 较基础方案升高 5.7%，区域平均防洪风险指数 R 由基础方案的 35.0 降至 34.6，详见表 5-26。进一步分析常州（三）站水位变化，可以发现常州（三）站最高水位较基础方案有所降低，防洪风险指数增加主要是由于该站超保证水位历时略有增加。

[①] 在 2016 年实际工况基础上，考虑新沟河延伸拓浚工程、锡澄运河定波水利枢纽扩建、采菱港马杭枢纽、无锡大河港泵站、无锡运东大包围高桥闸站等已完工的节点工程。

[②] T23 情景发生时间为 2016 年 6 月 21 日—7 月 5 日，区域累计雨量为 445.1 mm，平均日降水量为 31.8 mm/d，雨强类型为大雨。

表 5-26   T23 情景武澄锡虞区防洪安全程度对比

统计项		基础方案（未应用该技术）	应用该技术	变幅
区域最高水位(m)	常州（三）	6.38	6.16	−0.22
	无锡（大）	4.94	4.96	0.02
	陈墅	4.87	4.87	0
	青阳	4.92	4.95	0.03
	区域平均	5.28	5.23	−0.05
水位安全度 ZF'	运河沿线	−0.21	−0.19	0.02
	区域河网	−0.05	−0.05	0
	区域平均	−0.13	−0.12	0.01
区域防洪风险指数 R	常州（三）	92.2	97.5	5.7%
	无锡（大）	26.3	23.5	−10.6%
	陈墅	17.9	14.1	−21.2%
	青阳	3.6	3.6	0.0%
	区域平均	35.0	34.6	−1.1%

注：表中区域最高水位为常州（三）站、无锡（大）站、陈墅站、青阳站多站平均水位；区域最高水位、水位安全度的变幅以差值计；区域防洪风险指数的变幅以变化百分比计。

上述结果表明，针对 T23 情景应用区域防洪除涝安全保障技术后，总体上区域河网防洪安全程度有所提升，认为该项技术在以武澄锡虞区为代表的高度城镇化水网区具有较好的应用效果。以下具体从分片治理效益、河网蓄泄特征、多向泄水格局等方面论证该项技术的实施效果。

1. 分片治理效益分析

采用分片治理技术方法对武澄锡虞区进行分片治理研究，在武澄锡低片、澄锡虞高片的基础上，进一步进行二级分区划分，其中，武澄锡低片二级分片为运北片和运南片两个片区，澄锡虞高片二级分片为北部沿江、中部、南部三片，武澄锡低片的二级分片再细分为三级片，运北片分为沿江片和中部河网片，运南片分为西、中、东三片，形成三级分片并嵌套圩区的区域分片治理格局。在治理分片的基础上，提出了各分片治理方案，澄锡虞高片北部沿江片区主要是进行圩堤达标、扩大河道外排，中部片区主要是对现有河道进行连通和疏浚，南部片区主要是圩堤达标建设和实施联圩并圩；澄锡虞低片运北片主要是增大沿江口门排涝能力，同时辅以发挥圩区调蓄作用，运南片主要是圩区河道治理、内部调蓄及已有工程调度优化。经过分片治理研究，进一步厘清了武澄锡虞区的区域、城区、圩区等不同层面防洪除涝格局和治理方向，为开展河网滞蓄有度研究、水利工程调控有序研究奠定了基础。

2. 河网蓄泄特征分析

应用区域防洪除涝安全保障技术后，针对 T23 情景，由于对常州城市防洪工程、常州采菱东南片、无锡城市防洪工程、无锡玉前大联圩等主要城防工程和圩区实施了提前预降水位,并且增加了武澄锡虞区圩区调蓄水深,武澄锡虞区河网蓄泄特征得到优化,河网总滞蓄水量较基础方案(未应用该技术)增加1.9%。从圩外河网实际滞蓄水深来看,应用该项技术后常州(三)站实际滞蓄水深较基础方案减少0.24 m,无锡(大)站、陈墅站、青阳站三站实际滞蓄水深较基础方案无明显变化。以常州三堡街站、无锡南门站分别代表常州、无锡城市防洪工程内部水位,从城防和圩区实际滞蓄水深来看,应用该项技术后,常州城市防洪工程、常州采菱东南片、无锡城市防洪工程、无锡玉前大联圩内部实际滞蓄水深较基础方案增加0.21~0.65 m,表明区域滞蓄水量的增加主要在城防及圩区内部。由于河网自身发挥了更大的调蓄作用,区域净外排水量 W_{out} 较基础方案减少1.6%,因而,区域蓄泄比 SDR 较基础方案略有增加。详见表5-27。

表5-27　T23情景武澄锡虞区河网蓄泄特征对比

统计项			基础方案 (未应用该技术)	应用该技术	变幅
蓄泄特征	区域河网滞蓄水量 S(万 m³)		27 264	27 787	1.9%
	区域净外排水量 W_{out}(万 m³)		131 225	129 099	−1.6%
	区域蓄泄比 SDR		0.21	0.22	0.01
实际滞蓄水深(m)	圩外河网	常州(三)	2.41	2.17	−0.24
		无锡(大)	1.30	1.30	0
		陈墅	1.39	1.40	0.01
		青阳	1.25	1.27	0.02
	主要城防(圩区)	常州三堡街	0.74	1.39	0.65
		常州采菱东南片	0.14	0.71	0.57
		无锡南门	−0.40	0.20	0.60
		无锡玉前大联圩	0.05	0.26	0.21

注:表中蓄泄特征中区域河网滞蓄水量、区域净外排水量的变幅以变化百分比计;区域蓄泄比、实际滞蓄水深的变幅以差值计。

3. 多向泄水格局分析

进一步分析T23情景下武澄锡虞区多向泄水格局,基础方案中,T23情景北排长江、东排阳澄淀泖区(含入望虞河以及运河下泄)、南排太湖三个方向的泄水水量分别为9.34亿m³、4.02亿m³、1.11亿m³,相应的三向泄水水量占总外排水量的比例分别为64%、28%、8%。应用区域防洪除涝安全保障技术后,北排长江、东排阳澄淀泖区、南排太湖三个方向的泄水水量分别为9.93亿m³、3.85亿m³、0.67亿m³,相应的三向泄水比例分别为69%、27%、4%。由于无法直接估算得到钟楼闸上游挡洪量,因此,以钟楼闸下泄水量间接表征钟楼闸发挥的挡洪作用大小。基础方案中,钟楼闸下泄水量为0.97亿m³,应用该项技术后,钟楼闸下泄水量为0.81亿m³,较基础方案减少16.5%。由表5-28可见,应用该项技术后,武澄锡虞区多向泄水格局得到优化,北排长江的泄水比例有所增加,南排入太湖的泄水比例有所减少,钟楼闸更好地发挥了拦截上游洪水的作用,区域多向分泄配比得到优化,形成了调控有序的防洪除涝格局。

表 5-28 T23 情景多向泄水格局对比

统计项			基础方案（未应用该技术）	应用该技术	变幅
单向外排/来水水量（亿 m³）	北排长江		9.34	9.93	6.3%
	东排阳澄淀泖区	入望虞河	2.93	2.89	−1.4%
		运河下泄	1.09	0.96	−11.9%
	南排太湖		1.11	0.67	−39.6%
	上游钟楼闸下泄		0.97	0.81	−16.5%
总外排水量(亿 m³)			14.47	14.45	−0.3%
单向分泄比例	北排长江		0.645	0.687	0.04
	东排阳澄淀泖区	入望虞河	0.203	0.200	0.00
		运河下泄	0.075	0.066	−0.01
	南排太湖		0.077	0.046	−0.03

注:本表中单向分泄比例分别为北排长江、东排阳澄淀泖区、南排太湖三个方向的泄水水量占总外排水量的比例。

5.4.2 配套工程措施建议

受到地理位置条件、现状工程排水能力等因素限制,通过工程调度发挥的作用是相对有限的。因此,未来还需进一步加强河湖水系连通工程建设,以流域工程为依托,在武澄锡虞区现状工程体系基础上,进一步加强区域骨干工程建设和片区内部重要工程建设,以增加区域防洪除涝安全保障水平。

1. 武澄锡低片

建议在武澄锡低片推进锡澄运河扩大北排、新桃花港整治工程、白屈港综合整治工程等区域骨干工程建设,开展澡港河等通江河道规模论证与整治,提升河道规模与沿江泵站规模的匹配程度。在区域河网水系主框架的基础上,进一步延展和优化水系布局,通过拓浚、疏浚和沟通水系等工程措施,改善河网水系,满足防洪排涝的要求。其中,对于运北片沿江地区,建议实施老桃花港整治工程,增加河道沿线地区北排长江能力;实施西横河等内部河道整治工程,沟通水系和增加区域调蓄能力。对于运南片沿湖地区,建议实施小溪港、大溪港、长广溪等入湖河道清淤工程,增强区域南排能力;实施洋溪河—双河等内部河道整治工程,沟通水系和增加区域调蓄能力。

2. 澄锡虞高片

建议在澄锡虞高片推进十一圩港整治、张家港整治、锡北运河整治、新桃花港整治、走马塘后续工程等区域骨干工程建设。同时加强片区内部重要工程建设,以理顺水系为重点,增强片区北排能力和横向连通能力。其中,对于北部沿江地区(沿江自排片),建议实施北排和横向河道整治工程,完善骨干河网布局,减轻澄锡虞高片的排除洪涝压力;对于中部、南部地区,建议实施界河—富贝河、北兴塘—转水河等内部河道整治工程,沟通水系和增加区域调蓄能力。

5.5 小结

保障高城镇化水网地区防洪除涝安全的核心在于科学处理好外部洪水和内部涝水的关系,关键在于扩大外排、蓄泄兼筹、洪涝兼治,为了科学有效提升区域防洪除涝安全保障水平,研发了区域"分片治理-滞蓄有度-调控有序"防洪除涝安全保障技术。

水网区分片治理技术是指通过对地理空间进行不同片区划分,从而针对不同分片制定相应的防洪除涝安全保障措施的一种技术。其原则是基于地形分布、河湖水系特征、防洪工程体系完整性等因素,考虑区域、城市、圩区等不同层面面临的洪涝类型、治理要求,并与区域、城市现有的综合规划、防洪规划确定的治理分区相协调。运用该技术,武澄锡虞区划分形成三级分片并嵌套圩区的分片治理格局。一级分片为澄锡虞高片、武澄锡低片;澄锡虞高片二级分片为高片北部沿江片区、高片中部片区、高片南部片区,武澄锡低片二级分片为运北片、运南片。在此基础上,提出了分片防洪除涝安全提升对策。

水网区滞蓄有度技术是指针对水网区圩区众多的现象,通过优化区域内洪涝水在圩内、圩外两个系统的时空分布,从而达到降低区域整体防洪风险目的的一种技术。其原则是基于不同片区河网、圩区、城市防洪工程的调蓄能力和洪涝承受能力,合理挖掘河网调蓄水的潜力,优化区域洪涝水在时间尺度及不同对象中的空间分配,充分发挥区域河网、圩区对洪涝水的滞蓄作用。为定量分析区域蓄泄情况,构建了区域蓄泄特征表征因子和防洪风险表征因子。对于武澄锡虞区而言,河网初始水位是影响区域蓄泄比的主要因素,其次是降水量;现状圩区(城防)在保证圩区自身防洪除涝安全的前提下,有进一步挖掘的潜力;通过蓄泄关系优化,典型情景下区域防洪风险指数可降低15.9%～38.6%。

调控有序技术是指通过闸泵等水利工程调控手段,有序排出区域洪涝水,实现有限工程条件下的防洪效益最大化。其原则是立足区域整体,蓄泄兼筹、错时错峰、有序泄水,统筹协调、合理调控区域、城市、圩区不同层面主要控制工程调度,充分发挥、有机整合不同对象的排水能力,实现区域洪涝水的有序排泄。为定量分析区域调控情况,构建了代表站水位安全度、外排工程排洪能力适度等指标。对于武澄锡虞区而言,调控有序的重点是北排优化(扩大区域北排长江)、相机东泄(苏南运河经由蠡河枢纽泄水入望虞河)、上游挡洪(利用钟楼闸抵挡湖西区来水)。

针对武澄锡虞区现状防洪除涝风险相对最大的情景(T23,区域累计降水量为445.1 mm,平均日降水量为31.8 mm/d,雨强类型为大雨),"分片治理-滞蓄有度-调控有序"防洪除涝安全保障技术在防洪除涝安全保障方面具有较好的效果。较未应用该项技术的情况,区域洪涝水在河网的时空分布、河网蓄泄特征得到优化;区域多向泄水格局得到优化,北排长江、东排阳澄淀泖区、南排太湖三个方向泄水水量占总外排水量的比例由0.64∶0.28∶0.08优化为0.69∶0.27∶0.04;钟楼闸更好地发挥了拦截上游洪水的作用,由钟楼闸下泄的水量减少了16.5%;武澄锡虞区最高水位由5.28 m降至5.23 m,水位超过各站保证水位的幅度或历时有所减少。因此,应用该项技术后,在有效保障区域防洪安全的前提下,武澄锡虞区内部滞蓄水量有所增加,区域洪涝水的时空分布得到优化,区域多向泄水格局得到优化,北排长江的泄水比例有所增加,南排入太湖的泄水比例有所减少,钟楼闸更好地发挥了拦截上游洪水的作用,区域多向分泄配比得到优化,形成了调控有序的防洪除涝格局。

6 城市"多源互补-引排有序-精准调控"水环境质量提升技术研究

6.1 城市水环境质量提升技术总体思路

城市"多源互补-引排有序-精准调控"水环境质量提升技术是高城镇化水网区河湖连通与水安全保障技术的关键技术之一，具体包含城市多源互补水源保障技术、城市河网水动力有序引排模拟技术、城市河网水动力精准调控技术。采用城市多源互补水源保障技术，筛选区域外围可利用优质水源，制定多源互补的补水方案，满足城区水源保障的时空适配性需求；基于城市河网水动力有序引排模拟技术，确定区域河网有序引排格局，优化调度方案；通过城市河网水动力精准调控技术，计算河网需水量，寻找关键控制节点布设控导工程，实现区域水动力重构，并采用局部节点优化调控技术精准控制河网水位-流量，发挥水动力调控工程最大效益。采用上述技术综合研究确定区域水动力和水环境改善方案，制定现场原型观测方案（包括临时工程建设方案、工程调度方案、监测方案和指标检测方法等），开展现场试验，按照模型精准调控的水位和流量分配，通过活动溢流堰调控技术、闸门过流精准控制技术等，精准调控河道的水位和流量，对不同方案的水位、流量和水质观测结果进行分析，进而优化工程布置和工程调度方案，最终确定研究区域水环境提升优化方案，交换提高河网水体流动性，改善河网水质，提高城市河网水环境承载能力，从而达到提升城市河网水环境质量的目标。城市水环境质量提升技术总体思路见图6-1。

6.2 主要研究工具与手段

6.2.1 城市水文-水动力耦合模型

城市"多源互补-引排有序-精准调控"水环境质量提升技术的研究区域为常州市区水网，为此构建了精细化的常州市区水文-水动力耦合模型（以下简称"常州模型"）。该模型已经在地方活水畅流方案研究中得到了应用。一维水动力数学模型的构建包括计算区域的确定、计算模型的创建、模型参数的初选、边界条件的确定等。

1. 模型构建

主要研究区为常州市区水网，即常州市水环境质量提升示范区，北至长江，西到德胜

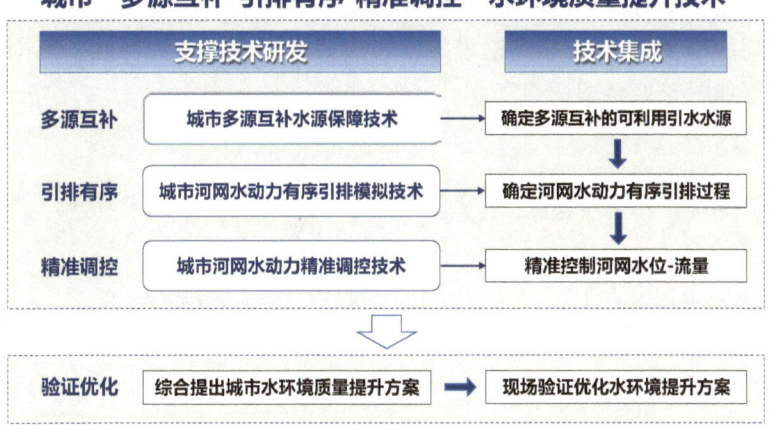

6 城市"多源互补-引排有序-精准调控"水环境质量提升技术研究

图 6-1 城市"多源互补-引排有序-精准调控"水环境质量提升技术总体思路

河,南至滆湖—直湖港,东到新沟河,总面积约为 1 190 km²,区域内河网密布、水系复杂、工程众多。为开展常州市区水网水系连通方案和引排格局分析,构建了一维水动力数学模型,模型构建范围西部扩至太湖流域边界、东部到望虞河、南部延伸至江苏省省界。

河道断面是一维水动力数学模型计算的基本单元,常州模型中断面的创建均基于实测断面数据。在实测河道断面导入模型并检查修正后,依照水系底图以及影像图创建河段。河网模型构建完成后,需对其添加水工构筑物,主要包括闸门、泵站和堰等。水工构筑物创建完成后,需要对闸门、泵站、堰添加相应的调度规则。

边界条件包括水位边界及流量边界。水位边界条件主要是长江、苏南运河、太湖水位;流量边界条件主要为澡港河、德胜河等流量过程,根据不同的计算工况设置不同的流量边界。

模型参数选取包括空间步长、时间步长及河道糙率。① 空间步长:根据断面资料采用不等间距的节点来布置,实测河道断面间距为 100～500 m,模型计算步长为 100 m 左右;② 时间步长:为使模拟计算过程保持较好的稳定状态和满足模型计算精度,模型时间步长采用 60 s;③ 河道糙率:根据《水力计算手册(第二版)》《河道整治设计规范》(GB 50707—2011)等中有关人工渠道及天然河道的经验值赋予不同的糙率初始值,总体原则为高级别河道小于低级别河道、断面较宽河道小于断面较窄的河道,确定一级河道(澡港河、苏南运河、德胜河)糙率选取 0.025,二级河道(南运河、横塘河、白荡河等)选取 0.030,三级河道(章家浜等)为 0.035～0.050。经过率定后,最终确定苏南运河、德胜河、澡港河、武宜运河等骨干河道的糙率为 0.020,古运河、关河糙率为 0.025,其他河道糙率为 0.030～0.035。

2. 模型率定验证

利用原型观测期间实测流量、水位数据对模型进行率定和验证,可以显著提高模型的模拟精度。采用 2017 年 5 月 9 日、5 月 13 日 2 个场次原型观测试验进行模型参数率定,发现选取的 3 个站点计算水位和实测水位最大绝对水位误差均小于 5 cm,计算水位过程与实测水位过程匹配较好。采用 2017 年 5 月 14 日、5 月 15 日,2020 年 11 月 28 日—

12月11日,2021年5月14—21日4个场次原型观测试验数据进行验证,发现各站点的计算水位和实测水位的变化趋势相似,且平均误差也都基本控制在5 cm以内。因此,该模型具有较高的精度,能够较准确地模拟常州市城区河网水动力特性。不同站点计算与实测水位过程如图6-2至图6-7所示。

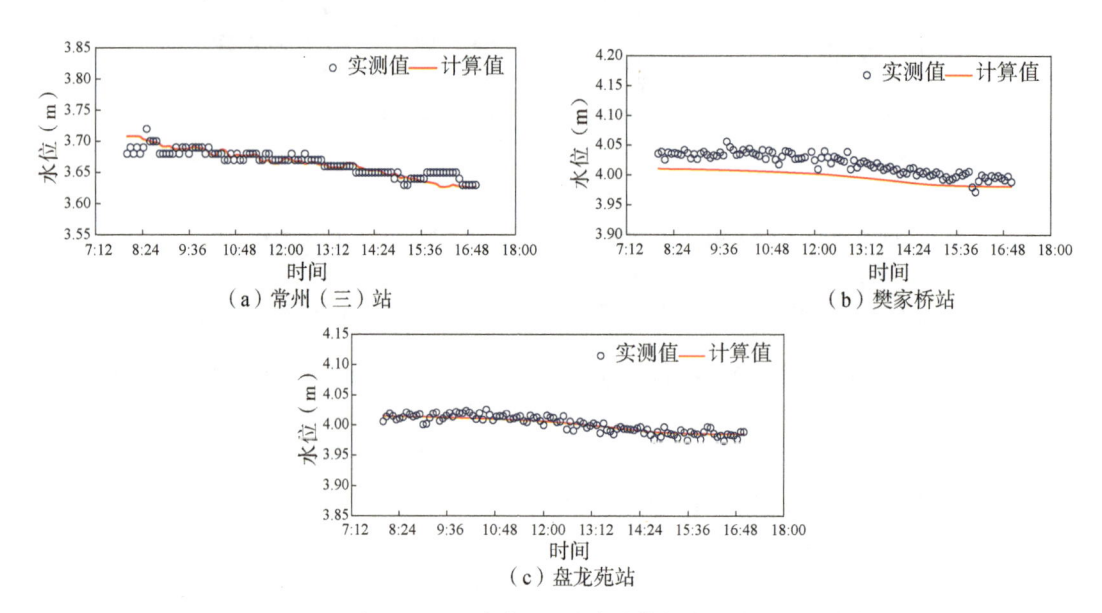

图6-2　2017年5月9日试验不同站点计算与实测水位过程对比图

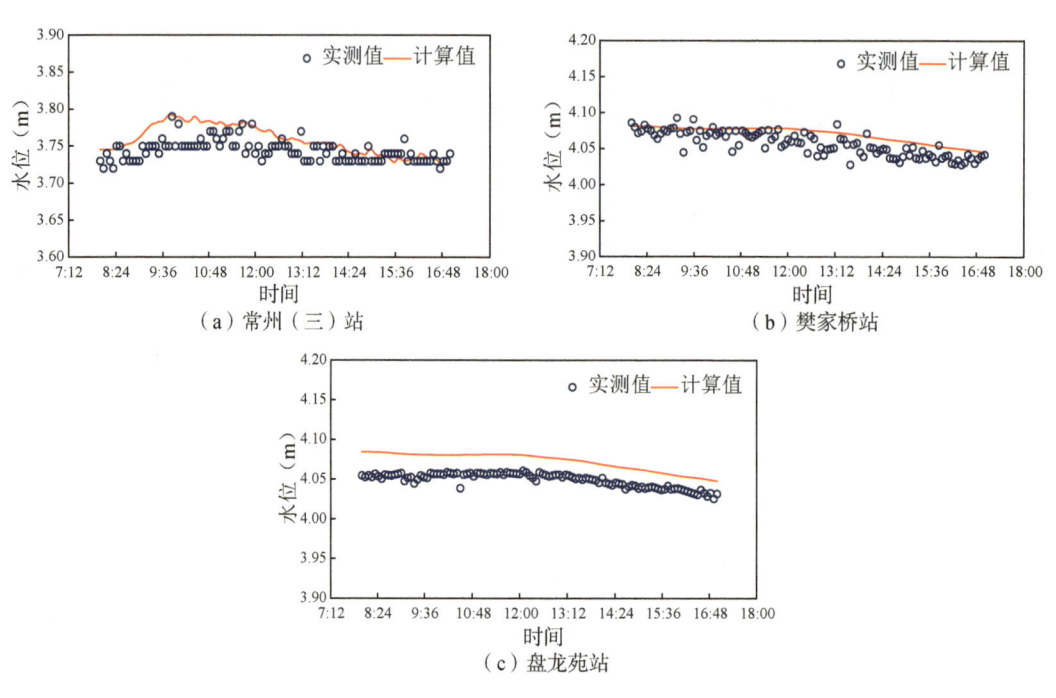

图6-3　2017年5月13日试验不同站点计算与实测水位过程对比图

（a）常州（三）站　　（b）樊家桥站

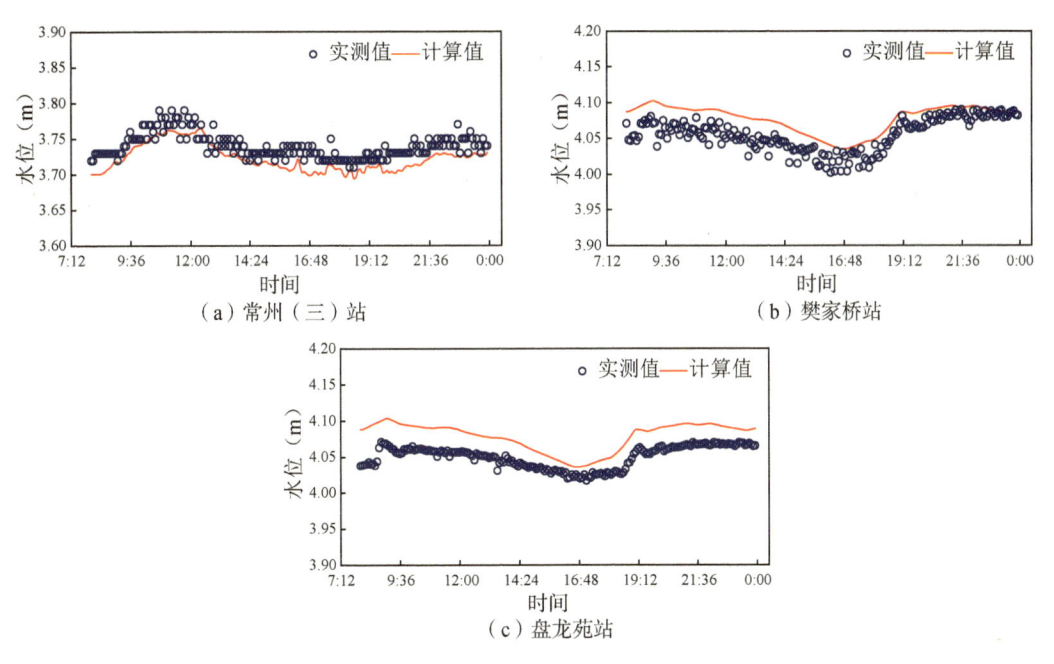

（c）盘龙苑站

图 6-4　2017 年 5 月 14 日试验不同站点计算与实测水位过程对比图

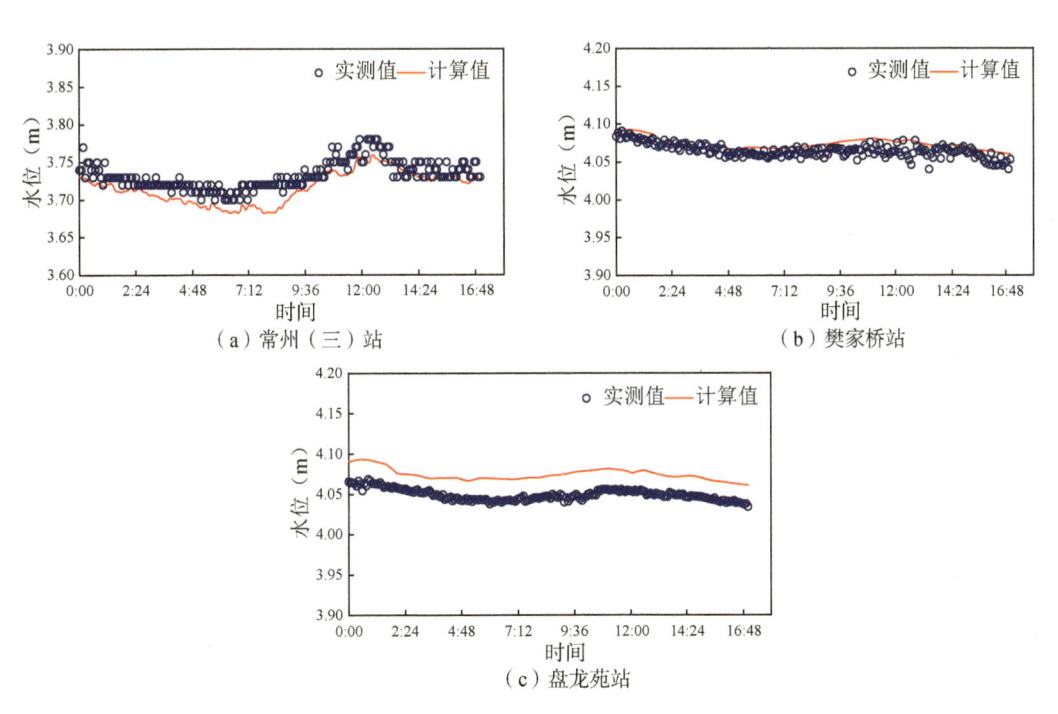

（a）常州（三）站　　（b）樊家桥站

（c）盘龙苑站

图 6-5　2017 年 5 月 15 日试验不同站点计算与实测水位过程对比图

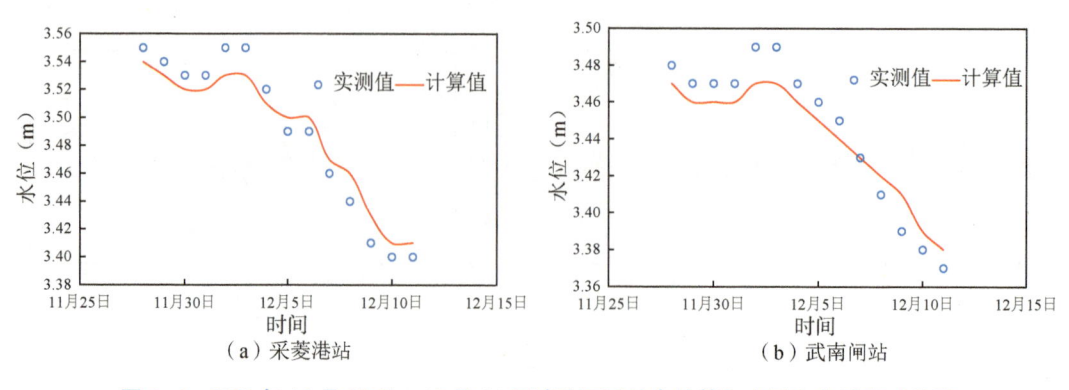

图 6-6　2020 年 11 月 28 日—12 月 11 日试验不同站点计算与实测水位过程对比图

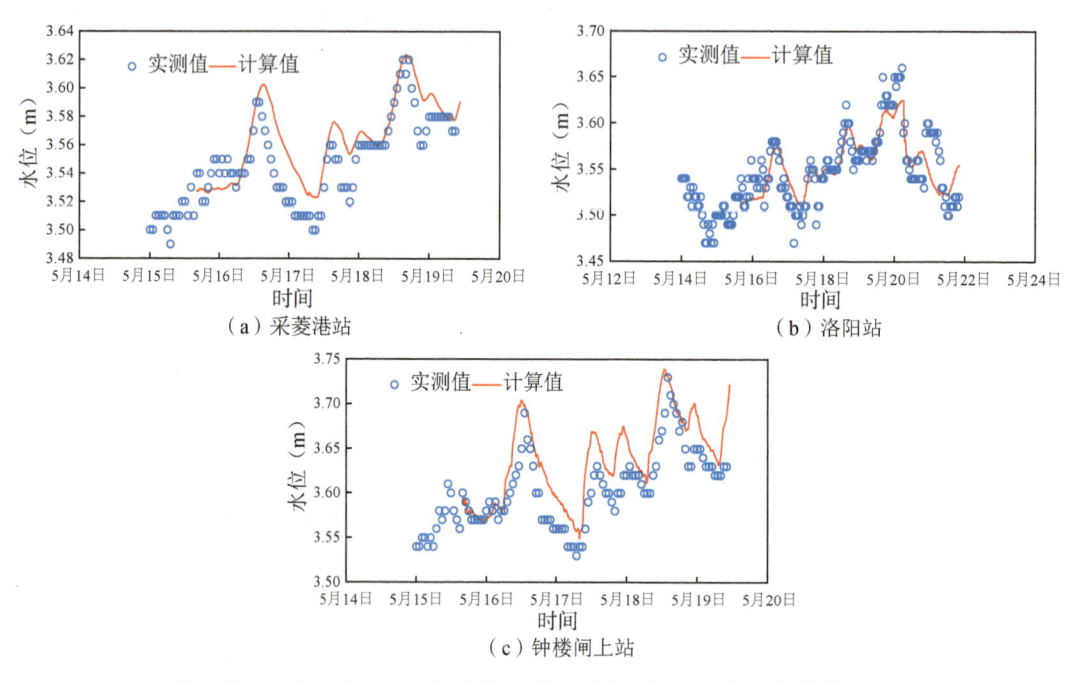

图 6-7　2021 年 5 月 14—21 日试验不同站点计算与实测水位过程对比图

6.2.2　水动力-水质同步原型观测

水动力-水质同步原型观测试验数据可以用于支撑数学模型参数的率定验证，也可以用于评价引调水对水动力条件、水环境改善的实际效果。

1. 原型观测方案设计

原型观测方案主要包括临时工程建设方案、工程调度方案、监测方案和参数测定方法等。

（1）临时工程建设方案

基于城市多源互补水源保障技术、城市河网水动力有序引排模拟技术、城市河网水动力精准调控技术，确定研究区域内需新建的控导工程。在原型观测期间，可采用建设临时配水工程的方法，论证水环境提升方案效果。

6 城市"多源互补-引排有序-精准调控"水环境质量提升技术研究

以溢流堰为例,可以在方案选定的溢流堰布设节点建设临时堰来达到调控过流流量的目标,临时堰一般为临时性的拦河围堰,如图 6-8 所示。

图 6-8 临时堰示意图

(2) 工程调度方案

通过城市河网水动力有序引排模拟技术,设置不同的水动力调控方案,计算不同外围水位条件以及不同引水方案下,区域内部河道水位、流速和流量的分配,基于模拟的水动力和水质改善效果,对工程调度方案进行比选,设置现场试验工况。

(3) 监测方案

① 监测参数:水动力监测参数包括水位、流速、流量;水质监测参数包括溶解氧(DO)、浊度、总磷(TP)、氨氮(NH_3-N)、高锰酸盐指数(COD_{Mn})、叶绿素 a、水体透明度等,可根据现场情况选取部分参数进行监测。

② 监测断面布设:水动力参数监测断面布设根据区域特征,设置在水利枢纽、闸站、泵站等水利工程所在河道处及城区防汛重点关注河段;水质监测断面布设遵循《水环境监测规范》(SL 219—2013)相关规定。

③ 监测频次:水动力和水质监测应在试验前测量本底值,在试验期间根据实际情况设置监测频次。水动力参数监测频次最少为本底 1~2 次,试验期间巡测或者每天固定时间测量直至流量稳定;水质监测频率至少为本底 1~2 次,试验期间重点断面每两天监测1 次,其他断面试验最后两天监测 1 次。监测数据处理遵循《水环境监测规范》(SL 219—2013)相关规定。

(4) 参数测定方法

流速、流量采用声学多普勒流速剖面仪(ADCP)或旋转流速仪等装置进行城市河网中河道断面的流速和流量测量。

水位监测一般采用人工观测与仪器自动测量相结合的方法进行,对河网水位进行水位人工观测与自动观测水尺相互校验。自动观测水尺可以自动获取断面水位数据,并生成时间序列。

溶解氧(DO)是指以分子状态溶存于水中的氧气单质,被列入我国水质监测的重要指标之一。河道断面溶解氧测定采用行业标准《水质 溶解氧的测定 电化学探头法》(HJ 506—2009),可通过便携式仪器或自动监测设备原位测定。

高锰酸盐指数(COD_{Mn})是指在一定条件下,以高锰酸钾为氧化剂,处理水中无机物、有机物等一些还原性物质所消耗的氧化剂量,是反映水体中有机及无机可氧化物质污染的常用指标。高锰酸盐指数测定采用行业标准《水质 高锰酸盐指数的测定》(GB 11892—89),可以现场采集水样后到实验室测定,也可以利用自动在线分析仪器原位测定。

磷是水体富营养化的重要限制性因子。总磷(TP)是水样经消解后将各种形态的磷转变成正磷酸盐后测定的结果,是水质监测的重要指标之一,以每升水样含磷毫克数计量。按照国家环境保护总局(现为中华人民共和国生态环境部)编写的《水和废水监测分析方法》,采用钼锑抗分光光度法测定水体中总磷浓度,可以现场采集水样后到实验室测定,也可以利用自动在线分析仪器原位测定。

氨氮(NH_3-N)是城区内河、集镇河流、景观池等人口居住稠密区水体的最主要污染物,是重要的水质监测指标,主要以离子态氨(NH_4^+)和非离子态氨(NH_3)两种形式广泛存在于水环境中。按照《水和废水监测分析方法》,采用纳氏试剂分光光度法测定氨氮浓度,可以采集现场水样后到实验室测定,也可以利用自动在线分析仪器原位测定。

叶绿素a是估算浮游植物生物量、表征水体富营养化程度的重要指标。按照《水和废水监测分析方法》,采取分光光度法测定叶绿素a浓度。可以现场采集水样后到实验室测定,也可以利用便携式仪器原位测定。

水体透明度是指水体的澄清程度,是人们最能够直观感受到的水质指标。按照《水和废水监测分析方法》,采用塞氏盘法测定河道水体透明度。

浊度是指溶液通过光线时所产生的阻碍程度,它包括悬浮物对光的散射和溶质分子对光的吸收。按照《水质 浊度的测定 第1部分:测算方法》(ISO 7027-1-2016),使用光学浊度计和浊度计定量测定水体浊度。

2. 现场试验及效果分析

基于制定的原型观测方案开展现场试验,对引调水方案(活水方案)不同工况下的水位、流量、水质等指标进行现场测验,并对观测结果进行分析,分析实际效果。基于效果分析,对原有的方案进行优化,最终确定研究区域水环境提升优化方案。水动力改善效果、水质改善效果分析方法如下:

(1) 水动力改善效果分析

采用水动力提升率(R_s)作为表征水动力改善效果的指标。水动力提升率(R_s)是指水环境提升方案实施前后河道平均流速的变化值,其计算方法如下:

$$R_s = \frac{v_1 - v_0}{v_0} \times 100\%$$

式中：R_s 为水动力提升率；v_1 为水环境提升方案实施后的河道流速；v_0 为水环境提升方案实施前的河道流速。

当水动力提升率达到10%及以上的点位越多、范围越大时，表明该方案水动力调控效果较好。

(2) 水质改善效果分析

采用水质提升率（R_{sz}）作为表征水质改善效果的指标。水质提升率（R_{sz}）等于水环境提升方案实施后水质参数浓度减少值（溶解氧、透明度等参数为增加值）与实施前水质参数浓度的百分比，按照以下公式进行计算：

$$R_{sz} = \frac{C_0 - C_1}{C_0} \times 100\%$$

式中：R_{sz} 为水质提升率；C_0 为水环境提升方案实施前水质参数浓度（溶解氧、透明度等参数为水环境提升方案实施后水质参数浓度）；C_1 为水环境提升方案实施后水质参数浓度（溶解氧、透明度等参数为水环境提升方案实施前水质参数浓度）。

当水质提升率达到10%及以上的点位越多、范围越大时，表明该方案对区域河道水质的改善效果较好。

6.3 城市水环境质量提升技术研究

6.3.1 城市多源互补水源保障技术

平原城市河网密布，水源条件相对优越，但也存在不同情况的水源问题，提高清洁水的保障率与供水能力是平原城市对水源的主要要求。针对平原城市河网水质不佳，补水水源保障率不高等问题，需要研究"因地制宜、多源供水"的城市多源互补水源保障技术，结合区域特征，寻找最有利的优质水源，提高水源保障能力。

6.3.1.1 研究思路

城市多源互补水源保障技术适用于周边水源条件相对优越的城市河网。收集研究区域及周边自然地理、水文、地势、可利用水源等相关资料，在此基础上综合水位与水质等数据分析，依据城市河网水质目标制定补水水源的水质标准，并分析水源水质保障率；采用特征水位分析方法，分析优质水源的自流保证率，制定合理的补水方式，提高水源保障能力。城市多源互补水源保障技术研究技术路线如图6-9所示。

6.3.1.2 水源水质保障率分析

作为城市河网补水水源的河湖，首先应当是相对健康的河湖，其水量、水质都应符合健康河湖相关标准。平原河网区水资源量丰富，因此水量不是水源的限制因子，而补水水源的水质条件则是影响城市河网水动力调控工程效果的重要因素之一。根据研究区水质监测数据，分析补水水源水质达标率，为研究区域选择水质保障率高的优质补水水源提供基础。

1. 补水水源水质达标标准

补水水源水质达标标准的制定原则包括：

```
基础资料收集
     ↓
   理论分析
   ↙     ↘
水质标准   特征水位分析
  ↓         ↓
水源水质保障率  水源水位保证率
      ↘   ↙
    引水水源评估
        ↓
  城市多源互补水源保障技术
```

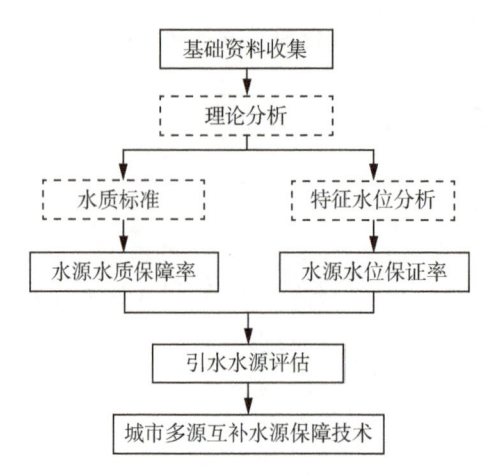

图 6-9 城市多源互补水源保障技术研究思路

(1) 符合健康河湖相关标准要求。参考《河湖健康评价指南(试行)》[①]，评估河湖主要控制断面水质类别，根据《地表水环境质量标准》(GB 3838—2002)，采用 DO、COD_{Mn}、NH_3-N、TP 4 项指标，由评价时段内最差水质项目的水质类别代表该河流(湖泊)的水质类别。

(2) 达到受纳水体水质提升目标。对于水质性缺水的平原河网城市，补入外来优质水体可以增加水环境容量，从而改善受纳水体水质，因此，补水水源的水质类别应达到或优于受纳水体水质提升的目标类别。从目前的城市河网水质状况分析，若水源水质类别达到《地表水环境质量标准》(GB 3838—2002)地表水Ⅳ类水(河道标准)以上时，即可认为达标。

(3) 关注重点改善指标。结合受纳水体的水质情况，针对需要重点改善的水质指标，当不同来水水源水质类别相同时，可以侧重考虑重点需要改善的指标。

2. 水源水质保障率分析方法

水样的采样布点、监测频率及监测数据的处理应遵循《水环境监测规范》(SL 219—2013)相关规定，水质评价应遵循《地表水环境质量标准》(GB 3838—2002)相关规定。

区域水质分析包括区域内河网水质分析及外围水源水质分析，筛选周边优质水源，并依据水功能区考核目标，确定补水水源的水质标准。

补水水源的水质保障率是指水质达到标准的时间占比。水质保障率等于统计期间内河湖水源水质类别达到补水水质类别标准的月份占总月份数的百分比，按照以下公式计算：

$$R_{szb} = \frac{D_0}{D_n} \times 100\%$$

式中：R_{szb} 为水质保障率；D_0 为水质类别达到补水水质类别标准的月份数；D_n 为统计期间内总月份数。

3. 常州示范区水源水质保障分析

(1) 区域水质分析

根据 2013—2019 年《常州市地表水(环境)功能区水资源质量状况通报》，分析常州示

[①] 水利部河湖管理司：《河湖健康评价指南(试行)》，2020。

范区内部河道及周边可利用水源的水质状况。监测断面位置如图 6-10 所示,共有 13 个监测断面,其中,长江(S1、S2)、滆湖(S3)和太湖(S4)水量丰沛,均为示范区周边可利用的水源;苏南运河(S5、S6)、武宜运河(S7)为流域性骨干河道,从前文研究区域水动力状况分析来看,苏南运河和武宜运河的来水量较大,水量充足,也可考虑作为区域的可用水源;示范区内部监测断面分别为德胜河(S8)、西市河(S9)、龙游河(S10)、采菱港(S11)、武南河(S12)、太滆运河(S13)。

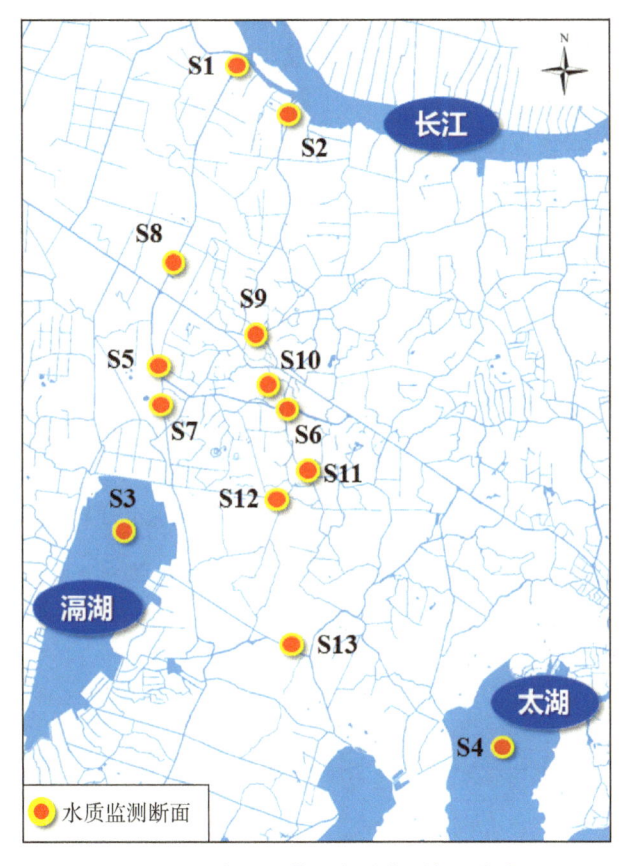

图 6-10 常州示范区水质监测断面分布

① 水源水质分析

基于可利用水源(长江、滆湖)2013—2019 年不同水质类别占比分析发现,长江水质最优,长年稳定在Ⅲ类水以上,大部分时期可达Ⅱ类水标准;滆湖大部分时期为Ⅳ类及以上,水质较好,且滆湖水质类别主要受 TP 影响,由于湖泊 TP 标准严于河道,滆湖 TP 浓度大部分时间为Ⅳ类及以上,若按河道标准分析,滆湖大部分时间的水质类别为Ⅲ类及以上;苏南运河、武宜运河水质虽不如滆湖,但也基本为Ⅳ类及以上。因此,从水质类别来看,长江、滆湖、苏南运河和武宜运河均可作为示范区河网可利用的优质水源。

根据 2018 年《太湖健康状况报告》[①],2018 年太湖 COD_{Mn} 为Ⅲ类,NH_3-N 为Ⅰ类,TP 为Ⅳ类,但太湖蓝藻依然处于高发势态,2017—2018 年竺山湖与梅梁湖平均蓝藻密度仍

---

① 水利部太湖流域管理局:《太湖健康状况报告》,2018。

超过 8 000 万个/升,若将太湖作为水源,将对城区水环境带来不利影响,且由南向北补水水势不顺,需要增加动力措施,另外,太湖引水水量受流域水资源分配的限制,因此不建议将太湖作为水源。

② 城区内部河道水质分析

基于常州市城区内各监测断面 2013—2019 年不同水质类别占比分析发现,通江河道(德胜河)水质最佳,也为武宜运河和苏南运河作为区域优质水源提供了保障;城区中小河道各类水质占比分配大致相同,主要为Ⅳ类、Ⅴ类和劣Ⅴ类,部分河道水质极差。因此,长江、滆湖、苏南运河、武宜运河水质优于内部河道,达到了前文的水源水质达标标准。

(2) 水源水质保障率计算

进一步分析水源水质保障率发现,长江的水质最佳,常年维持在Ⅱ~Ⅲ类,水质保障率为 100%;滆湖水质逐年好转,水质保障率逐年提升,以地表水Ⅳ类为水质类别标准,2013—2019 年水质保障率为 88%,2017—2019 年水质保障率达到 100%,并且达到Ⅲ类水标准的时间段为 78%;苏南运河和武宜运河的水质保障率相对稍低,2017—2019 年达到Ⅳ类水的水质保障率分别为 94%和 91%,但达到Ⅲ类水的水质保障率小于等于 30%。因此,长江、滆湖的水质保障率较高,均可作为常州示范区的补水水源,苏南运河和武宜运河达到Ⅳ类水的水质保障率超 90%,也可考虑作为补水水源。

表 6-1 常州示范区水源水质保障率分析

水源	时间段	水质优于相应标准的保障率(%)	
		Ⅳ类水标准	Ⅲ类水标准
长江	2013—2019 年	100	100
滆湖	2013—2019 年	88	42
	2015—2019 年	95	58
	2017—2019 年	100	78
苏南运河	2013—2019 年	86	16
	2015—2019 年	89	20
	2017—2019 年	94	30
武宜运河	2017—2019 年	91	15
	2018—2019 年	95	16

6.3.1.3 水源自流保证率分析

如何选择补水水源的补水方式也是城市多源互补水源保障技术的关键,平原城市常用的补水方式包括自流补水和动力补水,补水方式的选择可通过研究区特征控制站的水位分析,计算水位保证率,判断补水水源到城市河网的水体自流程度,从而提出不同水源的补水方式,并指导相应的控导工程措施方案。

1. 水源自流保证率分析方法

以各代表站点实测日均水位系列为基础,采用综合历时曲线法,计算相应站点不同水位对应的水位保证率。然后选取补水水源与内部各相应站点,比较不同水位保证率下补水水源的水位值与下游河道的水位值,找到补水水源的水位高于下游河道水位的水位保证率,判断水源的自流保证率。即若在50%水位保证率下,补水水源的水位高于下游河道的水位,则该水源具有一定的自流能力,自流保证率≥50%;若在90%水位保证率下,补水水源的水位高于下游河道的水位,则该水源具有较高的自流能力,自流保证率≥90%。通过分析水源的自流保证率判断补水方式是自流补水还是动力补水。

2. 常州示范区水源自流保障分析

收集了常州市主干河道及周边水源地附近水文站2015—2020年历史资料。城区内部骨干河道上的水位站为常州(三)、九里铺、洛社、黄埝桥、漕桥(三);水源地水位站分别为澡港闸(长江)、坊前(滆湖)、百渎口(太湖)。详见图6-11。

图6-11 常州示范区水位监测站点分布

考虑仅在非汛期实施补水,选择每年1—5月、10—12月水位进行分析,2015—2020年各站点的非汛期日平均水位综合历时曲线如图6-12所示,保证率分析结果如表6-2所示。结果表明:① 从区域整体水势分析,从北向南水位逐渐降低,长江水位高于苏南运河水位,苏南运河水位高于滆湖水位,滆湖水位高于太湖水位;由西向东,苏南运河上游水位高于下游水位,但滆湖水位低于城区东部水位,区域向东引排水流受阻。② 分析澡港闸和常州(三)站水位,判定长江的自流保证率。高潮期长江水位高于常州(三)站的保证率为95%,自流保证率较高,但在低潮期,长江的自流保证率低于50%,需要启用沿

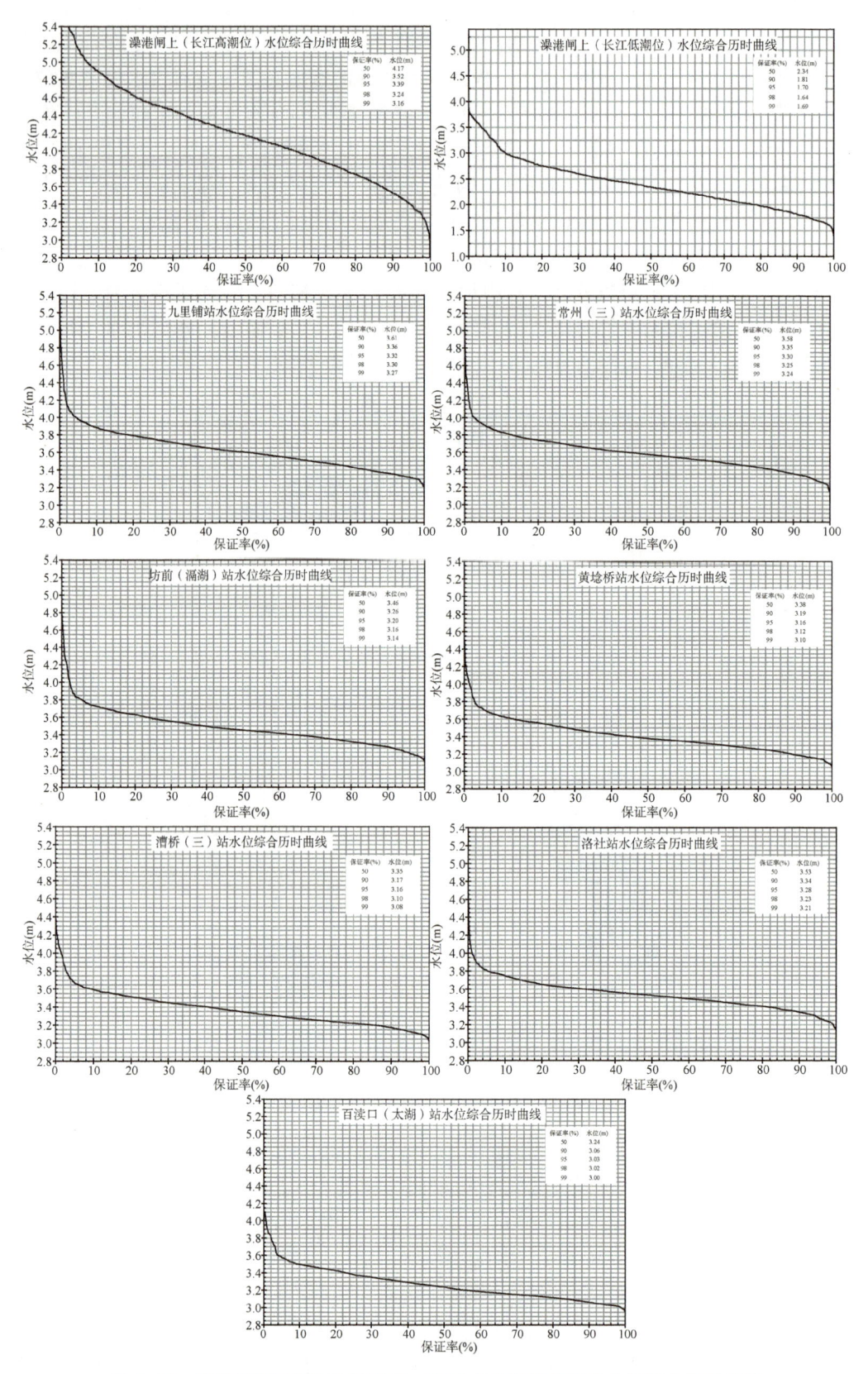

图 6-12　常州示范区水位站点 2015—2020 年非汛期日平均水位综合历时曲线

表6-2 常州示范区水位站点综合历时曲线法分析成果表

站名	不同保证率对应的水位(m)				
	50%	90%	95%	98%	99%
澡港闸上(长江高潮位)	4.17	3.52	3.39	3.24	3.16
澡港闸上(长江低潮位)	2.34	1.81	1.70	1.64	1.69
九里铺	3.61	3.36	3.32	3.30	3.27
常州(三)	3.58	3.35	3.30	3.25	3.24
坊前(滆湖)	3.46	3.26	3.20	3.16	3.14
黄埝桥	3.38	3.19	3.16	3.12	3.10
漕桥(三)	3.35	3.17	3.16	3.10	3.08
洛社	3.53	3.34	3.28	3.23	3.21
百渎口(太湖)	3.24	3.06	3.03	3.02	3.00

江泵站进行动力补水。另外,长江水源自流或动力补水补入城区后,在自然状态下,基本从骨干河道流走,若需进入中小河道,需要依靠动力引排或控导工程进行动力重构。③ 分析常州(三)站和黄埝桥站的水位,判定苏南运河的自流保证率。常州(三)站水位高于黄埝桥站的保证率大于99%,因此,苏南运河作为运南片区补水水源的自流保证率较高,但在自然状态下自流仅可进入骨干河道,中小河道补水仍需借助动力。④ 分析滆湖和洛社站水位,判定滆湖、武宜运河的自流保证率。滆湖位于示范区的西侧,而滆湖水位基本低于洛社站水位,自流保证率小于50%,因此,若将滆湖或武宜运河作为补水水源向东部补水,则需要动力补水,但现状情况缺乏工程条件,需要建设控导工程。⑤ 分析太湖水位和常州市城区内部水位,判定太湖的自流保证率。在所有分析站点中,太湖水位最低,因此,若将太湖水源补入城区,必须完全依靠动力补水。

6.3.1.4 补水水源评估

根据水源水质保障率及水源自流保证率分析方法,可对城市可利用的补水水源进行综合评估,其中,水源水质保障率分析方法可分析确定最优质的水源,而水源自流保证率分析方法能够判定出水源的补水方式。

在针对不同区域确定具体水源及补水方式时,可根据不同区域水系分布与不同水源的地理位置,按照就近原则采用上述方法进行综合评估和筛选,确定不同区域多个水源进行互补,提高整个示范区的水源保障程度。

对于常州示范区,从水源水质保障情况看,长江、滆湖、苏南运河、武宜运河均可作为区域的补水水源;从自流保证率分析情况来说,长江高潮位时和苏南运河向南的自流保证率较高,而长江低潮位期、滆湖及武宜运河均需要动力进行补水。

6.3.2 城市河网水动力有序引排模拟技术

城市河网水动力有序引排模拟技术适用于河网密布、水动力弱、水流往复的平原河网地区。平原河网地区地势平坦、河道众多,水动力弱、水流往复,因此,对平原河网地区数值模型的模拟精度有较高的要求。城市河网水动力有序引排模拟技术是通过构建高精度的城市河网一维水动力数学模型,准确分析城市河网水动力特性,为优化有序引排方案提供技术支撑[72]。

6.3.2.1 研究方法

通过河道断面测量、现场踏勘调研、同步原型观测技术等方法,来有效提升数值模拟计算精度。

1. 河道断面测量

为保障构建模型的精度,需要对所建区域的河道断面进行实测,基于实测断面进行建模,能提高模型计算的准确性。河道断面测量按照如下原则:

(1)河道监测断面布设:对于河宽在30 m以上的河道,每隔500 m测量一个断面;对于河宽为10~30 m的河道,每隔200 m测量一个断面;对于河宽在10 m以下的河道,每隔100 m测量一个断面。每条河至少测2个断面,首尾断面、拐弯处断面必须测量。

(2)河道交汇位置的测量:在交叉口两边的断面必须测量。

(3)河道束窄处断面测量:束窄位置的断面必须测量,束窄断面至正常河宽的渐变段至少测量一个断面。

2. 现场踏勘调研

在获得实测河道断面的基础上,开展现场踏勘调研,现场调研的成果有助于科学规范真实构建数学模型。现场踏勘调研的内容主要包括:

(1)数据复核:河道宽度、闸门位置、尺寸和底高程,泵站位置、单双向、泵站数量以及流量等。

(2)水体水动力与感官调研:水体的水流方向、状态以及表面流速,水体透明度,藻类以及漂浮物等,河道两侧排污口调研。

(3)河道中束窄因素调研:河道上桥梁、管涵以及暗渠等,复核跨河桥梁、管涵等尺寸。

3. 提高模拟精度的同步原型观测技术

利用水动力-水质同步原型观测期间的实测流量、水位数据对模型进行率定和验证,以提高模型的模拟精度。采用率定后的河道糙率,对原型观测结果进行反演计算,并将计算结果与原型观测成果进行对比分析,反复调试直至模型精度达到一定要求。

6.3.2.2 河网水动力有序引排情景设计

通过水动力模型数值模拟,可以研究不同外围水位条件以及不同引排方案下区域内部河道水位、流速和流量的分配情况。以常州市武进区湖塘片河网(图6-13)为例,基于构建的水动力模型,模拟不同引排工况的水位与流量分配情况,通过不同方案的水位、流量和流速分布计算结果分析,能够初步推选出区域最优的有序引排调度方案,为区域水动力、水环境精准调控提供参考。

武进区湖塘片常水位为3.41 m,控制水位为3.80 m,根据水利工程分布现状,采用"北引(南运河和新运河)东西南排(武宜运河、采菱港和武南河)"的引排方式,区内具备泵引能力的泵站分别为大通河西枢纽(2×10.0 m³/s)、龚巷河北闸(2×1.5 m³/s)和漕溪浜

图 6-13 湖塘片现状防洪工程示意图

闸站(2×1.0 m³/s),6 组计算方案的调度情景如表 6-3 所示。模拟方案选取 3.40 m 外围水位边界。分析表明,① 在完全自排条件下,湖塘片大包围南部四个出口自排出流量相当。② 受龚巷河西闸站附近的暗渠影响,湖塘片大包围进入采菱港西包围片水量较少,因此,采菱港西包围片不能只依靠湖塘片大包围来水,需要启用龚巷河北闸引水,通过龚巷河东闸排水。由于塘门浜闸距离较远,需要控制龚巷河东闸开度来减少出流,以此增加龚巷南河和塘门浜流量。③ 当漕溪浜采用排水模式时,漕溪浜为整个引调水下游,分流量受限并且水质较差,建议漕溪浜采用从南运河泵引方式。④ 从六组不同引水方式可以看出,南北最大水位差大约 30 cm,而湖塘片大包围最高控制水位为 3.80 m。因此,当外围水位超过 3.50 m 并且采用大流量引水时,湖塘片大包围需要采用泵引泵排方案以降低内部水位。

表 6-3 常州市武进区湖塘片计算情景说明表

方案	外围水位(m)	泵引总流量(m³/s)	计算情景说明
A1	3.40	10.0	大通河西枢纽 10 m³/s 北引苏南运河;大通河东枢纽关闭,其他工程闸门敞开、泵站关闭
A2	3.40	12.5	大通河西枢纽 10 m³/s+龚巷河北闸 1.5 m³/s+漕溪浜闸站 1 m³/s 北引苏南运河和南运河;大通河东枢纽关闭,其他工程闸门敞开、泵站关闭

(续表)

方案	外围水位(m)	泵引总流量(m³/s)	计算情景说明
A3	3.40	15.0	大通河西枢纽 10 m³/s＋龚巷河北闸 3.0 m³/s＋漕溪浜闸站 2 m³/s 北引苏南运河和南运河；大通河东枢纽关闭，其他工程闸门敞开、泵站关闭
A4	3.40	20.0	大通河西枢纽 20 m³/s 北引苏南运河；大通河东枢纽关闭，其他工程闸门敞开、泵站关闭
A5	3.40	22.5	大通河西枢纽 20 m³/s＋龚巷河北闸 1.5 m³/s＋漕溪浜闸站 1 m³/s 北引苏南运河和南运河；大通河东枢纽关闭，其他工程闸门敞开、泵站关闭
A6	3.40	25.0	大通河西枢纽 20 m³/s＋龚巷河北闸 3.0 m³/s＋漕溪浜闸站 2 m³/s 北引苏南运河和南运河；大通河东枢纽关闭，其他工程闸门敞开、泵站关闭

6.3.3 城市河网水动力精准调控技术

平原城市水系一般水动力较弱，在纯天然状态下，河网水流基本按照阻力最小的路径流动，即从河宽较大的河道流走，中小河道流动性极弱，水环境承载力较低，需要依靠泵站抽排才能够实现水流的流动。因此，为了尽可能地让城市内部的中小河道能够在自流的状态下分配到优质水源，需要进行内部河网水位控制和水量分配研究，以实现对河网水动力的精准调控。

6.3.3.1 研究思路

城市河网水动力精准调控技术适用于水网密布、闸泵众多、中小河道流动性弱的平原河网区域。根据补水水源的实际情况和河道水力特性等，在满足城市河道生态水位的条件下，以水动力-水质双指标调控阈值为河网水动力调控标准，基于水动力有序引排模拟技术，精细化评估研究区域的河网需水量、补水频次，形成城市河网水量精准配置技术；研发闸门过流流量精准控制技术和控导工程优化调控技术，达到精准调控城市河网水位-流量，并经过水动力调控效果现场论证，实现精细化、高效化配水的目的，充分发挥水动力调控工程效益，改善河网水质，节约水资源量。城市河网水动力精准调控技术研究路线如图 6-14 所示。

6.3.3.2 城市河网水量精准配置技术

城市河网水量精准配置技术研究是以满足城市河道生态水位需求为约束条件，综合运用室内试验和理论分析确定河道水动力调控阈值，基于前述建立的城市河网水动力有序引排模拟技术，精细化评估研究区域的河网需水量、补水频次，实现对城市河网的水量精准配置。

1. 水动力-水质调控阈值确定方法

为确定河网水动力调控中合理的水动力条件，采用室内试验、数值模拟以及理论分析的方法开展研究，采集不同河道的底泥沉积物，布设于圆筒装置底部，注入原水，利用旋桨

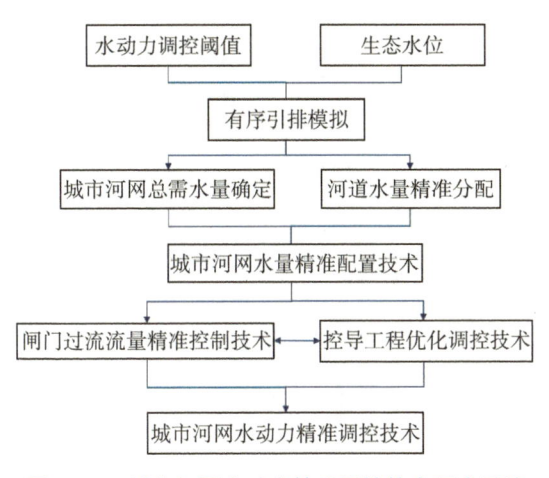

6 城市"多源互补-引排有序-精准调控"水环境质量提升技术研究

图 6-14　城市河网水动力精准调控技术研究思路

带动水体流动,测量水体水质指标变化过程,并结合试验装置中流场数值模拟,构建试验装置中的转速与实际河道表面流速之间的相关关系,由此建立水动力-水质响应关系,根据底泥释放速率变化趋势,确定水动力调控的上限阈值;采用水环境容量理论,对照水质目标,考虑河道本底、入河点面源污染、河道水体自净和植被吸收等影响因素,建立水动力调控下限阈值的计算公式;综合分析室内试验和理论分析得到的水动力调控上、下限阈值,提出河网河道水动力-水质调控阈值范围。

(1) 水动力调控上限阈值确定方法

平原城市河道底泥富含大量日积月累的有毒有害污染物,是城市河道重要的内源性污染来源,而水动力调控极易引起底泥扰动,促进内源污染物向上覆水释放,对河道水质产生负面影响,因此,在分析水动力调控的上限阈值时,以抑制底泥快速释放为准则,根据底泥扰动的释放规律确定。

采用室内试验和数值计算的方法确定水动力调控上限阈值。在河道内采集新鲜底泥和河水水样,避光密封保存并带回实验室进行室内试验。选用直径为 27 cm、高 50 cm 的有机玻璃圆筒作为反应装置,在距离反应器上边缘 5 cm 以下部分的侧面贴铝箔纸,模拟河道侧面的避光环境,使光线仅从上方照射,利用恒速电动搅拌器,通过设置不同转速模拟不同的水动力条件,试验装置如图 6-15 所示。设置多组底泥样本、多种扰动工况对比试验,每种工况三组平行,根据试验结果分析底泥污染物释放规律,得到促使底泥快速释放的扰动转速。

建立数学模型,对不同扰动强度条件下圆筒试验装置中的流场进行计算,得到装置中泥-水界面的切应力,采用对数流速分布公式计算实际不同水深河道的表面流速,从而建立室内试验中的扰动转速与野外天然河道表面流速之间的相关关系,并基于试验中上覆水水质浓度变化,得到河道表面流速与水质指标间的响应关系,以水质变化拐点处的流速作为平原城市河网水动力调控的流速上限阈值。

$$u = u_* (2.5\ln\frac{y}{\Delta} + 8.5)$$

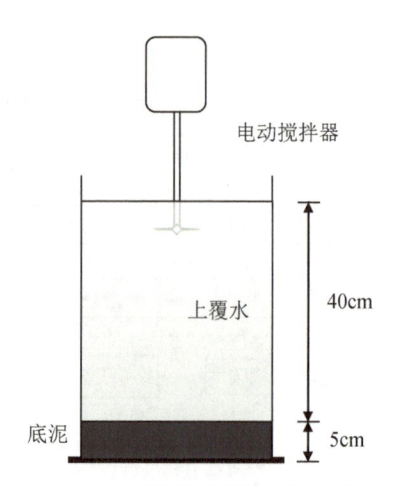

图 6-15 底泥扰动试验装置示意图

$$u_* = \sqrt{\frac{\tau}{\rho}}$$

式中：u 为流速，m/s；u_* 为摩阻流速，m/s；y 为水深，m；Δ 为绝对粗糙度，mm；ρ 为水的密度，g/cm³；τ 为河道底部切应力，N/m²。

(2) 水动力调控下限阈值确定方法

按照水环境容量计算的理论和方法[73]，根据水质本底值与目标水质，确定水动力调控改善水环境中的流速下限阈值。

选择总体达标法计算水环境容量，总体达标法采用零维模型进行水质计算，如图 6-16 所示，本计算考虑点源污染、面源污染、直接入河的粉尘、底泥污染物的释放、河道水体的自净、水中植物对污染物的吸收等多种影响河道水质的因素。

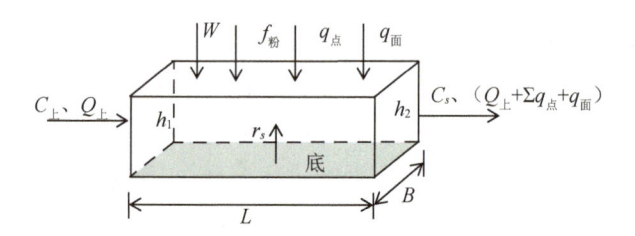

图 6-16 水环境容量计算示意图

由污染物的质量守恒，得到以下公式：

$$10^3 C_上 Q_上 + W + f_粉 + 10^3 \sum C_点 q_点 + 10^3 C_面 q_面 + \frac{1}{86\,400} r_s BL$$

$$= 10^3 C_s \left(Q_上 + \sum q_点 + q_面 \right) + \frac{10^3}{86\,400} KVC_s + f_植$$

式中：$Q_上$ 为河道上游来水的流量，m³/s；$C_上$ 为河道上游来水的水质浓度，mg/L；W 为水环境容量，mg/s；$q_点$ 为入河点源污染的流量，m³/s；$C_点$ 为入河点源污染物浓度，mg/L；$q_面$ 为入河面源污染的流量，m³/s；$C_面$ 为入河面源污染物浓度，mg/L；$f_粉$ 为直接入河粉尘所含污染物的质量函数；r_s 为底泥污染物的释放速率，mg/(m²·d)；L 为河道长度，m；B 为河宽,m;C_s 为河道出口断面的目标水质浓度,mg/L;K 为污染物降解系数,1/d;V 为河段内的水体体积,m³;$f_植$ 为水生植物吸收的污染物的质量函数,与光照、温度、植物种类、种植密度以及水深等因素有关。

假设河道进口断面水流流速为 u,进口和出口断面的水深分别为 h_1 和 h_2,则由下式:

$$10^3 C_上 uBh_1 + W + f_粉 + 10^3 \sum C_点 q_点 + 10^3 C_面 q_面 + \frac{1}{86\ 400} r_s BL$$

$$= 10^3 C_s uBh_1 + 10^3 \sum C_s q_点 + 10^3 C_s q_面 + \frac{10^3}{86\ 400} KVC_s + f_植$$

化简得:

$$u = \frac{W + 10^3(\sum C_点 q_点 - \sum C_s q_点) + 10^3(C_面 - C_s)q_面 - \frac{1}{2} \times \frac{10^3}{86\ 400} KC_s(h_1+h_2)LB - f_植 + f_粉 + \frac{1}{86\ 400} r_s BL}{10^3(C_s - C_上)Bh_1}$$

其中,若水环境容量 $W=0$,即该河道水体不能再承受污染物的排放,此时的流速 u 为能够保证河道水质的流速下限阈值 $u_小$,即

$$u_小 = \frac{10^3(\sum C_点 q_点 - \sum C_s q_点) + 10^3(C_面 - C_s)q_面 - \frac{1}{2} \times \frac{10^3}{86\ 400} KC_s(h_1+h_2)LB - f_植 + f_粉 + \frac{1}{86\ 400} r_s BL}{10^3(C_s - C_上)Bh_1}$$

2. 城市中小河道生态水位分析方法

河湖生态水位是维持河湖生态系统结构和功能完整性、维持生物多样性的最低水位,确定河湖生态水位对于水资源管控和优化调配、修复河湖生态功能、保障河湖整体生态系统健康具有重要意义。因此,在城市河网的水环境日常调度中,需要保障河道生态水位,有利于水生态系统的恢复。

城市中小河道由于受高度人工化影响,已丧失部分天然属性,其生态水位的估算,应在维持城市河网水系连通性基础上,为河道内主要水生生物(如鱼类等)和河道岸滩植物营造适宜生境条件,保障鱼类和植物的生长空间[74]。而河道水生生物与河道岸滩植物的生长受到水深的影响,一般来说,城市河道维持水生生物生境的适宜水深为 1.5~2.5 m。在对具体研究区域进行水动力调控时,应结合河道断面数据,推算得出城市中小河道的生态水位,在调控过程中应以不同河道的生态水位为约束条件进行调控,不可将河道的水位调控至生态水位以下。

3. 城市河网需水量计算方法

需水量的概念常见于河湖的生态需水量。河流生态需水量概念最先在 20 世纪 40 年代由美国渔业与野生生物保护组织提出。近年来随着我国生态文明建设的推进,生态需水量在我国逐渐受到重视,按照《河湖生态需水评估导则(试行)》(SL/Z 479—2010)①的定义,河流生态需水量是将河流生态系统结构、功能和生态过程维持在一定水平所需要的水量。这些功能包括维持河流生物多样性功能、调节功能(自净功能、调节水量)、疏通河道功能(维持河道形态)、文化景观功能等。河流生态需水量的传统计算方法主要分为水

---

① 中华人民共和国水利部:《河湖生态需水评估导则(试行)》,中国水利水电出版社 2010 版。

文学法、水力学法、栖息地模拟法等，通常适用于天然径流。

针对高城镇化地区城市河道水动力不足、水质存在恶化风险等水环境突出问题，河道生态流量应以促进河网水体流动、提升河道自净功能为主要目标。本研究考虑水动力-水质双指标，以满足城市河道生态水位需求为约束条件，综合运用室内试验和理论分析法确定水动力-水质调控阈值，计算河段内的生态需水量，基于城市河网水动力有序引排模拟技术，精细化评估研究区域的河网需水量、生态补水频次。

河道水质影响因素众多，如气温、降雨、人类活动等，依据经验总结，在无强降雨或其他突发情况下，保障河道水质不黑不臭的补水频次一般以3～4天/次为宜。具体操作中，应根据片区范围大小、补水水源可用性、工程调控能力，进行适当调整。太湖流域不同类型研究区域需水量与补水频次见表6-4。实践证明，在补水流量得到有效保证下，河网水质均取得了较好的改善效果。

表6-4　太湖流域不同类型研究区域需水量、补水频次统计表

研究区域	面积(km^2)	补水频次	需水量(m^3/s)
苏州古城区	14	1天1次	12
苏州大包围	80	2天1次	40
杭州G20核心区	22	1天1次	20
常熟市古城区	2	1天3次	2
常熟市城区	60	2天1次	43
吴江松陵城区	20	1天1次	25
上海市淀北片	178	1天1次	90

6.3.3.3　闸门过流流量精准控制技术

根据前文所述，城市河网需水量计算方法能够确定研究区域所需要的补水水量，而有序引排模拟技术可以精确计算不同方案下每条河道合理的流量分配，利用水动力-水质阈值控制技术，并兼顾城市河道生态水位，能够初步推选出研究区域的河网水量分配和水环境提升方案，但在实际调控中，如何将河道流量调控至理想的数值区间是值得深入研究的问题。

目前，在平原城市主要依靠现有闸泵动力驱动实现河道水动力调控，而闸门过流流量精准控制技术能够精确地控制闸门开度，以达到流量调控至理想流量的目标。闸门过流流量精准控制技术是通过现场原型观测试验或物理模型试验的方法，对区域内闸门流量比测及流量系数、关系曲线进行率定，从而获得闸门水位-流量关系曲线，通过查询该曲线能够确定河道一定流量下的闸门开度，参照该开度进行闸门调控即可精准地控制河道的流量，达到精准调控的目的。

采用水力学方法，通过实测流量率定流量系数，根据闸门开启情况、流态等因素，按水力学基本公式分析获得不同出流情况下的水力因素与流量系数的相关关系曲线或关系方

程式,以推算闸的过水流量。

根据流态的不同,各种条件下的流量计算公式形式为:

自由堰流条件: $Q = CBh_u^{3/2}$;

淹没堰流条件: $Q = C_1Bh_1\Delta Z^{1/2}$ 或 $Q = C_1Bh_u^{3/2}$;

自由孔流条件: $Q = MBeh_u^{1/2}$;

淹没孔流条件: $Q = M_1Be\Delta Z^{1/2}$。

根据流态的不同,各种条件下的流量系数与相关因素的关系为:

自由堰流条件: $C - f(h_u)$;

淹没堰流条件: $C_1 - f(\Delta Z/h_1)$;

自由孔流条件: $M - f(e/h_u)$;

淹没孔流条件: $M_1 - f(e/\Delta Z)$。

式中: h_u 为上游水头,m; h_1 为下游水头,m; e 为闸门开启高度,m; B 为闸门总宽,m; ΔZ 为水头差,m; C、C_1、M、M_1 为不同流态的综合流量系数,可由实测流量利用以上公式进行反算。

现以自由堰流和淹没孔流为例,简要说明具体的测量方法。

1. 自由堰流

根据上述公式,闸门过流流量随上游水头而变,上游水头取决于上游水位,因此,上游水位与流量成单一关系。该关系曲线的确定方法包括以下两种:

(1) 直接法:当实测流量次数较多且分布均匀时,可直接根据实测上游水位与流量绘制曲线,并利用其推算任意上游水位值时的闸门过流流量。

(2) 间接法:当不具备上述条件时,可由实测流量及上游水头 h_u(或水位),按上述公式绘制出上游水头 h_u(或水位)与综合流量系数 C 之间的关系曲线,假定一些 h_u 的值,在此曲线上可查到对应的 C 值,再由公式推算出相应的 Q,把这些 h_u 与 Q 点绘成 h_u-Q 曲线,由此曲线可推求出任意水位对应的流量。

2. 淹没孔流

由实测资料可以绘制 $e/\Delta Z$ - M_1 关系曲线,再以闸门开度 e 为参数,利用 $e/\Delta Z$ - M_1 关系曲线绘制 ΔZ - Q 关系曲线。

以常州示范区内南运河枢纽的闸门过流曲线为例,通过上述方法获得南运河枢纽闸门过流曲线,如图 6-17 所示。

6.3.3.4 控导工程优化调控技术

1. 控导工程过流能力分析

平原河网地区最为常用的调控方式是闸泵调控,但闸泵调控范围有限,且启用泵站会产生较多的运行费,闸门启动也容易促使局部水流流速突然增大,造成河道底泥扰动。为此,针对平原河网地区,发明了活动溢流堰工程调控措施,可人工营造河网水位差,形成自流格局,促进水流进入中小河道,减少泵站运行经费。

(1) 活动溢流堰工程措施

针对平原城市河网水动力条件差、水环境容量不足、补水方案不合理、泵引动力驱动活水弊端多等问题,提出活动溢流堰等工程措施来精准控制城区河网水位-流量,通过营

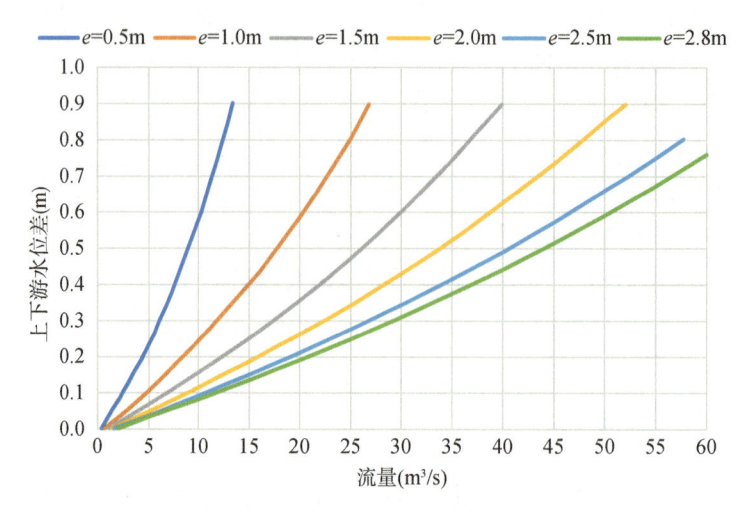

图 6-17　不同开闸度数与流量相关关系图

造水位差,增大城区河道的流动性,有效改善河网水环境质量。

活动溢流堰是一种上部绕底轴转动的薄壁堰和下部为宽顶堰相结合的新型水工建筑物,具体结构布置见图 6-18。当闸门抬起时,它是一座薄壁溢流堰,起到壅高水位的效果,通过调节翻板闸门的旋转角度能够控制壅水高度;旋转闸门的两侧各有一个宽窄平台,可以看作宽顶堰,两座宽顶堰中间形成凹槽,当闸门全部卧倒时,即可嵌入凹槽,与宽顶堰堰顶同高;两座宽顶堰上各布置一个橡胶护舷,用以吸收船舶与码头或船舶之间在靠岸或系泊时的碰撞能量,保护船舶、码头免受损坏。

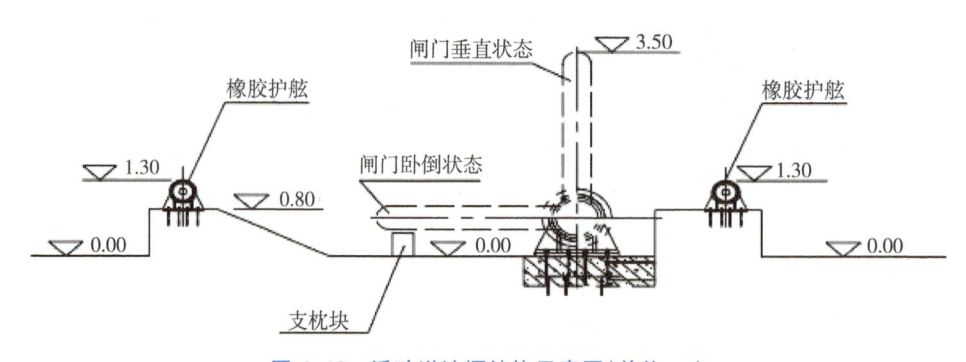

图 6-18　活动溢流堰结构示意图(单位:m)

与泵引动力调控相比,活动溢流堰结构简洁、坚固耐用、维护费用低,其运转部件采用特殊复合材料,无须添加润滑剂,闸门本体十年左右进行 1 次防腐处理,活动溢流堰没有底门槽和侧门槽,是门叶围绕底轴心旋转的结构。另外,上游止水压在圆轴上,当坝竖起或倒下时,止水不离圆轴的表面,始终保持密封止水状态,淤沙(泥)不会影响其升坝和塌坝;翻板闸门采用启闭机启闭,一般完成一次升坝和塌坝不超过 2 min,水位调控便捷,对防洪基本没有影响,且当上游水位超过堰顶溢流时形成人造瀑布,水流潺潺,具有一定的景观效果。

(2) 活动溢流堰过流曲线分析

活动溢流堰调控技术的主要特点是可以根据实际需求任意角度抬升翻板闸门挡水阻水,人工营造河网水位差,提高水动力条件,提升水流流速,实现整个河网片区的"自流活水",并且,活动溢流堰处形成的跌水能够增加水流掺气,提高河道水体中的溶解氧水平,进一步增大水体自净能力。另外,翻板闸门为底轴驱动,水流从闸顶过流,不会对河道底部冲刷而造成底泥扰动,又可以完全卧倒,不阻碍游船通航和汛期防洪。

本技术是通过调节闸门开启角度控制过流流量,形成上下游水位差,实际应用时,则以闸门开度、过流流量、上下游水位差之间的相关关系曲线为准则,根据实际流量需求,调控翻板闸门的开启角度。

采用物理模型试验的方法,设置不同闸门开度(20°~90°)和不同流量(8~25 m³/s)多组方案,并对各方案的水流流态、流速、上下游形成的水位差等水力参数进行量测和计算分析,研究不同方案下活动溢流堰的壅水效果、上下游流态和过流能力,建立不同闸门开度条件下翻板闸门过流流量和上下游水位差相关关系曲线。活动溢流堰直立时的水流流态如图 6-19 所示。

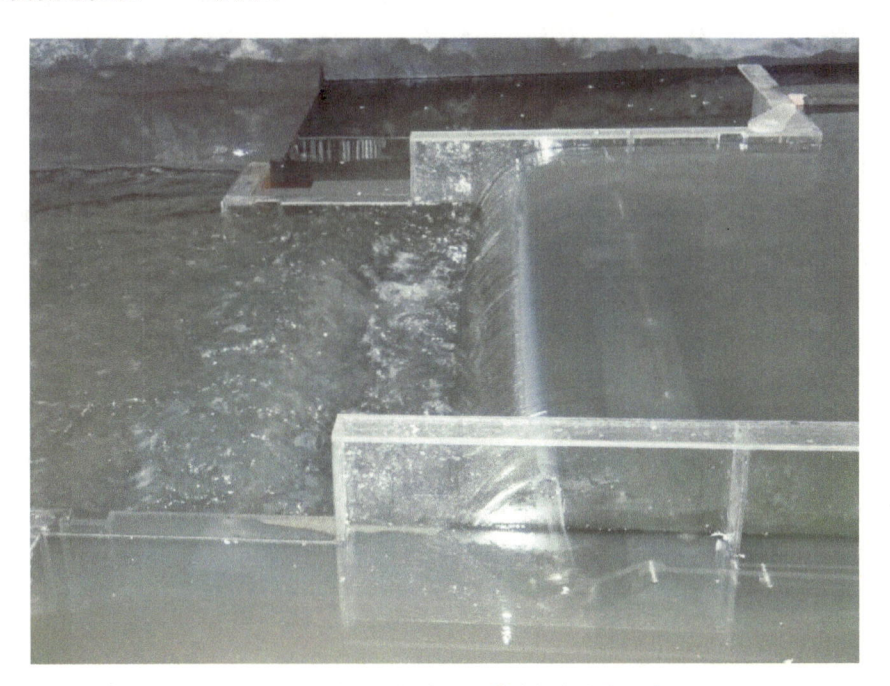

图 6-19 活动溢流堰直立 90°时水流流态示意图

通过试验得到不同流量下活动溢流堰开启角度与上下游水位差的关系,如图 6-20 所示,活动溢流堰开启角度为 20°时,形成的水位差为 0.7~7.7 cm;当活动溢流堰开启角度为 90°时,上下游水位差为 87.6~127.0 cm,由此可见,活动溢流堰开启度数越高、入流流量越大,形成的水位差越大。实际调控时,可以根据该试验成果,调控闸门开度,改善河网中的水动力条件,实现自流活水。

2. 控导工程位置寻优技术

以常州市主城区为例,描述基于河网水动力数学模型的控导工程位置优选技术。

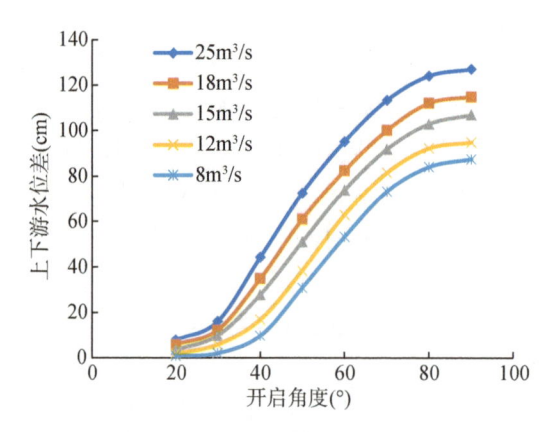

图 6-20　不同流量下活动溢流堰的开启角度-上下游水位差关系

在主城区河网关键位置设置活动溢流堰工程,能够形成合理的水位条件,控制河网流量分配,促进中小河道流动性提升。为选定常州市主城区溢流堰的位置和数量,拟定了三组溢流堰比选方案,基于河网水动力有序引排模拟技术,开展活水效果的数值模拟,确定其中较好的活水方案,活水自流,改善全区水质。

通过前文水源保障率分析,长江可作为常州市主城区的补水水源,前文主城区内部水动力状况分析结果表明,骨干河道的流动性较强,中小河道流动性较弱,故本次模拟方案在设置时,考虑从长江补水进入主城区。目前,长江进入主城区的骨干河道主要为澡港河,而澡港河沿线分支较多,在城区入口的主要分支河流为澡港河东支,进入老城区入口的主要分支为关河,均具有较强的流动性,当长江通过澡港河补水入城时,大量水流可能通过澡港河东支和关河流出城外,因此,澡港河东支和关河是主城区需要调控的关键河道。根据以上分析,筛选了澡港河东支和关河两条关键河道设置活动溢流堰进行位置比选,溢流堰位置如图 6-21 所示,计算方案说明如下:

方案 1:控制澡港河水位 4.00 m+关河设置 2 座控导工程(溢流堰 3、溢流堰 4);

方案 2:控制澡港河水位 4.00 m+关河 2 座控导工程(溢流堰 3、溢流堰 4)、澡港河东支 1 座控导工程(溢流堰 1);

方案 3:控制澡港河水位 4.00 m+关河 2 座控导工程(溢流堰 3、溢流堰 4)、澡港河东支 2 座控导工程(溢流堰 1、溢流堰 2)。

(1) 城市河网引排数值模拟

方案 1:在澡港河水位为 4.00 m,设置关河两座溢流堰的情况下,从澡港河入城的 34 m³/s 流量大部分从澡港河东支流走,澡港河入口的水位仅达到 3.50 m,城区形成的南北水位差较小,大部分河道的活水效果不佳。

方案 2:在澡港河水位为 4.00 m,设置关河两座溢流堰、澡港河东支一座溢流堰共三座溢流堰的情况下,关河新市桥堰和关河洋桥堰抬高了关河水位,但由于澡港河东支上盘龙苑溢流堰的阻挡作用,进入澡港河和澡港河东支的分流比发生变化,由澡港河进入主城区内部的水流流量增加到 33.2 m³/s,但水流进入城区后,部分水流从三井河经老澡港河向北,从澡港河东支流走,损失了部分流量,因此,进入老城区的总流量约为 10 m³/s,西市河、北市河、东市河、南市河的流量分别为 4.4 m³/s、6.3 m³/s、3.6 m³/s、2.6 m³/s,相比

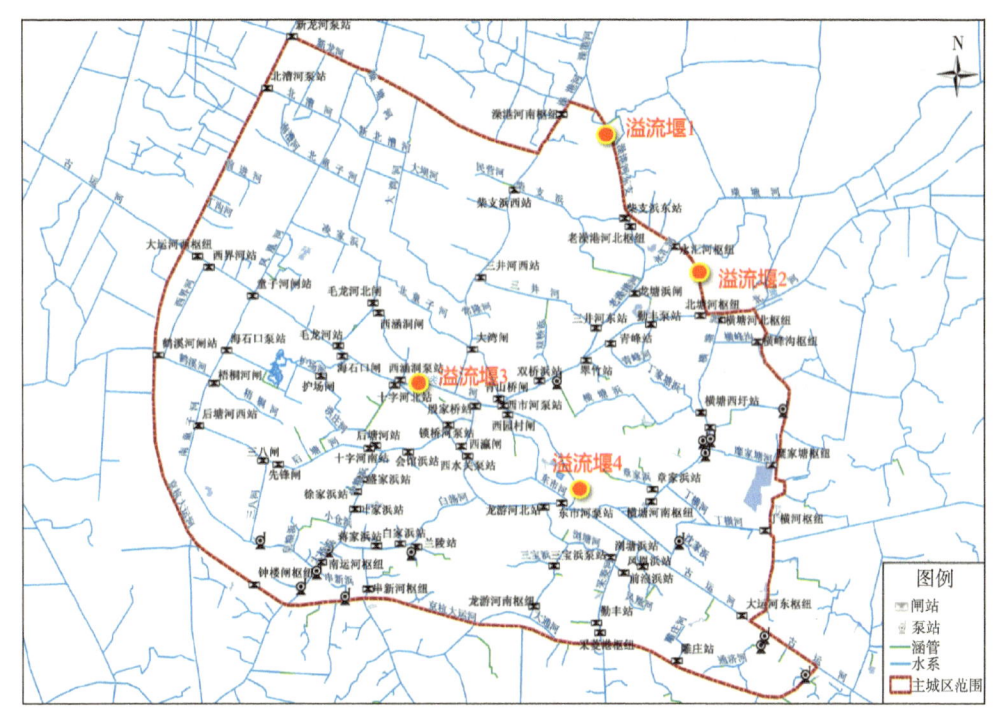

图 6-21 控导工程布置图

设置两个堰的方案1,活水效果有所增加。

方案3:在澡港河水位为4.00 m,设置关河两座溢流堰、澡港河东支两座溢流堰共四座溢流堰的情况下,由澡港河进入主城区的水流流量为30 m³/s,从澡港河东支损失的流量仅4 m³/s,且水流进入城区后大部分进入老城区,西市河、北市河、东市河、南市河的流量分别为7.5 m³/s、10.1 m³/s、5.5 m³/s、4.6 m³/s。另外,进入澡港河东支的水流为澡港河清水,通过恐龙园溢流堰的调节,增加了进入恐龙园附近的清水水量,对该地区的水环境有一定作用。本方案相比方案1和方案2,活水效果明显增加。

(2) 控导工程位置优选

从三组不同位置和数量溢流堰方案模拟结果来看,设置关河两座溢流堰,从澡港河入城的34 m³/s大部分从澡港河东支流走,城区大部分河道的活水效果不佳;设置关河两座溢流堰、澡港河东支一座溢流堰共三座溢流堰,由澡港河进入主城区的水流流量增加,活水效果有所增加,但部分水流从澡港河东支流走,损失了部分流量;设置关河两座溢流堰、澡港河东支两座溢流堰,从澡港河东支损失的流量仅4 m³/s,水流大部分进入老城区,活水效果最好。因此,建议在主城区澡港河东支、关河两条骨干河道的4个关键位置设置4座溢流堰,能够有效激活全城水系。

6.4 小结

为科学有效地利用水资源改善平原城市河网水生态环境,研发了城市多源互补水源保障技术、城市河网水动力有序引排模拟技术、城市河网水动力精准调控技术,综合形成城市"多源互补-引排有序-精准调控"的水环境质量提升技术。

城市多源互补水源保障技术包括水源水质保障和水源自流保障两个方面，水源水质保障率（达到Ⅳ类及以上的月数占比）较高且水量丰沛的河湖可以作为平原城市的补水水源；提出了基于日平均水位综合历时曲线的水位保证率分析方法，通过水位保证率获取补水水源的自流保证率，从而确定区域水源的补水方式。根据城市多源互补水源保障技术，确定长江、滆湖、苏南运河、武宜运河均可作为补水水源，且长江高潮位时和苏南运河向南补水的自流保证率较高，而若利用长江低潮位期、滆湖及武宜运河补水，则需要借助动力措施。

城市河网水动力有序引排模拟技术可以准确模拟城市河网水动力特性，精细模拟不同引排方案下区域内部河道水位、流速和流量的分配，确定区域河网有序引排格局，为优化有序引排方案提供技术支撑。

城市河网水动力精准调控技术能够确定河道水动力调控标准和研究区域的河网需水量，提出了城市河网水量精准配置技术、闸门过流流量精准控制技术和控导工程优化调控技术，利用闸泵站和控导工程可以精准控制河网水位-流量，激活全城水系。

最后对城区水环境提升推荐方案进行现场论证，验证方案的合理性、可操作性，验证城市河网水体流动性提升、河网水质改善的效果，提出优化的水动力调控方案，最终实现精细化、高效化配水的目的。

7 常州市水环境质量提升技术示范应用

7.1 示范区基本情况

将前述研发的城市"多源互补-引排有序-精准调控"水环境质量提升技术应用于常州市区,建立了常州示范区。示范区位于常州市,北至长江、南抵太滆运河、西至德胜河—武宜运河、东至新沟河—直湖港,包括常州市新北区、钟楼区、天宁区、武进区和部分经开区,总面积约为 1 190 km²。常州示范区范围见图 7-1。

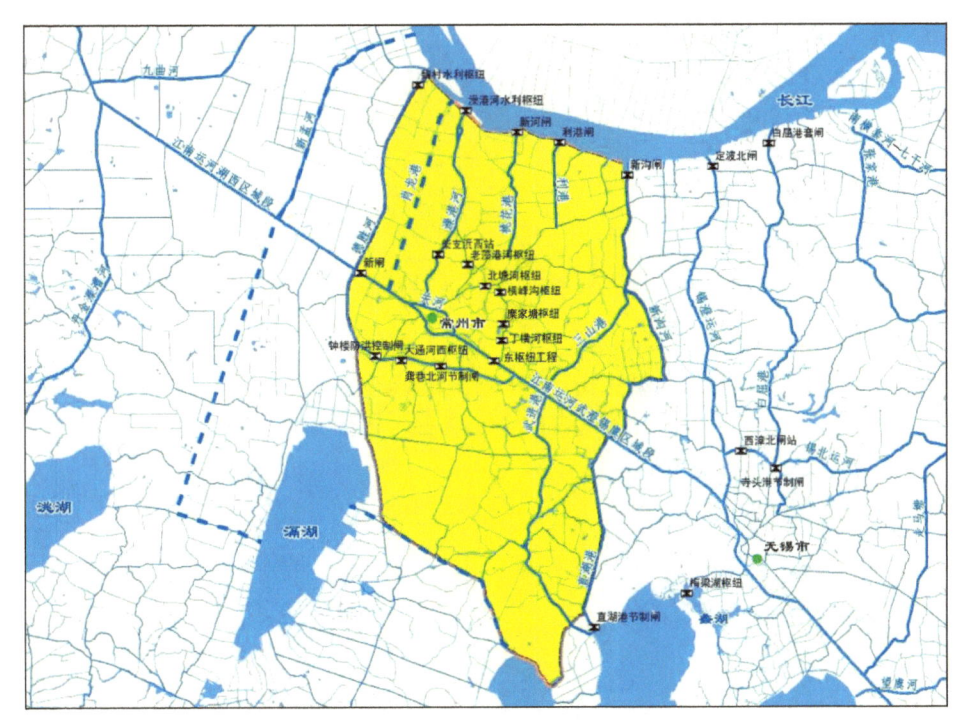

图 7-1 常州示范区范围图

7.1.1 河网水系

常州市主城区属平原水网区,河道水力坡降较小,水流缓慢,有往复流。正常情况下,沿江口门利用长江高潮,开闸补水供苏南运河及境内其他水网;在洪水期,利用长江低潮开闸排水。主城区水系较发达,以老运河、关河环抱老城区为中心,向外辐射有澡港河、北塘河、采菱港、白荡河、南运河、横塘河等城区骨干河道,大小河道有113条,长约285 km,其中断头浜43条,长约50 km。

常州市武进区南临太湖,北侧苏南运河穿境而过,东、西分别有流域性河道新沟河、新孟河(正在实施)。境内有区域性骨干河道扁担河、武宜运河、太滆运河,重要跨县河道夏溪河、湟里河、孟津河、锡溧漕河、雅浦港等,其他重要县域河道武南河、永安河、采菱港、丁塘港、潞横河等,境内还有江苏第六大淡水湖滆湖。

7.1.2 水利工程

常州示范区(含常州市主城区、武进区)范围内水闸、泵站众多,主要有澡港河南枢纽、老澡港河北枢纽、永汇河枢纽、北塘河枢纽、横塘河北枢纽、大运河东枢纽、采菱港枢纽、串新河枢纽、南运河枢纽、大运河西枢纽等。水闸、泵站位置分布详见图7-2。

图7-2 常州示范区水闸、泵站工程分布示意图

7.1.3 水环境问题诊断

常州市是典型的平原感潮河网城市,水系复杂,水流往复运动,调控困难,同时区域经济发达,污染负荷重,水环境治理难度大。通过现场踏勘和基础资料分析,发现常州市主城区和武进区在水系水环境等方面存在问题。

常州市主城区主要存在以下问题:① 骨干河道水质尚可,城区小河道水质较差。② 河网被分割得较为分散,存在多处断头浜,水系畅通性差。③ 河道两岸截污不彻底,污水直接排入河道,河道水体受到污染。据统计,城区河道水质以Ⅴ类和劣Ⅴ为主。市河、关河Ⅳ类、Ⅴ类和劣Ⅴ类水的点次分别占36.7%、16.7%、46.7%,主要超标项目为NH_3-N、COD_{Mn}、DO、TP等。④ 部分区域缺乏调控工程设施。如横峰沟枢纽和糜家塘枢纽因为河道水位太低基本不具备开启条件;北塘河枢纽因为通航问题,调控难度较大;部分水利工程因为分属不同监管部门,存在调度难度大的问题。

常州市武进区主要存在以下问题:① 河网水系沟通情况差,在地块开发过程中存在与河争地现象。经现场调研,目前湖塘、雪堰、礼嘉等镇区断头浜或由管涵沟通等现象尤为突出。② 活水工程体系不完善。武进区地处常州南部,目前已建水闸、泵站等水利工程在形成控制以后,在防御外河洪水的同时影响了内外水体之间的交换,没有形成合理的水体循环体系,水闸开启情况下内部水体受外河水位或外排出路受阻影响积存在河道中,排水不畅。③ 水环境状况不容乐观。据统计,2018年1—2月武进区"水十条"考核断面中仅有厚余、雅浦桥、分庄桥、万塔、太滆运河区5个省考断面达标,其他10个断面均不达标,水环境保护压力仍然很大。

7.1.4 水质对水动力的敏感性分析

基于2016年12月(冬季)、2017年5月(春季)、2018年7月(夏季)和2018年11月(秋季)分别开展的相关水动力水质同步原型观测试验数据,对常州示范区内不同季节的水动力水质敏感性特征进行分析。

在冬季,提升河道流量,仅有少数河道的TP和NH_3-N浓度降低,但大部分河道COD_{Mn}浓度减小,DO浓度提升,冬季提升流量对TP和NH_3-N的改善效果弱于COD_{Mn}和DO,但增大流量有降低透明度的风险。对于骨干河道,流量提升1~6倍,COD_{Mn}浓度减小8%~50%,DO浓度增加22%~27%,透明度增加3%~30%,水中悬浮物(SS)减小1%~10%;对于中小河道,流量提升6~19倍,COD_{Mn}浓度减小约30%,DO浓度增加6%~22%,透明度增大20%~30%,SS减小1%~6%。

在春季,城区骨干河道和中小河道流量提升,DO、TP、总氮(TN)、NH_3-N、COD_{Mn}均有所改善,但透明度和SS变化规律不统一,春季DO、TP、TN、NH_3-N、COD_{Mn}随着流量的提升具有较好的响应。对于骨干河道,流量提升2~5倍,TP、TN、NH_3-N和COD_{Mn}浓度分别减小20%~70%、19%~52%、37%~96%和40%~45%,DO浓度增加10%~50%;对于中小河道,流量提升5~45倍,TP、TN、NH_3-N和COD_{Mn}浓度分别减小57%~65%、56%~73%、66%~83%和41%~50%,DO浓度增加61%~95%。

在夏季,城区骨干河道和中小河道流量提升,TP和COD_{Mn}均有所改善,但DO、

NH₃-N、透明度和 SS 变化规律不统一,夏季仅有 TP 和 COD$_{Mn}$ 随流量的提升具有较好的响应关系,其中 DO 浓度变化与夏季气温有一定关系,温度高时,水中微生物耗氧量增大,导致部分测点 DO 浓度下降。对于骨干河道,流量提升 5 倍,TP 和 COD$_{Mn}$ 浓度分别减小 48%、18%;对于中小河道,流量提升 1~55 倍,TP 和 COD$_{Mn}$ 浓度分别减小 19%~60% 和 0~36%。

在秋季,DO、透明度、TP 三项水质指标随流量提升响应明显,对于骨干河道,流量提升 3~95 倍,DO 和透明度分别增大 0~35% 和 3%~45%,TP 浓度降低 14%~54%;对于中小河道,流量提升 1~61 倍,DO 和透明度分别增大 4%~65% 和 20%~90%,TP 浓度降低 9%~78%;NH₃-N 和 COD$_{Mn}$ 变化趋势不统一,流量增大对中小河道的 NH₃-N 浓度改善具有较好的效果(降低 17%~94%),但对骨干河道的 NH₃-N 浓度改善效果不佳,与之相反,骨干河道的 COD$_{Mn}$ 浓度均随流量增大而降低(降低 0~38%),但中小河道的响应并不显著。

综合以上四季水动力作用下主要水质指标的变化情况发现,水动力提升对于常州示范区河道的水质改善具有较好的效果,但在不同季节环境下,不同水质指标改善的敏感性不同,春季的水动力调控试验下 DO、TP、TN、NH₃-N、COD$_{Mn}$ 改善效果明显,夏季 TP、COD$_{Mn}$ 敏感性较强,秋季 DO、TP 对水动力响应明显,冬季 DO、COD$_{Mn}$ 改善效果最为明显。详见图 7-3。

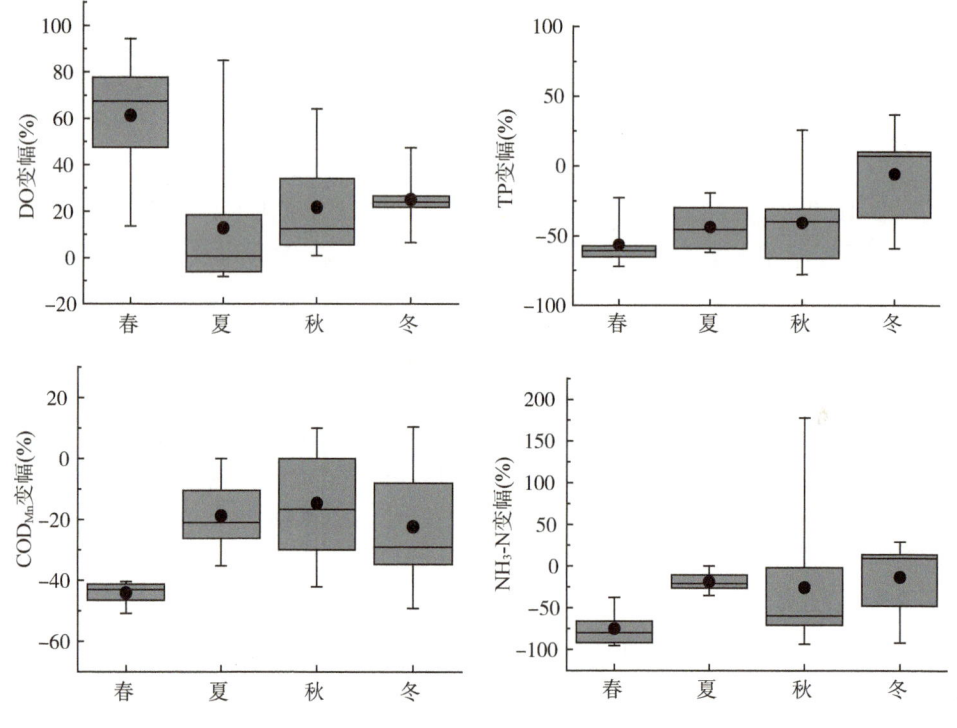

图 7-3 不同季节主要水质指标的改善程度及敏感性

7.2 示范区水环境质量提升方案研究

7.2.1 总体思路

针对常州示范区,在遵循流域、区域及城区引排格局的基础上,依托区域内现状骨干水系和水利工程,制定城区活水和补水方案。采取统筹全区、分片治理的总体思路,将示范区以苏南运河为界分成运北片和运南片两个片区,在控源截污的基础上,考虑充分利用区域周边长江、滆湖、苏南运河等优质水源多源互补,从区域内骨干河道补水入城,利用运北片和运南片内部工程优化调控,增大区域水动力,增强河道自净能力,实现示范区活水畅流,改善河网水环境质量。

7.2.2 运北片水环境质量提升方案

7.2.2.1 水系格局及工程的适配性分析

运北片主要通过河道泵站进行抽排,为了研究充分利用现有泵站抽排对区域水环境改善的效果,开展了现场原型观测试验,试验期间执行两种调度工况:① 自流工况,即泵站关闭,闸门开启;② 泵引泵排工况,即开启泵站,包括澡港河南枢纽、柴支浜西站、三井河西站、横峰沟枢纽、糜家塘枢纽、丁横河枢纽、三井河东站、双桥浜站、殷家桥泵站、横塘西圩站、后塘河西站、十字河南站、后塘河泵站。

从原型观测期间流量测点的监测成果来看,在自然状态下,城区河网流动性较弱,大多数河道流量为0,且即使在当时的工程条件下,充分利用闸门泵站调控,大部分河道的流动性依然不会增强,仅有横峰沟、南市河、北市河、三井河、东市河、龙游河、海蜇河等流量有所提升,且增幅不大。详见表7-1。

表7-1 常州示范区运北片原型观测期间流量监测成果表

监测断面	流量(m^3/s) 自流工况	流量(m^3/s) 泵引泵排工况	流量增幅(m^3/s)
横塘河高士桥	0	0	0
横峰沟枢纽	0	2.27	2.27
北塘河勤丰桥	0	0	0
横塘河青龙桥	0	0	0
北塘河红菱桥	11.30	13.90	2.60
蒋家浜双沟桥	0	0	0
南市河弋桥	0.27	2.29	2.02
北市河罗汉桥	0.09	1.69	1.60

（续表）

监测断面	流量（m³/s） 自流工况	流量（m³/s） 泵引泵排工况	流量增幅（m³/s）
三井河惠山路桥	0	0.10	0.10
横塘河横方桥	0	0	0
糜家塘华阳南路桥	0	0	0
青龙港新港桥	0	0	0
丁横河丁横桥	0	0	0
白荡河兰陵桥	0	0	0
浏塘河浏塘浜桥	0	0	0
龙游河张墅桥	2.08	4.94	2.86
苏南运河特大桥	106	108	2.00
凤凰河凤凰桥	0.18	0.65	0.47
海蜇口浜龙江路	0	0	0
南运河南运河桥	4.98	5.37	0.39
澡港河飞龙桥	1.13	5.54	4.41
澡港河常林桥	6.36	12.30	5.94
澡港河樊家桥	0	0	0
澡港河许家塘桥	0	0	0
柴支浜庐山桥	0.68	0.73	0.05
海蜇河枫景桥	0.23	18.86	18.63

从原型观测期间水质测点的监测成果来看，苏南运河测点（位于大运河西枢纽附近）水质较好，启用闸泵调控之后水质有所改善；澡港河与关河交汇处测点自然状态水质较差，多项指标为劣Ⅴ类水平，启用闸泵控制后，水质改善明显，TP 和 DO 由Ⅴ类、劣Ⅴ类提高到Ⅱ类、Ⅲ类；西市河测点在启用闸泵控制后，水质有所改善，但 NH_3-N 一直处于劣Ⅴ类水平；北塘河北塘桥测点启用闸泵调控之后，TP 和 NH_3-N 水平未有提升；北市河测点水质最差，TP 和 NH_3-N 都为劣Ⅴ类；关河测点 NH_3-N 为劣Ⅴ类；南市河和北市河测点 TP 和 NH_3-N 为劣Ⅴ类。详见表 7-2。

综合来看，运北片现状水系及工程布局的适配性不高，对城区河网水动力和水环境质量提升效果不好，需要针对区域特点，提出更合理高效的水环境提升方案。

表 7-2 常州示范区运北片原型观测期间水质监测成果表

河名	TP(mg/L) 自流工况	TP(mg/L) 泵引泵排工况	NH$_3$-N(mg/L) 自流工况	NH$_3$-N(mg/L) 泵引泵排工况	COD$_{Mn}$(mg/L) 自流工况	COD$_{Mn}$(mg/L) 泵引泵排工况
澡港河	0.42	0.12	2.84	1.93	5.10	3.95
西市河	0.22	0.16	3.25	4.59	4.65	3.45
北塘河	0.19	0.21	3.84	4.37	4.50	3.95
北市河	0.93	0.97	3.36	3.90	5.65	6.30
关河	0.23	0.25	3.19	3.53	4.70	4.35
南市河	0.39	0.62	3.32	1.73	5.40	4.10
东市河	0.46	0.74	3.64	1.55	5.55	4.85
苏南运河	0.20	0.13	0.94	0.80	4.55	3.05

河名	DO(mg/L) 自流工况	DO(mg/L) 泵引泵排工况	透明度(cm) 自流工况	透明度(cm) 泵引泵排工况	SS 自流工况	SS 泵引泵排工况
澡港河	3.99	7.58	0.14	0.14	63.00	57.50
西市河	5.08	6.49	0.13	0.19	58.50	59.00
北塘河	4.95	6.65	0.12	0.15	59.50	58.50
北市河	2.40	2.57	0.21	0.26	53.50	50.50
关河	4.16	5.36	0.12	0.18	61.00	58.50
南市河	4.41	3.69	0.26	0.26	43.50	43.00
东市河	3.31	2.82	0.28	0.28	46.50	45.00
苏南运河	6.78	9.25	0.29	0.26	47.50	44.50

7.2.2.2 基于水动力调控的水环境提升方案研究

1. 水源分析

采用城市多源互补水源保障技术,确定长江、滆湖、苏南运河等可作为优质水源,其中,长江水量充沛,水质较好,常年为Ⅱ～Ⅲ类水[75],水质保障率为100%,根据运北片北临长江的优越地理位置,可选择长江作为运北片的补水水源,且长江在高潮位期间具有较高的自流保证率,在低潮位期,可通过沿江的两条主要骨干河道泵引入城。

2. 河网需水量计算

采用城市河网水量精准配置技术,计算运北片河网需水量。通过数学模型统计了不同运北主城区的河道槽蓄量。发现当常水位为 3.41 m 时,河网总槽蓄量约为 773 万 m³,水位每增加 10 cm,槽蓄量增加约 38 万 m³。详见表7-3。

运北片引排水条件较好,参考周边平原城市的补水频次,制定运北片的补水频次为 2 天/次,得到运北主城区的需水量约为 50 m³/s。

表 7-3　常州示范区运北片河道槽蓄量统计表

水位（m）	河道槽蓄量（万 m³）	
	所有河道	老城区
3.41	772.83	21.00
3.51	810.30	22.02
3.61	848.02	23.04
3.71	886.24	24.06

3. 有序引排路径分析

在确定城区河网需水量后，需要考虑水源的补水方式和有序引排路径。长江在高潮位期具有较高的自流保证率，为精确计算沿江闸门开闸状态的入流流量，利用澡港枢纽的潮位数据计算了闸门不同开度的流量过程，如图 7-4 所示，由此可以看出，在长江高潮位期最高入流达到 100 m³/s，满足城区流量需求，可以通过自引方式入城。

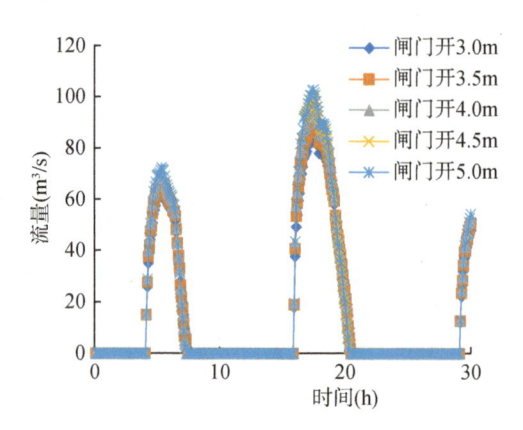

图 7-4　澡港枢纽闸门开启不同高度的流量过程

在长江低潮位期，需要启用泵站泵引的方式补水，运北片内主要通江骨干河道包括德胜河、澡港河、老桃花港等，其中，德胜河、澡港河江边段受日常潮汐作用引排影响，基本为长江水（Ⅱ～Ⅲ类），澡港河的澡港枢纽和德胜河的魏村枢纽均具有动力条件，因此，将德胜河和澡港河作为城区补水通道。考虑沿江泵站的流量沿程损失，为满足城区水量需求，需要启用澡港枢纽泵站 40 m³/s 和魏村枢纽泵站 30 m³/s 进行双通道补水。其中，长江水源经澡港枢纽和魏村枢纽引入后，进入澡港河和德胜河，随后分配进入其他中小河道。其中，德胜河清水入城后，经新闸泵站引入，主要供给主城区西北部薛家片区和老运河南部区域，西北部水流经肖龙港北排，南部区域水流经苏南运河东排；澡港河清水进入城区后，部分供给东部中小河道，再通过北塘河排出，经老桃花港北排，部分进入老运河后，供给南部河流，经苏南运河东排，形成两进两出的水流路径，既满足活水的需要，也兼顾区域内的防洪排涝。详见图 7-5。

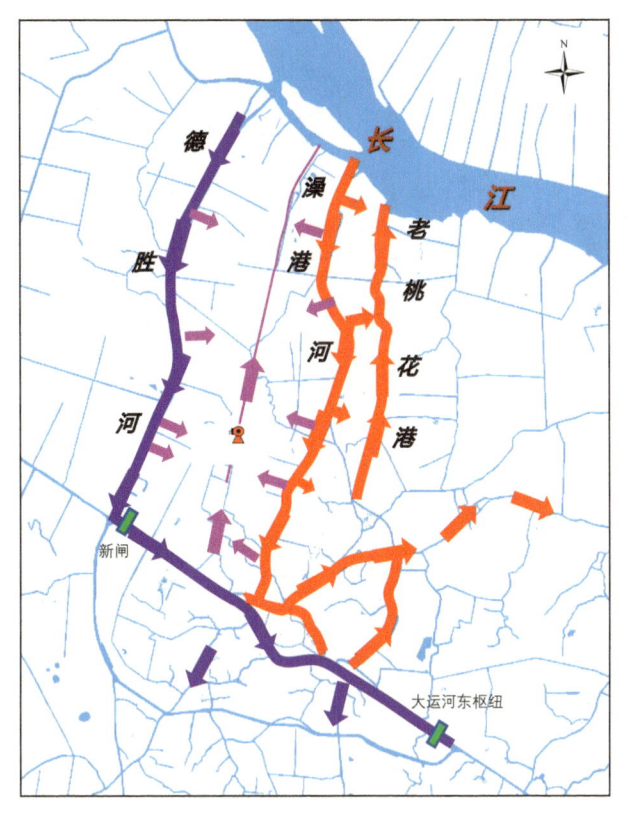

图 7-5　常州示范区运北片水流路径示意图

4. 控导工程布局

常州市属于平原河网地区,地势平坦,水动力弱,且补水直接从骨干河道流走,难以流入中小河道,无法提高城区小河道流动性,难以满足城区活水需求[76],因此,采用控导工程优化调控技术,对城区水动力条件进行调控。由前文控导工程位置寻优可知,运北片区需新建四座控导工程,分别为澡港河东支溢流堰两座(盘龙苑溢流堰和恐龙园溢流堰)、关河溢流堰两座(新市桥溢流堰和洋桥溢流堰),以增强内部调控能力。

通过启用关河、澡港河东支四座控导工程,关闭常州市新闸、大运河东枢纽闸门,形成三级梯级水位差,第一级水位是澡港河、关河,水位为 4.00 m,第二级水位是老运河,水位为 3.80 m,第三级水位是苏南运河,水位为 3.41~3.60 m,通过创造高低水片条件,实现自流活水。详见图 7-6。

5. 工程调度情景设计

针对运北片水系和水位现状及总体水系规划情况,提出了"充分利用长江过境水源,打造两条清水通道,形成三级阶梯水位"的水环境改善思路。为研究制定城区内部工程调度情景,设置了 5 组模拟方案,主要考虑两个目的,一是确定澡港河在运北城区入口的水位控制条件,二是确定内部重要工程与活动溢流堰的组合调度方案。

(1) 水位控制条件确定模拟情景

为确定澡港河入口的控制水位,拟定了 5 组方案开展效果模拟,详见表 7-4。

图 7-6　常州示范区运北片控导工程布局及三级水位调控示意图

表 7-4　澡港河水位控制条件研究的模拟方案说明表

编号	澡港河上游水（m）	溢流堰位置
方案 1-1	3.80	关河新市桥、关河洋桥、澡港河东支盘龙苑、澡港河东支恐龙园
方案 1-2	3.85	
方案 1-3	3.90	
方案 1-4	3.95	
方案 1-5	4.00	

（2）工程组合方式确定模拟情景

围绕关键工程常州市新闸工程调度与四座活动堰工程的组合，设置了5组模拟情景，各情景调度说明见表7-5，除表中所列工程外，为调控骨干河道流量进入中小河道，对采菱港枢纽、串新河枢纽、南运河枢纽、永汇河枢纽、鹤溪河闸站控制开度，区域内断头浜按现状调度运行，其他各工程闸门开启、泵站关闭。详见图7-7。

表 7-5　常州示范区运北片工程组合方式研究的模拟方案说明表

工程名称	方案 2-1	方案 2-2	方案 2-3	方案 2-4	方案 2-5
魏村枢纽	开泵（30 m³/s，向南）	开泵（30 m³/s，向南）	开泵（30 m³/s，向南）	开泵（30 m³/s，向南）	开泵（30 m³/s，向南）
澡港枢纽	开泵（40 m³/s，向南）	开泵（40 m³/s，向南）	开泵（40 m³/s）	开泵（40 m³/s，向南）	开泵（40 m³/s，向南）
大运河西枢纽	关闸	开泵（10 m³/s，向东）	开泵（10 m³/s，向东）	开闸	开闸

（续表）

工程名称	方案2-1	方案2-2	方案2-3	方案2-4	方案2-5
大运河东枢纽	关闸	关闸	关闸	关闸	关闸
盘龙苑活动堰	启用	启用	启用	启用	启用
恐龙园活动堰	启用	启用	启用	启用	启用
新市桥活动堰	启用	启用	不启用	启用	不启用
洋桥活动堰	启用	启用	不启用	启用	不启用

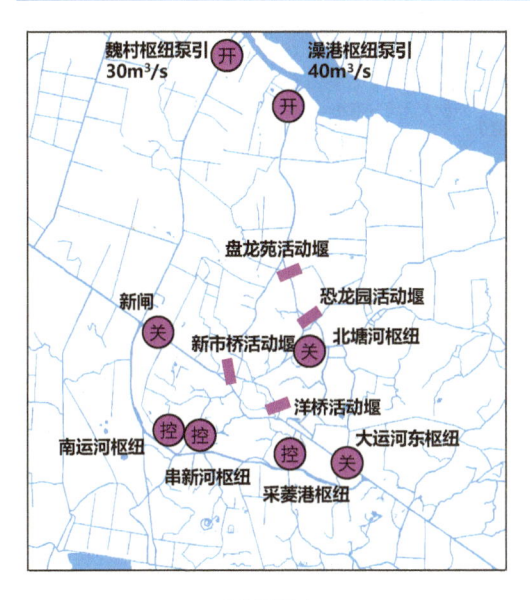

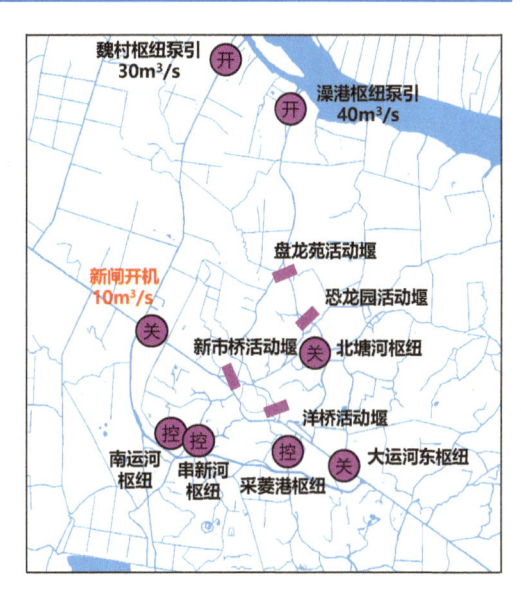

(a) 工况1

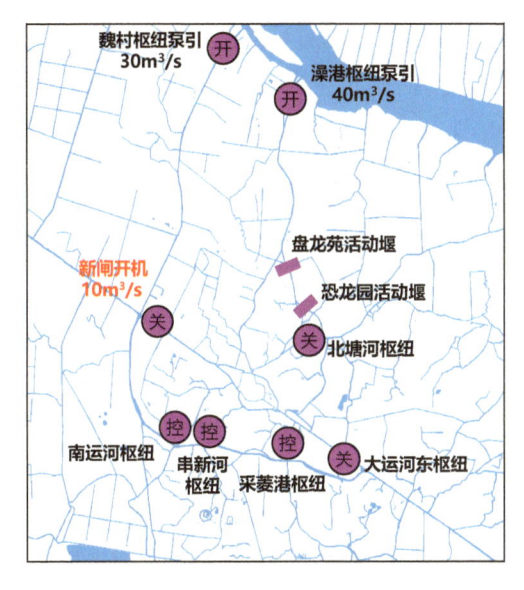

(b) 工况2

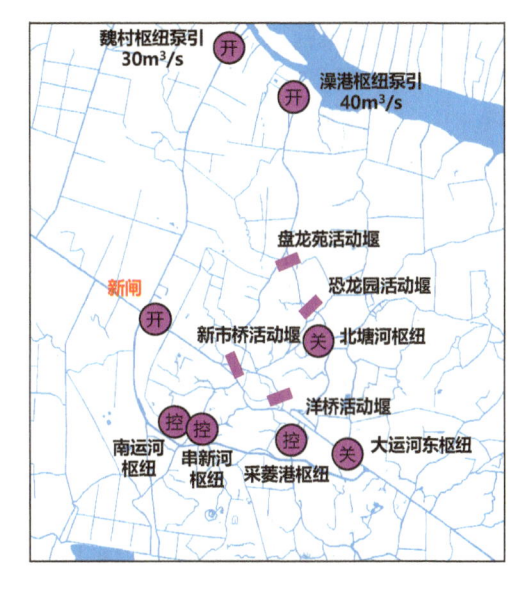

(c) 工况3

(d) 工况4

(e) 工况 5

图 7-7 常州示范区运北片五组调度模拟方案

6. 调度方案模拟分析

(1) 水位控制条件模拟方案结果分析

在控制澡港河水位 3.80 m 条件下(方案 1-1),澡港河引水入城流量为 24 m³/s,柴支浜分流 1.3 m³/s,三井河 5.3 m³/s,水流进入老城区后,西市河流量为 5.8 m³/s,北市河 8.1 m³/s,南市河 3.5 m³/s,东市河 8.1 m³/s。在控制澡港河水位 3.85 m 情况下(方案 1-2),引水入城区流量为 27 m³/s,相对方案 1-1 入城流量增大,水流进入老城区后,西市河流量为 6.4 m³/s,北市河 8.9 m³/s,南市河 3.9 m³/s,东市河 5.0 m³/s。在控制澡港河水位 3.90 m 的情况下(方案 1-3),引水入城区流量为 28.5 m³/s,进入老城区后,西市河流量 6.9 m³/s,北市河 9.5 m³/s,南市河 4.2 m³/s,东市河 5.3 m³/s。在控制澡港河水位 3.95 m 情况下(方案 1-4),引水入城区流量为 29.5 m³/s,进入老城区后,西市河流量为 7.0 m³/s,北市河 9.5 m³/s,南市河 4.3 m³/s,东市河 5.2 m³/s。在控制澡港河水位 4.00 m 情况下(方案 1-5),引水入城区流量为 34 m³/s,西市河流量 7.5 m³/s,北市河 10.1 m³/s,南市河 4.6 m³/s,东市河 5.5 m³/s。

根据城市河网水动力-水质阈值确定技术对流速阈值进行分析,得到常州示范区的流速阈值为 0.04~0.15 m/s,详见表 7-6。进一步分析上述 5 组方案下的城区内各流速下河道长度占比情况,发现澡港河上游水位越高,流速阈值为 0.04~0.15 m/s 的河道占比越大,活水效果越好,从此角度分析,澡港河上游水位越高越好,但是当上游水位超过 4.00 m 时,会对区域防洪安全产生一定影响,因此建议澡港河水位控制在 4.00 m 左右,此时入城流量可在 30 m³/s 以上。

另外,从模拟结果来看,城区内仍有部分河道流速较小,经分析主要存在两种情况,一种是如丁家塘河、横塘浜等由管道连接的河道,因为涵管过流能力较小,影响了河道流速;另一种是白家浜、童家浜、串新浜等断头浜,由于水系不连通,现状条件下断头浜的流速不能得到提升。

表 7-6 常州示范区运北片不同方案下主城区河道不同流速下河道长度占比情况

编号	不同流速 v 范围的河道长度占比（%）			
	$v<4$ cm/s	4 cm/s$\leqslant v<$10 cm/s	10 cm/s$\leqslant v<$15 cm/s	$v\geqslant$15 cm/s
方案 1-1	40.28	37.98	11.54	10.20
方案 1-2	37.64	39.26	9.41	13.69
方案 1-3	35.63	40.99	9.13	14.25
方案 1-4	34.50	22.06	28.25	15.19
方案 1-5	32.62	23.28	27.50	16.60

（2）工程组合方式模拟方案结果分析

五组方案下主城区范围内河道模拟流量分配情况见图 7-8。

方案 2-1 条件下，澡港河引水入城后，澡港河东支、柴支浜、三井河等河道分流，再经关河两座溢流堰调控，一部分进入老城区，一部分进入关河后向南流入主城区南部河道，西界河流量为 3.7 m³/s，南童子河上游流量为 4.8 m³/s，南运河和白荡河流量分别为 5.4 m³/s、4.7 m³/s，采菱港流量为 5.5 m³/s，由于北市河处于整治状态，西园村闸未开，老城区内流量均进入西市河，流量为 10.3 m³/s，龙游河因施工影响流量为 0。方案 2-2 中考虑大运河西枢纽泵引 10 m³/s，较方案 2-1，西界河、凤凰河、南童子河、南运河、白荡河、采菱港等主城区南部河道流量都有明显提升。方案 2-3 条件下，大运河西枢纽泵引 10 m³/s，但不启用新市桥和洋桥活动堰，较方案 2-1，西市河流量由 10.3 m³/s 大幅下降到 1.8 m³/s，若未来北市河整治完工，西园村闸开闸后，北市河、东市河及南市河流量也会大幅

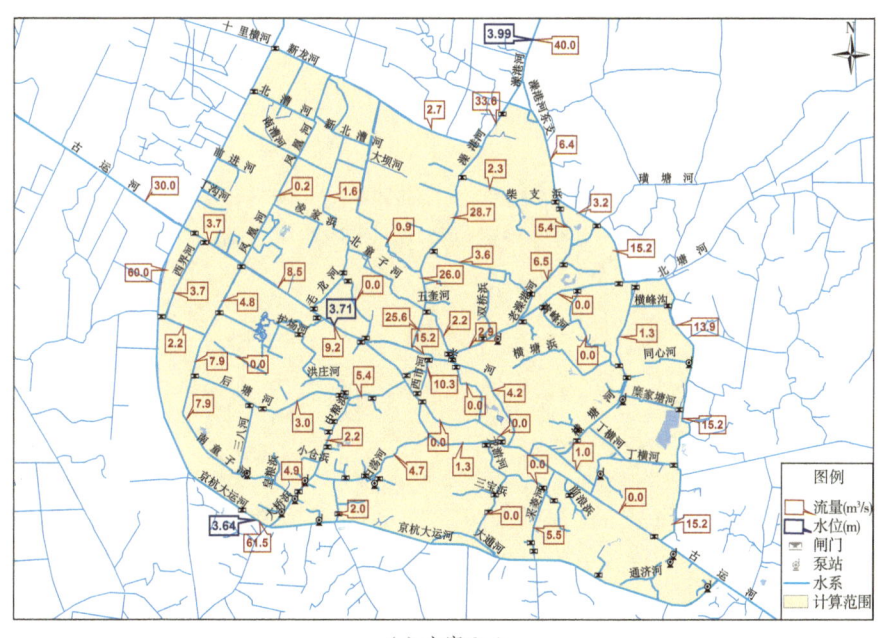

(a) 方案 2-1

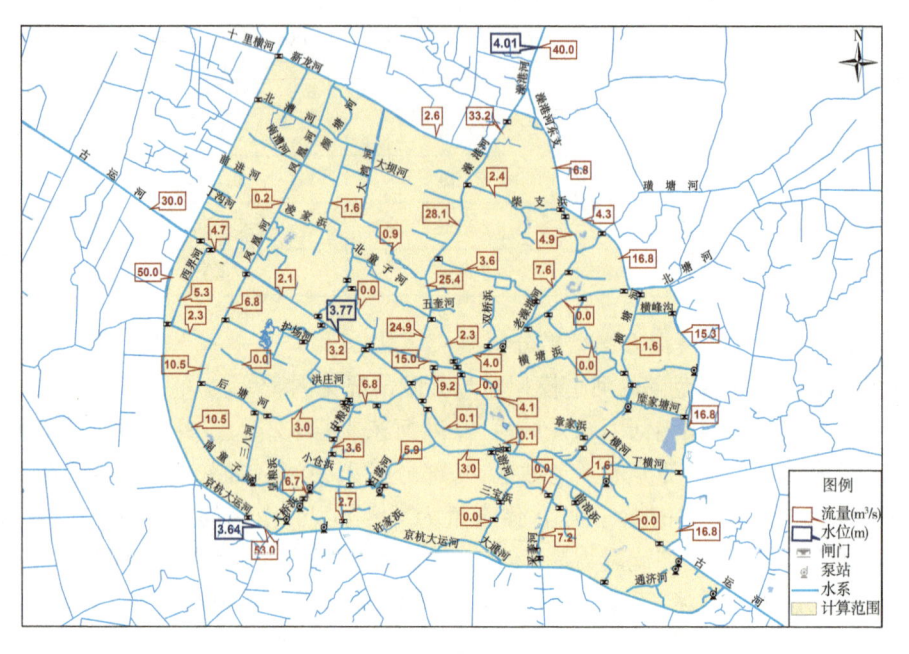

(b) 方案 2-2

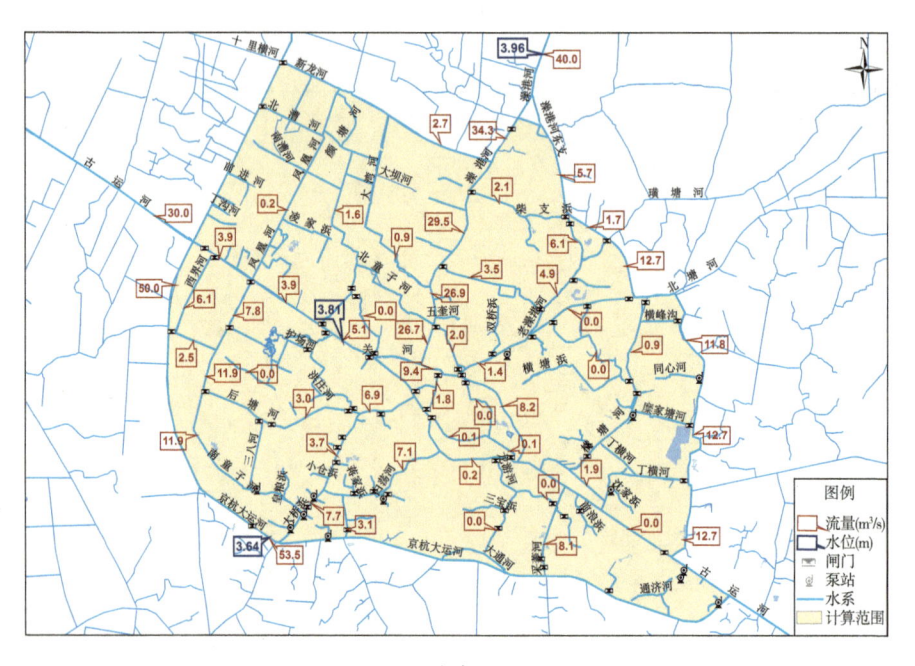

(c) 方案 2-3

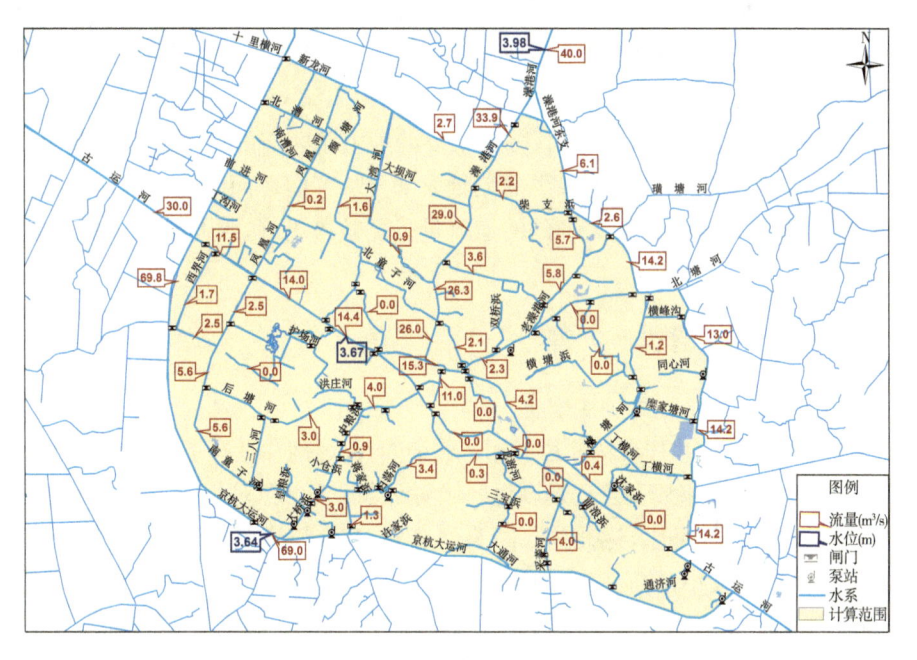

(d) 方案 2-4

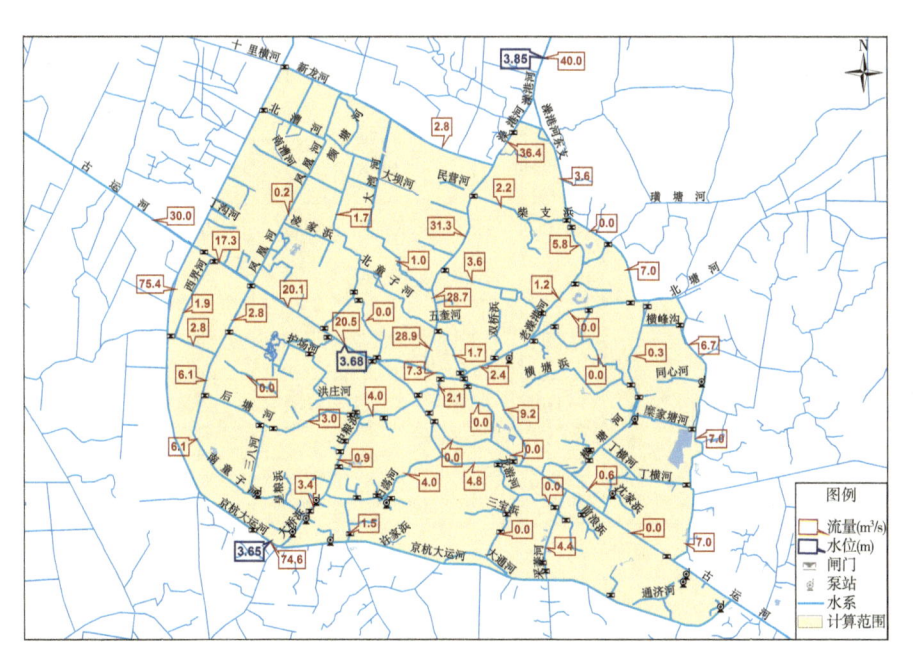

(e) 方案 2-5

图 7-8　常州示范区运北片不同方案模拟计算结果

下降。方案 2-4 条件下，大运河西枢纽开闸，较方案 2-1，西界河、凤凰河、南童子河、南运河、白荡河、采菱港等河道流量都有明显下降，苏南运河流量明显上升，主城区南部河道减少的流量大部分从苏南运河流向主城区外围。方案 2-5 条件下，大运河西枢纽开闸，同时不启用新市桥和洋桥活动堰，较方案 2-1，西市河流量由 10.3 m³/s 大幅下降到 2.1 m³/s，且西界河、凤凰河、南童子河、南运河、白荡河、采菱港等主城区南部河道流量都有明显下降，与方案 2-4 类似，主城区南部河道减少的流量大部分从苏南运河流向主城区外围。

综上所述，方案 2-1 和方案 2-2 的河道流量分配效果更好，因此推荐其作为运北片的活水调度方案。

7.2.3 运南片水环境质量提升方案

7.2.3.1 水系格局及工程的适配性分析

2020 年 11—12 月运北片现场原型观测试验期间，在运南片选择了部分点位进行同步测量，分析运南片现状水系格局及工程调度对区域河网水动力和水环境改善的适配性。

试验期间，通过长江补水，运北片除断头河道外，其余河道流动性提升明显，但对运南片河道的流动性改善较小，约有一半的河道流动性反而有所下降，包括大通河、武南河、采菱河等，且长江水源经德胜河进入武宜运河后，约 80% 进入滆湖，造成流量损失，而经澡港河的水源大部分从苏南运河向东流走，由此说明在现状水系及工程调度下，即使从长江补水入城，运南片的改善效果仍不佳。详见表 7-7。

表 7-7 常州示范区运南片流量和流速分析

序号	断面位置	所在河道	本底值 河道流量 (m³/s)	本底值 流速 (m/s)	11月29日—12月7日 河道流量 (m³/s)	11月29日—12月7日 流速 (m/s)	11月29日—12月7日 流速提升 (%)	12月7—10日 河道流量 (m³/s)	12月7—10日 流速 (m/s)	12月7—10日 流速提升 (%)
1	长虹路	武宜运河	14.5	0.10	29.0	0.21	110	20.0	0.14	40
2	牛塘桥	南运河	7.8	0.08	13.8	0.14	75	23.8	0.24	200
3	采菱港大桥	采菱港	8.8	0.09	13.4	0.14	55.56	13.0	0.13	44.44
4	果香路	武宜运河	21.5	0.16	41.8	0.30	87.5	42.8	0.31	93.75
5	东风桥	湖塘河	3.4	0.12	3.6	0.13	8.33	4.3	0.16	33.33
6	西大通河桥	大通河	5.5	0.07	3.3	0.05	−28.57	4.3	0.07	0
7	湖塘大通河桥北（金鸡西路）	大通河	2.2	0.06	0.9	0.03	−50	1.6	0.05	−16.67
8	永安河口	武南河	0.2	0.004	0.7	0.01	150	0.2	0.004	0
9	河上塘桥	采菱河	4.7	0.12	5.2	0.14	16.67	0.7	0.02	−83.33
10	朱阳降桥	武南河	5.3	0.06	4.1	0.04	−33.33	1.2	0.01	−83.33
11	塘洋桥	武宜运河	19.2	0.19	19.8	0.19	0	16.1	0.16	−15.79

2020年11月26日—12月10日试验期间,选择运南片东风桥(湖塘河)、永安河口(武南河)、牛塘桥(南运河)进行连续采样,检测分析pH值、透明度、DO、TP、COD_{Mn}和NH_3-N共6项水质指标的变化情况,其中,11月26日为本底测量时间,11月28日开始从长江向运北片补水,清水经运北主城区后进入运南片。分析发现,试验前湖塘河、南运河和武南河的DO为Ⅰ类,TP为Ⅲ类左右,COD_{Mn}为Ⅱ类左右,NH_3-N为Ⅲ～Ⅴ类,除NH_3-N外,其他水质指标均处于较好的水平;随着试验的进行,各监测点各水质指标均有变差的趋势,特别是TP和NH_3-N指标,在引水的第2～4天恶化至劣Ⅴ类;在试验后期,各水质指标恢复至试验前水平。

综合上述分析,从长江补水进入运南片,现状的工程调度虽有一定的水质改善效果,但相对运北片改善效果较小,且长江距离运南片较远,从长江补水入城一方面需要与运北片协调,另一方面在方案运行开始阶段存在上游河道污染物迁移而导致区域水质恶化的风险。

7.2.3.2 基于水动力调控的水环境提升方案研究

1. 水源分析

采用多源互补的水源保障技术,结合运南片区北临苏南运河,西靠滆湖、武宜运河的地理位置,可选择滆湖、苏南运河、武宜运河作为补水水源。滆湖、苏南运河、武宜运河水量丰沛,且滆湖水质保障率为100%,苏南运河和武宜运河的水质保障率均接近95%,另外,苏南运河向南补水的自流保证率较高,但清水进入中小河道仍需借助动力,而滆湖和武宜运河均需要动力补水。另外,滆湖为武进区备用水源地,补水具有自主权,且随着后期滆湖持续治理和新孟河延伸工程实施,滆湖水质将进一步改善,但运南片范围较大,目前滆湖缺乏动力措施,补水难以兼顾运南片全区。因此结合工程实际,针对运南片制定近期的补水水源为苏南运河、武宜运河,远期将滆湖作为补水水源,并建设动力工程,通过武南河补水入城。详见图7-9。

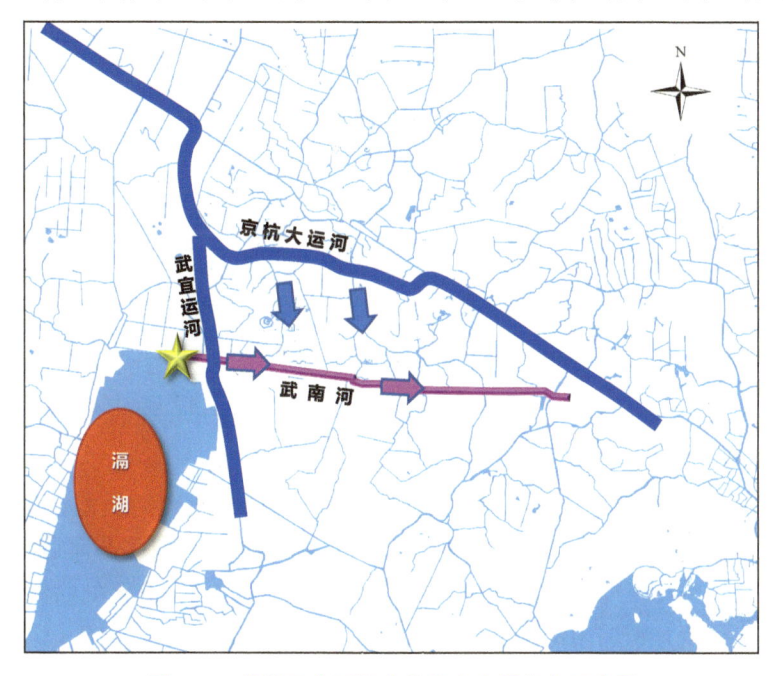

图7-9 常州示范区运南片补水水源分布示意图

2. 河网需水量计算

采用城市河网水量精准配置技术,计算运南片河网需水量。运南片内部的水利分区包括湖塘片、采菱东南片、黄桥港区、黄天片、武南片、礼嘉洛阳片、马安河南片和雪堰片,如图 7-10 所示。通过数学模型统计了各片区水位在 3.50 m 时的河道槽蓄量,按照补水频次为 4 天/次,计算了各分区的需水量,详见表 7-8。

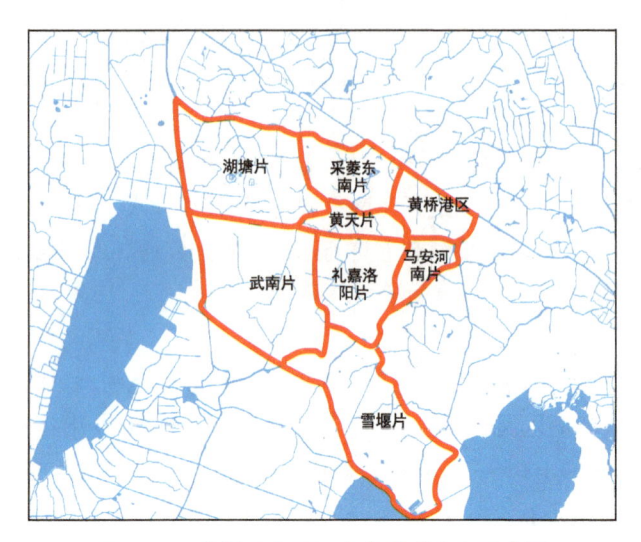

图 7-10 常州示范区运南片水利分区示意图

表 7-8 常州示范区运南片各水利分区需水量统计

分区名称	槽蓄量(万 m³)	补水频次(天/次)	需水量(m³/s)
采菱东南片	109.72	4	3.17
湖塘片	408.45	4	11.82
黄天片	102.72	4	2.97
黄桥港区	127.74	4	3.70
马安河南片	140.49	4	4.07
礼嘉洛阳片	343.21	4	9.93
武南片	477.58	4	13.82
雪堰片	361.48	4	10.46

3. 控导工程布局

前期现场试验结果显示,武宜运河约 80% 的来水在与武南河交汇位置倒流进入滆湖,对运南片的流动性改善和水质提升效果较小,为此,近期在利用苏南运河和武宜运河水源补入城区时,为尽可能地利用水源,需在武南河(与武宜运河交汇处西侧)建设控导工程,以增大进入运南片河网内部的清水水量。

4. 工程调度情景设计

根据运南片水系及工程分布,研究制定可实施的调度方案。选择苏南运河、武宜运河作为补水水源,充分利用现有工程,结合区域内日常调度方案,设置了三组启用控导工程的调度工况模拟方案(图7-11)。方案1:启用控导工程,运南片区内部闸门开启、泵站关闭;方案2:启用控导工程,运南片区内部执行日常调度运行方案;方案3:启用控导工程,运南片区内部执行日常调度运行方案,启用马杭枢纽(10 m³/s)、遥观南枢纽(30 m³/s)北排。

(a) 方案1

(b) 方案2

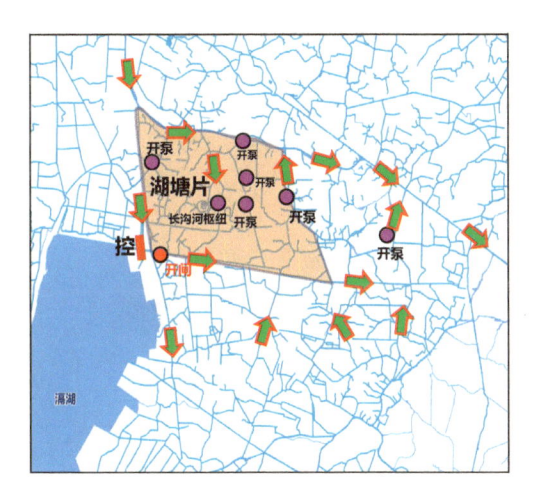

(c) 方案3

图7-11 常州示范区运南片三组方案工程调度及水流路径示意图

5. 调度方案模拟分析

如图7-12所示,方案1和方案2相比,各分区的入流流量相近,在武南河入滆湖湖口位置设置控导工程后,尽管内部未开启泵站,与湖塘片启用泵站的流量相差不大,但在这两个方案下,进入黄天片的流量过大,而礼嘉洛阳片的流量过小;方案3情况下,进入湖塘片、采菱东南片等多个片区的流量均有所增加,且方案 3 补水频次更高,河网流动性和水环境改善效果更好。因此,方案 3 更符合各区域的水量需求。三组方案下不同水利分区补水频次详见表 7-9。

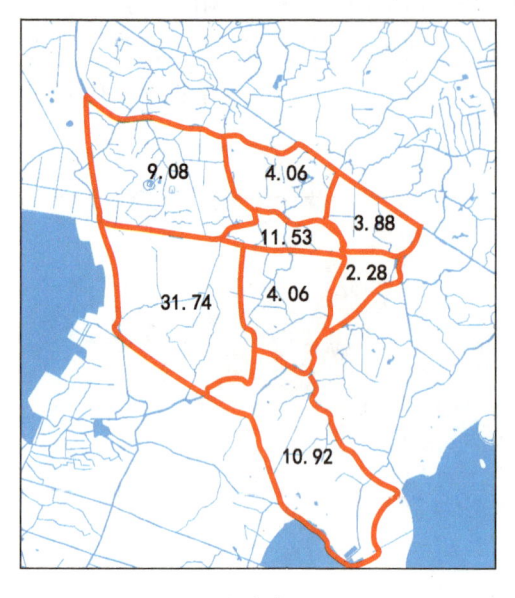

(a) 方案 1

(b) 方案 2

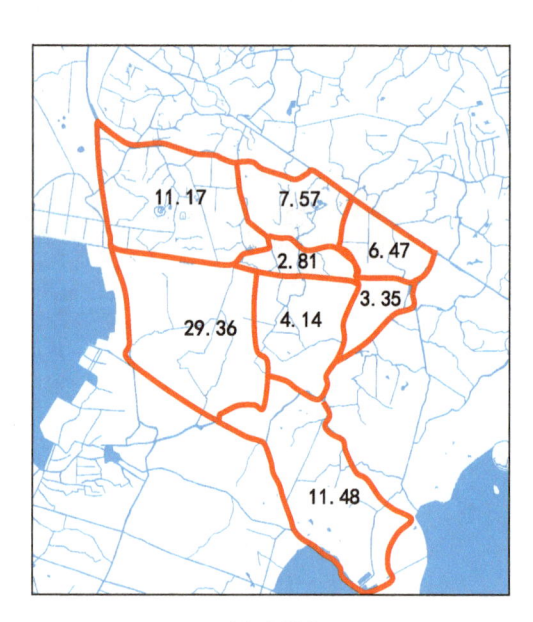

(c) 方案 3

图 7-12 常州示范区运南片三组方案下不同水利分区总入流情况(单位:m³/s)

表 7-9 常州示范区运南片三组方案下不同水利分区补水频次统计

分区名称	槽蓄量（万 m³）	补水频次（天/次）方案 1	补水频次（天/次）方案 2	补水频次（天/次）方案 3
采菱东南片	109.72	2.84	2.75	1.68
湖塘片	408.45	5.21	4.90	4.23
黄天片	102.72	1.03	1.02	4.24
黄桥港区	127.74	3.81	4.04	2.28
马安河南片	140.49	7.12	6.86	4.86
礼嘉洛阳片	343.21	9.79	9.79	9.60
武南片	477.58	1.74	1.50	1.88
雪堰片	361.48	3.83	3.63	3.64
平均补水频次	—	4.42	4.31	4.05

7.3 示范区运行效果分析评估

7.3.1 运北片水环境质量提升方案示范试验与分析

根据运北片水环境提升方案，常州市实施了控导工程即四座溢流堰工程的建设，以及大运河西枢纽（新闸）的改造工程，并在工程建成投运后，于 2020 年 11 月 28 日—12 月 11 日开展了现场论证试验，进一步论证了运北片水环境提升方案的效果。

7.3.1.1 试验方案设计

1. 调度方案

（1）江边枢纽

本次试验考虑利用德胜河和澡港河从长江向内部补水，涉及调度的沿江枢纽主要为澡港枢纽和魏村枢纽。其中，澡港枢纽泵站开启 40 m³/s，魏村枢纽泵站开启 30 m³/s，为尽可能地利用潮位潮引并保证水流入城，在长江水位比内河水位高时，开启澡港枢纽和魏村枢纽闸门，否则关闸，详见表 7-10。其他沿江枢纽按现状运行。

表 7-10 常州示范区运北片江边枢纽闸泵调度方案

序号	名称	工程类型	11 月 28 日 9:00—12 月 11 日 12:00
1	澡港枢纽	闸	长江水位比澡港河高，闸门开
		闸	长江水位比澡港河低，闸门关
		泵	开 40 m³/s
2	魏村枢纽	闸	长江水位比德胜河高，闸门开
		闸	长江水位比德胜河低，闸门关
		泵	开 30 m³/s

（2）活动溢流堰

试验期间，启用四座活动溢流堰，并控制堰顶高程形成城区三级水位差，其中，控制盘龙苑活动堰上游水位在3.95～4.00 m，保证尽量多的水流入城；控制恐龙园溢流堰上游水位在3.95 m以上、略低于盘龙苑活动堰上游水位，保障恐龙园周边的河道水环境提升；控制洋桥和新市桥溢流堰上游水位分别为3.70～3.75 m和3.75～3.80 m，一方面调控入老城区水流流量，另一方面形成城区三级水位差。详见表7-11。

表7-11 常州示范区运北片活动堰调度方案

序号	活动堰名称	启用时间	堰顶高程
1	盘龙苑	11月28日14时—12月9日17时	控制溢流堰上游水位3.95～4.00 m
2	恐龙园		控制溢流堰上游水位3.95～4.00 m
3	洋桥		控制溢流堰上游水位3.70～3.75 m
4	新市桥		控制溢流堰上游水位3.75～3.80 m

（3）城区内部工程

试验期间，城区内部工程的调度主要采取以下思路：控制永汇河、南运河、采菱港等城区水流出口位置的大包围节点枢纽闸门开度，促进流量进入内部中小河道；内部大部分中小闸泵工程开闸、泵站关闭，保障水流通畅；少数流动性弱的河道开泵活水，例如，开启先锋闸泵站，提升后塘河、三八河等河道流动性；区域内的断头浜在未实施水系连通等工程的条件下无法惠及，不具备试验条件，本着最大范围活水的原则，其闸泵工程均按现状运行。

内部工程调度共分成四个阶段，第一阶段为11月28日9时—29日9时，为抬升澡港河水位、形成三级水位差的调度方案；第二阶段为11月29日9时—12月7日9时，参照前文中方案2-1的闸泵开启情况，执行相应调度；第三阶段为12月7日9时—10日9时，参照前文中方案2-2的闸泵开启情况，执行相应调度，与第二阶段相比，新增大运河西枢纽泵站10 m³/s；第四阶段为12月10日9时—11日12时，与第三阶段相比，采菱港枢纽闸门全开，大运河西枢纽泵站关闭。详见表7-12。

表7-12 常州示范区运北片内部闸泵调度方案

序号	名称	工程类型	试验期间			
			11月28日9:00—29日9:00	11月29日9:00—12月7日9:00	12月7日9:00—10日9:00	12月10日9:00—11日12:00
1	大运河西枢纽	闸	关	关	关	关
		泵	关	关	开10 m³/s	关
2	采菱港枢纽	闸	开30 cm	开50 cm	开50 cm	全开
		泵	关	关	关	关

（续表）

序号	名称	工程类型	试验期间			
			11月28日9:00—29日9:00	11月29日9:00—12月7日9:00	12月7日9:00—10日9:00	12月10日9:00—11日12:00
3	串新河枢纽	闸	开30 cm	开30 cm	开60 cm	开60 cm
		泵	关	关	关	关
4	大运河东枢纽	闸	关	关	关	关
		泵	关	关	关	关
5	横塘河北枢纽	闸	开	开	开	开
		泵	关	关	关	关
6	横塘河南枢纽	闸	开	开	开	开
		泵	关	关	关	关
7	北塘河枢纽	闸	每天下午2:00—4:00开			
		泵	关	关	关	关
8	北塘河船闸		关	关	关	关
9	西界河闸站	闸	开	开	开	开
		泵	关	关	关	关
10	童子河闸站	闸	开	开	开	开
		泵	关	关	关	关
11	南运河枢纽	闸	开30 cm	开50 cm	开50 cm	开50 cm
		泵	关	关	关	关
12	澡港河南枢纽	闸	开	开	开	开
		泵	关	关	关	关
13	老澡港河枢纽	闸	开	开	开	开
		泵	关	关	关	关
14	永汇河枢纽	闸	半开	半开	半开	半开
		泵	关	关	关	关
15	十字河北站	闸	开	开	开	开
		泵	关	关	关	关
16	十字河南站	闸	开	开	开	开
		泵	关	关	关	关
17	殷家桥泵站	闸	开	开	开	开
		泵	关	关	关	关

（续表）

序号	名称	工程类型	试验期间 11月28日9:00—29日9:00	11月29日9:00—12月7日9:00	12月7日9:00—10日9:00	12月10日9:00—11日12:00
18	横峰沟枢纽	闸	按现状运行			
		泵	按现状运行			
19	三井河东站	闸	开	开	开	开
		泵	关	关	关	关
20	三井河西站	闸	开	开	开	开
		泵	关	关	关	关
21	凤凰浜站	闸	按现状运行			
		泵	按现状运行			
22	刘塘浜站	闸	开	开	开	开
		泵	关	关	关	关
23	后塘河西站	闸	开	开	开	开
		泵	关	关	关	关
24	后塘河泵站	闸	开	开	开	开
		泵	关	关	关	关
25	先锋闸	闸	开	关		
		泵	关	开泵 3 m^3/s 向西排		
26	糜家塘河泵站	泵	按现状运行			
27	横塘西圩站	泵	按现状运行			
28	同心泵站	泵	按现状运行			
29	青峰泵站	闸	按现状运行			
		泵	按现状运行			
30	前浪浜泵站	闸	按现状运行			
		泵	按现状运行			
31	三宝浜	闸	按现状运行			
		泵	按现状运行			
32	勤丰站	闸	按现状运行			
		泵	按现状运行			
33	雕庄站	闸	按现状运行			
		泵	按现状运行			

(续表)

序号	名称	工程类型	试验期间 11月28日9:00—29日9:00	11月29日9:00—12月7日9:00	12月7日9:00—10日9:00	12月10日9:00—11日12:00
34	通济河排涝站	泵	按现状运行			
35	团结泵站	泵	按现状运行			
36	鹤溪河闸站	闸	关	半开	半开	半开
		泵	关	关	关	关
37	盛家浜泵站	闸	按现状运行			
		泵	按现状运行			
38	宣塘站	闸	按现状运行			
		泵	按现状运行			
39	海石口闸	闸	开	开	开	开
40	海石口泵站	闸	按现状运行			
		泵	按现状运行			
41	护场闸	闸	开	开	开	开
42	会馆浜站	闸	按现状运行			
		泵	按现状运行			
43	徐家浜泵站	闸	按现状运行			
		泵	按现状运行			
44	叶家浜泵站	闸	按现状运行			
		泵	按现状运行			
45	蒋家浜泵站	闸	按现状运行			
		泵	按现状运行			
46	梧桐河闸	闸	开	开	开	开
47	白家浜站	闸	按现状运行			
		泵	按现状运行			
48	兰陵站	闸	按现状运行			
		泵	按现状运行			
49	荡南泵站	泵	按现状运行			
50	大头河排涝站	泵	按现状运行			
51	沈家弄泵站	泵	按现状运行			
52	周新浜站	泵	按现状运行			

(续表)

序号	名称	工程类型	试验期间			
			11月28日9:00—29日9:00	11月29日9:00—12月7日9:00	12月7日9:00—10日9:00	12月10日9:00—11日12:00
53	串新浜站	泵	按现状运行			
54	三八闸	闸	开	开	开	开
55	柴支浜西站	闸	开	开	开	开
		泵	关	关	关	关
56	柴支浜东站	闸	开	开	开	开
		泵	关	关	关	关

2. 观测方案

本次试验期间，除了在运北片设置了观测点位外，也在运南片设置了部分点位，用于分析现状水系及工程调控对水环境改善的适配性。

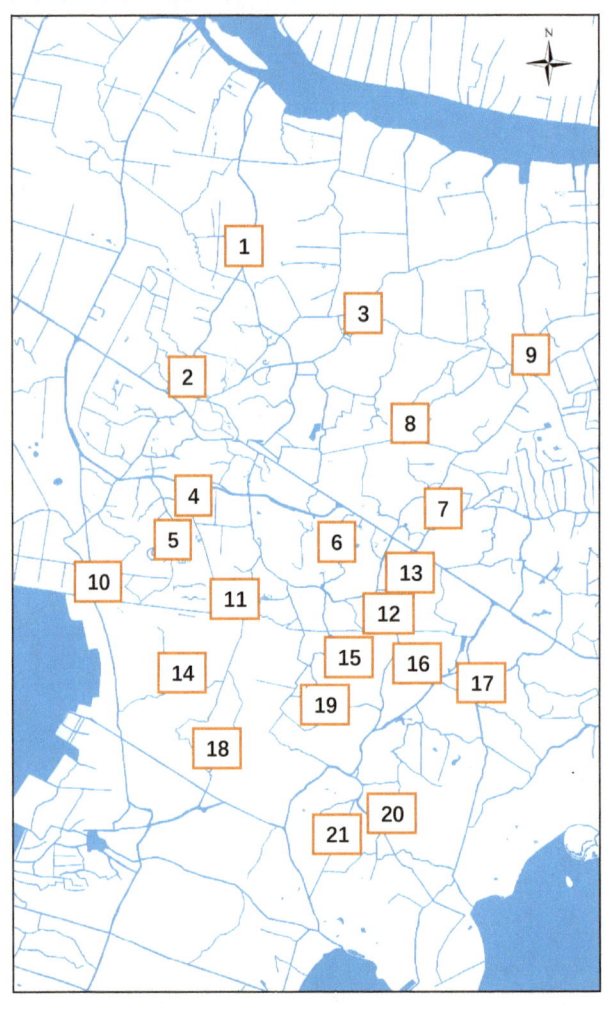

图 7-13 常州示范区运北片水位观测点分布图

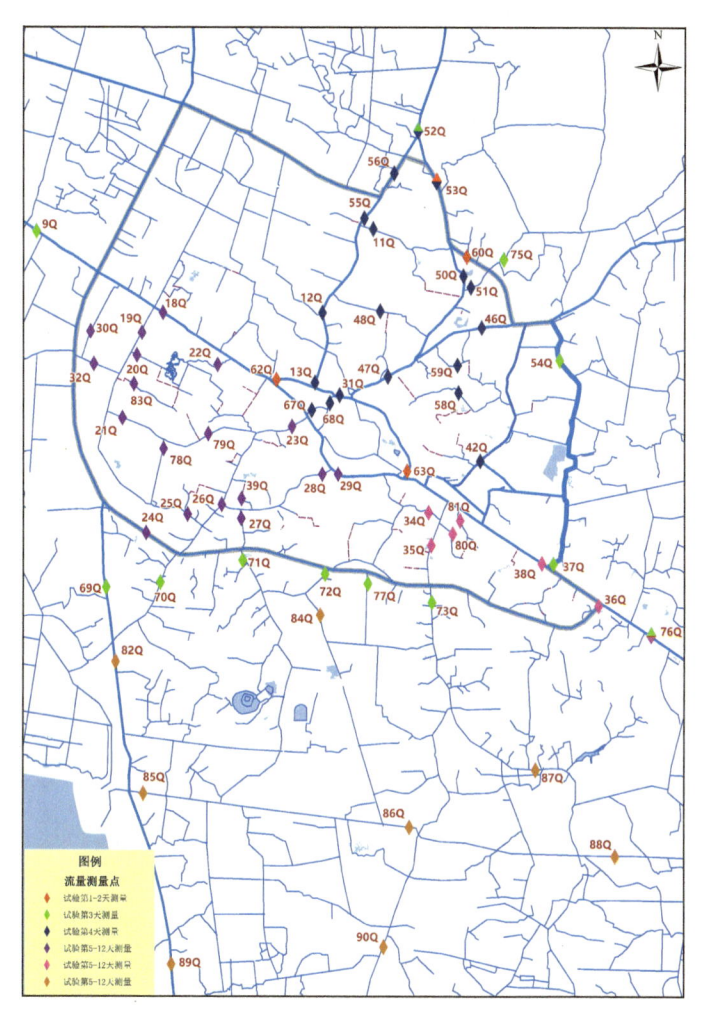

图 7-14　常州示范区运北片流量观测点分布图

试验期间,共设置 21 个水位观测点、65 个流量观测点、35 个水质观测点,详见图 7-13~图 7-15。水量监测指标包括水位和流量两类,水位观测全部由已安装的电子水尺自动观测;试验前在所有流量测点测 1~2 次本底值,在试验开始后,流量观测自水位稳定后开始,每天巡测 1 次。水质监测指标主要包括 pH 值、透明度、DO、TP、COD_{Mn} 和 NH_3-N。试验开始前和试验结束前两天在所有水质观测点各测 1~2 次,其中重点关注点位在试验期间每两天监测一次,并在试验结束后继续监测,关注结束后水质的复原情况。

7.3.1.2　试验结果分析

1. 水位分析

本次试验期间,11 月 28 日 9 时澡港枢纽泵站启用时,许家塘桥水位为 3.63 m,历经 12 小时后,11 月 28 日 21 时该点水位升至 4.00 m,之后基本稳定在 4.00 m 左右;常州三堡街站水位在 11 月 28 日 8 时为 3.61 m,之后逐渐升高,于 11 月 30 日 12 时达到 3.70 m 左右,后期受外围、上下游水位等影响,呈波动下降趋势,12 月 10 日水位下降至 3.54 m 左右;常州(三)站水位在 11 月 28 日—12 月 4 日基本稳定在 3.60 m 左右,之后逐

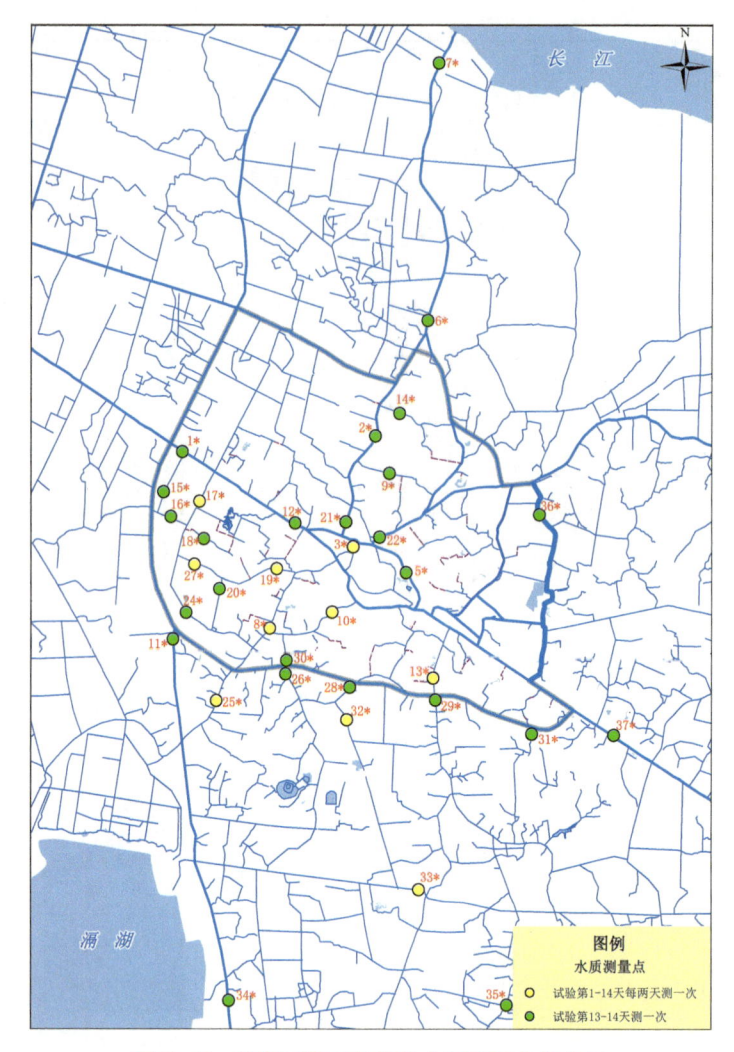

图 7-15 常州示范区运北片水质观测点分布图

渐下降至试验结束时的 3.43 m。自 11 月 29 日之后，澡港河入城口（许家塘桥）与三堡街（老运河）的水位差维持在 20 cm 左右，常州三堡街站与常州（三）站的水位差维持在 10 cm 左右，形成了预期三级水位差。详见图 7-16。

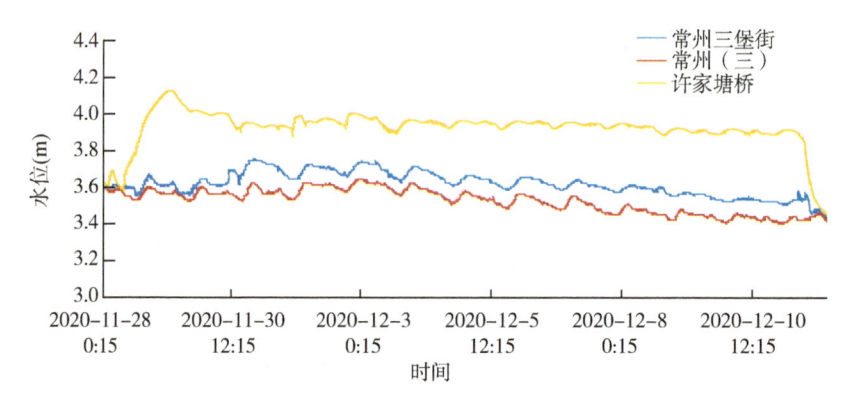

图 7-16 常州示范区运北片关键点位水位变化过程

2. 水动力改善效果分析

按照调度方案,11月29日—12月7日,澡港河泵引40 m³/s,德胜河泵引30 m³/s入城,城区内部执行第二阶段的工程调度。利用澡港枢纽泵引40 m³/s,德胜河泵引30 m³/s,通过盘龙苑活动堰和恐龙园活动堰联合调控,入城流量显著提升,达到37.9 m³/s。柴支浜、三井河形成西引东排自流格局,各分流达到3.8~3.9 m³/s。通过恐龙园活动堰的调控,入园流量显著增加,达到7.3 m³/s,盘活了恐龙园及周边水系。12月7—10日,澡港河泵引40 m³/s,德胜河泵引30 m³/s入城,主城区内部执行第三阶段的工程调度,与第二阶段相比,新闸开泵10 m³/s。在本阶段,入城水量经过沿线分流,进入古城区约21.6 m³/s,经新市桥活动堰和洋桥活动堰调控后,西市河入流3.4 m³/s,采菱港流量为7.1 m³/s,南童子河6.8 m³/s、西界河5.6 m³/s、南运河6.2 m³/s、白荡河6.8 m³/s。城区老运河以南区域的河道流量相对前一阶段有所增大,但是由于先锋闸泵站无法开启运行,在本阶段先锋河和三八河流量下降明显。

11月29日—12月7日,澡港河入城口(许家塘桥)河道流量提升4.62倍,澡港河东支(盘龙苑桥)流量提升2.04倍,柴支浜(泰山路桥)流量提升7.60倍,西市河(白龙桥)流量提升4.33倍,西界河(三维桥)流量提升6.67倍,南童子河(金谷桥)流量提升10.75倍,南运河(南运河桥)流量提升1.68倍,三八河(三八桥)流量提升28.00倍,后塘河(花园桥)流量提升15.00倍。12月7—10日,澡港河入城口(许家塘桥)河道流量提升4.62倍,澡港河东支(盘龙苑桥)流量提升2.04倍,柴支浜(泰山路桥)流量提升7.60倍,西市河(白龙桥)流量提升3.78倍,西界河(三维桥)流量提升9.33倍,南童子河(金谷桥)流量提升17.00倍,南运河(南运河桥)流量提升2.21倍,三八河(三八桥)流量提升8.00倍,后塘河(花园桥)河道流量提升5.00倍,详见表7-13。与前一阶段相比,古运河以南区域大部分河道流动性增幅更大,由此说明新闸引水对主城区南部区域有益。

因此,运北片水环境调度方案实施后,运北片范围内大部分河道流量和流速显著提升,原本滞流缓流、无序流动的水网重构为有序流动的梯级水位自流河网。

表7-13 常州示范区运北片方案实施前后河道流量对比

测点编号	断面位置	所在河道	本底值 流量(m³/s)	本底值 流速(m/s)	11月29日—12月7日 流量(m³/s)	11月29日—12月7日 流速(m/s)	11月29日—12月7日 流量提升倍数	12月7—10日 河道流量(m³/s)	12月7—10日 流速(m/s)	12月7—10日 流量提升倍数
52Q	许家塘桥	澡港河	8.20	0.06	37.90	0.28	4.62	37.90	0.28	4.62
56Q	四号桥	澡港河	5.20	0.04	32.30	0.25	6.21	32.30	0.25	6.21
55Q	澡港河南枢纽(黄河路桥)	澡港河	5.20	0.04	31.00	0.23	5.96	31.00	0.23	5.96
53Q	盘龙苑桥	澡港河东支	2.70	0.03	5.50	0.06	2.04	5.50	0.06	2.04
50Q	老澡港河枢纽(九龙桥)	老澡港河	5.20	0.06	7.30	0.09	1.40	7.30	0.09	1.40

(续表)

测点编号	断面位置	所在河道	本底值 流量(m³/s)	本底值 流速(m/s)	11月29日—12月7日 流量(m³/s)	11月29日—12月7日 流速(m/s)	11月29日—12月7日 流量提升倍数	12月7—10日 河道流量(m³/s)	12月7—10日 流速(m/s)	12月7—10日 流量提升倍数
51Q	永汇河枢纽（龙业路桥）	永汇河	1.70	0.02	11.40	0.16	6.71	11.40	0.16	6.71
48Q	惠山路桥	三井河	0.75	0.02	3.90	0.10	5.20	3.50	0.09	4.67
60Q	恐龙园溢流堰	澡港河东支	9.80	0.15	1.90	0.03	0.19	1.90	0.03	0.19
37Q	四号桥	丁塘港	4.30	0.04	13.60	0.12	3.16	13.60	0.12	3.16
11Q	泰山路桥	柴支浜	0.50	0.03	3.80	0.19	7.60	3.80	0.19	7.60
12Q	常林桥	澡港河	5.50	0.04	23.60	0.17	4.29	21.60	0.16	3.93
13Q	飞龙桥	澡港河	6.30	0.06	22.50	0.22	3.57	20.60	0.19	3.27
62Q	新市桥溢流堰	关河	3.00	0.03	10.90	0.11	3.63	10.30	0.10	3.43
63Q	水门桥	关河	2.30	0.03	3.50	0.04	1.52	3.50	0.04	1.52
68Q	白龙桥	西市河	0.90	0.06	3.90	0.28	4.33	3.40	0.25	3.78
19Q	金谷桥	南童子河	0.40	0.00	4.30	0.05	10.75	6.80	0.08	17.00
23Q	南运河桥	南运河	2.80	0.03	4.70	0.05	1.68	6.20	0.06	2.21
25Q	宣塘路西侧	南童子河	1.10	0.02	5.40	0.12	4.91	8.00	0.14	7.27
26Q	宣塘桥	南运河	4.30	0.05	6.40	0.07	1.49	8.30	0.09	1.93
28Q	兰陵桥	白荡河	2.00	0.02	5.60	0.06	2.80	6.80	0.07	3.40
35Q	采菱港枢纽（菱港桥）	采菱港	5.30	0.05	5.80	0.06	1.09	7.10	0.07	1.34
78Q	三八桥	三八河	0.10	0.01	2.80	0.15	28.00	0.80	0.05	8.00
79Q	花园桥	后塘河	0.20	0.01	3.00	0.06	15.00	1.00	0.02	5.00
30Q	三维桥	西界河	0.60	0.01	4.00	0.07	6.67	5.60	0.09	9.33
32Q	阳湖桥	鹤溪河	1.60	0.02	2.60	0.04	1.63	2.60	0.05	1.63

3. 水质提升效果分析

(1) 所有点位水质监测成果分析

在运北片试验开始前,对所有水质测点进行了水质本底值监测。所有水质监测点位中,3.0%为Ⅱ类、24.2%为Ⅲ类、21.2%为Ⅳ类、30.3%为Ⅴ类、21.2%为劣Ⅴ类,河道透明度在17～56 cm。方案实施后,于2020年12月8日和12月10日分别对所有监测点进行水质采样分析,12月8日监测结果显示,9.1%为Ⅱ类、72.7%为Ⅲ类、9.1%为Ⅳ类、3.0%为Ⅴ类、6.1%为劣Ⅴ类;12月10日监测结果显示,12.1%为Ⅱ类、54.5%为Ⅲ类、24.2%为

Ⅳ类、3.0%为Ⅴ类、6.1%为劣Ⅴ类,水质监测结果较活水前得到大幅提升。

在运北片水环境提升方案实施后,水质类别为Ⅱ类的断面有3个,分别为澡港河许家塘桥(6*)、澡港河九号桥(7*)、澡港河飞龙桥(21*)断面,占比为9.1%,比活水前增加了6.1%。水质类别为Ⅲ类的断面有24个,包括苏南运河、老运河、西市河、关河、三井河、柴支浜、白荡河、武宜运河、采菱港等断面,占比为72.7%,比活水前增加了48.5%。水质类别为Ⅳ类的断面有3个,分别为湖塘河东风桥(32*)、武南河永安河口(33*)、武宜运河塘洋桥(34*)断面,占比为9.1%,比活水前减少了12.1%。水质类别为Ⅴ类的断面有1个,为礼嘉大河礼西桥(35*)断面,占比为3.0%,比活水前减少了27.3%。水质类别为劣Ⅴ类的断面有2个,分别为串新河运北路桥(30*)、通济河人民东路桥(31*)断面,占比为6.1%,比活水前减少了15.1%。

因此,经过10天连续补水入城,研究范围内大部分河道断面水质改善效果非常明显,柴支浜、西市河、后塘河、三八河等断面水质均由劣Ⅴ类变为Ⅲ类,提升3个等级,关河、南运河、老运河、鹤溪河、南童子河、澡港河、北塘河等断面水质提升了2个等级,所有6个重点关注断面[白龙桥(西市河)、宜塘桥(南运河)、广仁桥(白荡河)、菱港桥(采菱港)、金谷桥(南童子河)、云祥桥(后塘河)]的水质均为Ⅳ类及以上。试验结束时,91%的断面水质有所改善,其中,提升3个等级的断面占比为12.1%,提升2个等级的断面占比为24.2%,提升1个等级的断面占比为39.4%,指标等级不变但是NH_3-N浓度有所下降的断面占比为15.2%。详见图7-17。

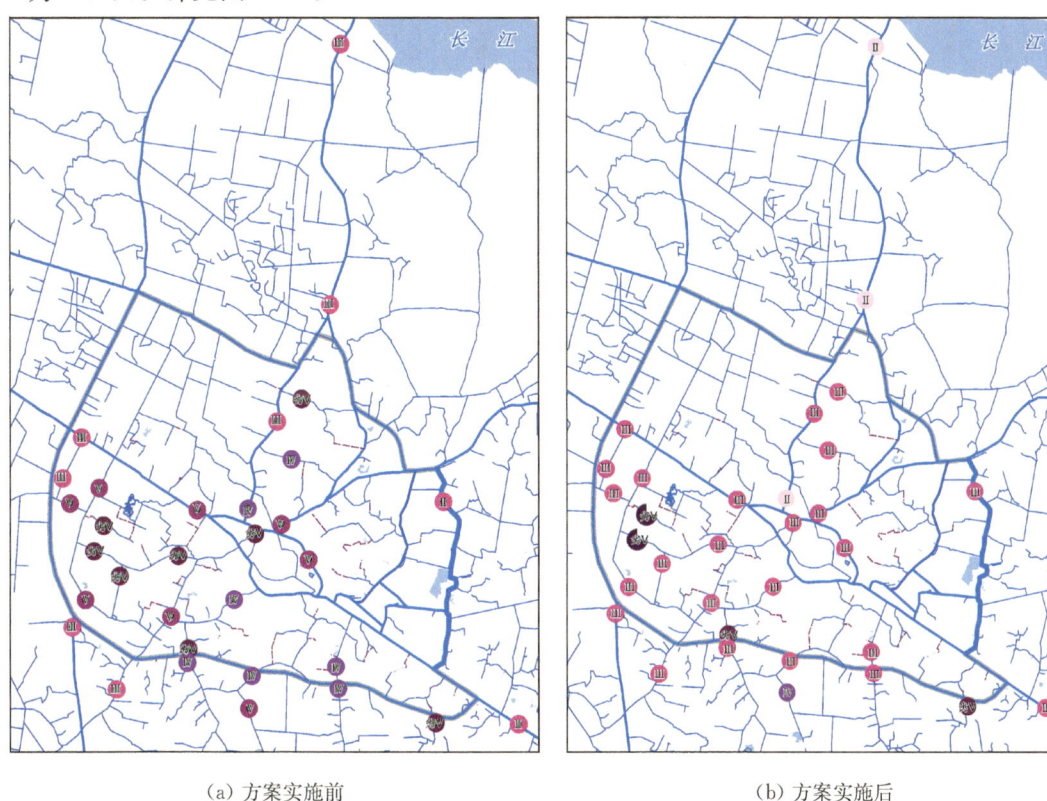

(a) 方案实施前　　　　　　　　　　　(b) 方案实施后

图7-17　常州示范区运北片方案实施前后河道水质分布情况

(2) 重点关注点位水质变化情况分析

试验期间,于 2020 年 11 月 26 日—12 月 10 日,对引水沿线 6 个重点关注断面[白龙桥(西市河)、宣塘桥(南运河)、广仁桥(白荡河)、菱港桥(采菱港)、金谷桥(南童子河)、云祥桥(后塘河)]的 pH 值、透明度、DO、TP、COD_{Mn} 和 NH_3-N 进行连续监测。

引水后所有点位中,除了南运河宣塘桥(8*)位置的 DO 始终保持在较高水平,其余点位的 DO 都随调水过程而波动上升,最终都由Ⅲ类左右提升至Ⅰ类以上,并且在整个试验期间一直维持在较高水平(7 mg/L 以上)。DO 与水体流动性存在较强的相关性,且敏感性极强,引水初期,河道流速增大,DO 等级很快升高,水体自净能力增强,如图 7-18 所示。

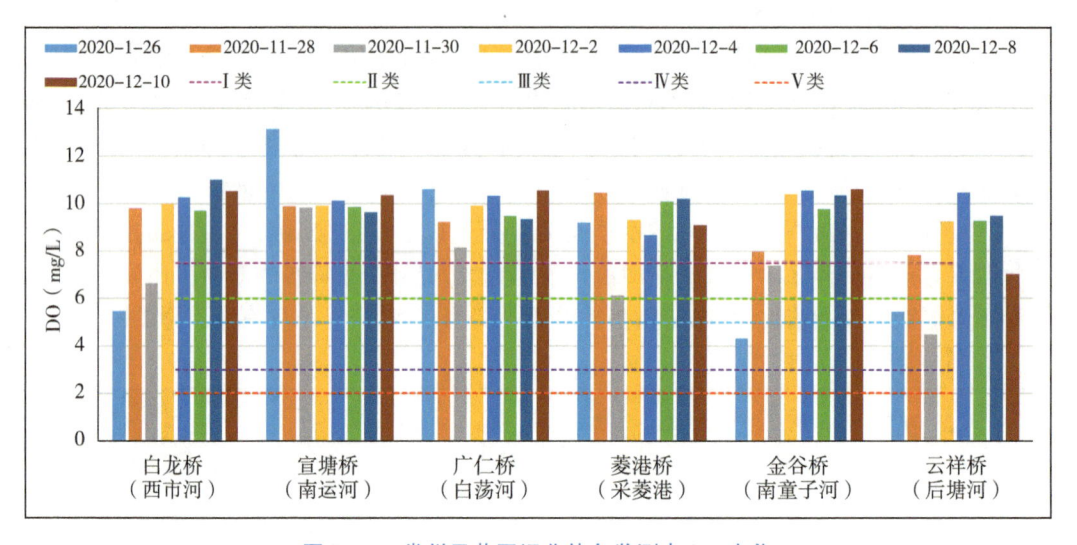

图 7-18 常州示范区运北片各监测点 DO 变化

各测点 TP 的含量都随着引水的进行呈下降趋势,其中西市河白龙桥(3*)、后塘河云祥桥(19*)的 TP 在试验开始时为劣Ⅴ类,在试验过程中逐渐下降并稳定在Ⅲ类,另外 4 个点位的 TP 在试验开始时基本为Ⅲ~Ⅳ类,在试验过程中逐渐下降并稳定在Ⅲ类,如图 7-19 所示。

所有监测点位的 COD_{Mn} 本底值较好,除后塘河云祥桥(19*)为Ⅲ类外,其余点位均为Ⅱ类,方案运行后,各点位的 COD_{Mn} 浓度仍有一定程度下降,并在试验后期都稳定在Ⅱ类,尤其是平时流动性较弱的西市河、后塘河等河道的 COD_{Mn} 浓度下降较多,表明引水对水体的 COD_{Mn} 的影响较为显著,见图 7-20。

试验前多个点位的 NH_3-N 超标,为劣Ⅴ类,随着方案的运行,大部分点位的 NH_3-N 浓度均呈下降趋势,且降幅非常明显,其中西市河白龙桥(3*)、后塘河云祥桥(19*)、南运河宣塘桥(8*)的 NH_3-N 在试验开始时为劣Ⅴ类,其余点位的 NH_3-N 为Ⅲ~Ⅳ类,所有点位的 NH_3-N 浓度在试验过程中都逐渐下降并稳定在Ⅱ~Ⅳ类,详见图 7-21。

城区河道透明度不高,大多数断面在试验期间透明度为 20~40 cm,并且随着引水的进行,透明度没有明显的提升,若想更好地提高城区水体透明度,需要从水源着手,在澡港河通过物理方式沉降泥沙来提升透明度,从而改善城区水体感官指标,如图 7-22 所示。

图 7-19 常州示范区运北片各监测点 TP 变化

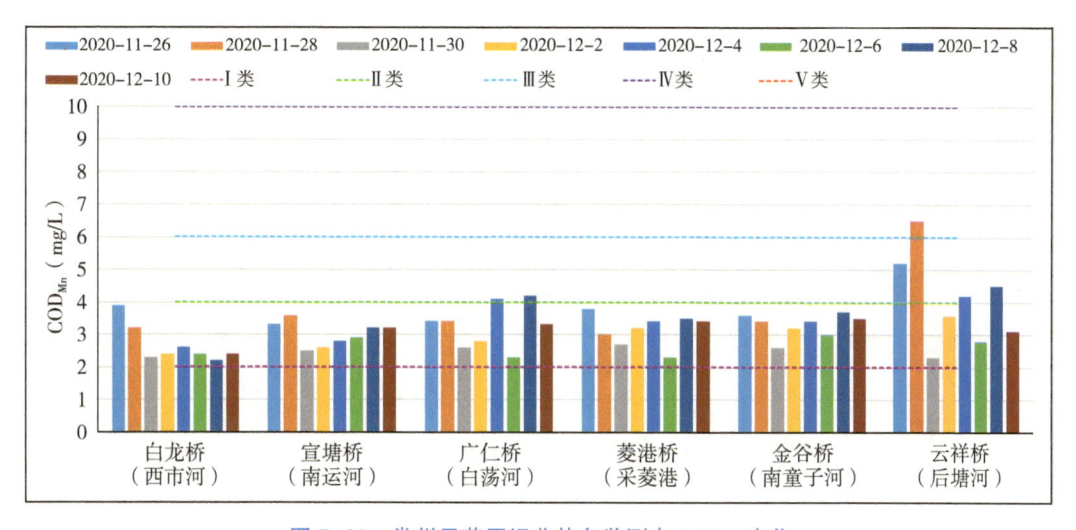

图 7-20 常州示范区运北片各监测点 COD$_{Mn}$ 变化

试验期间各监测点 pH 值变化规律不明显,但均处于 7.2~8.1,在正常范围内,如图 7-23 所示。

(3) 试验结束后河道水质变化

试验结束后,于 2020 年 12 月 11—27 日对重要点位的 DO、TP、COD$_{Mn}$、NH$_3$-N、透明度、pH 值进行连续监测。

DO 在试验期间改善效果显著,在方案停止运行后半个月时间内 DO 下降幅度并不明显,大部分点位在引水结束后的监测时段内仍高于试验前的本底值,仅西市河白龙桥(3*)、后塘河云祥桥(19*)在第 16 天降至本底值Ⅲ类水平。

在试验结束后半个月时间内各测点的 TP 浓度波动升高,大部分在引水结束后 6 天左右便恢复至试验前的本底状态,但增幅不明显,大部分点位 TP 在监测时间(引水结束后 16 天)内都仍处于Ⅲ~Ⅳ类。西市河白龙桥(3*)、后塘河云祥桥(19*)TP 在试验开

169

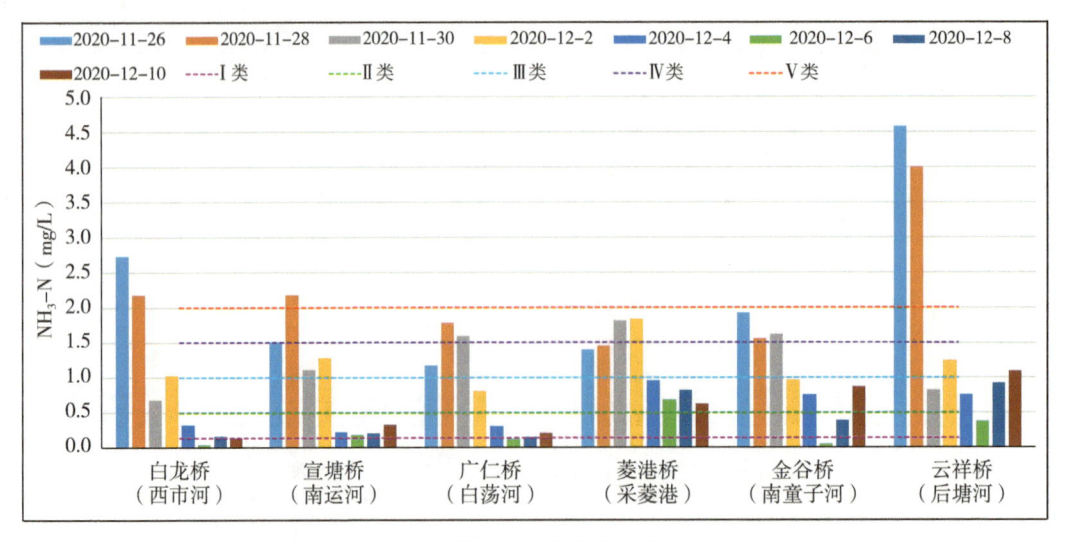

图 7-21　常州示范区运北片各监测点 NH_3-N 变化

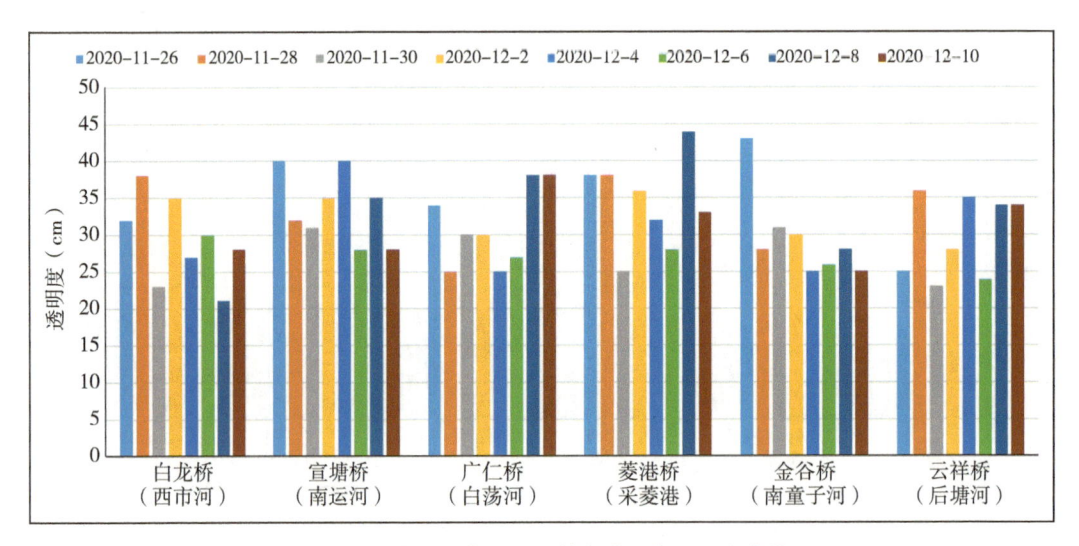

图 7-22　常州示范区运北片各监测点透明度变化

始时为劣Ⅴ类,引水后降幅明显且在监测时间(引水结束后 16 天)内仍明显低于本底值。其余点位 TP 在试验开始时均为Ⅲ～Ⅳ类,在引水结束后 6 天左右反弹至试验前的本底状态,但在监测时间(引水结束后 16 天)内仍处于Ⅲ～Ⅳ类。

COD_{Mn}在试验开始前为Ⅱ～Ⅲ类,引水后均有一定程度的下降,在引水结束后又逐渐上升,所有点位的 COD_{Mn} 在 12 天后接近或略微超过试验前的本底值,但除后塘河云祥桥(19*)在试验结束后第 16 天反弹至略超过Ⅲ类,其余点位在试验结束后 COD_{Mn} 仍为Ⅱ～Ⅲ类。

NH_3-N 改善十分明显,试验结束后第 1 天多个点位的 NH_3-N 浓度均明显低于本底值,且在监测时间(引水结束后 16 天)内除澡港河许家塘桥(6*)、白荡河广仁桥(10*)、南童子河金谷桥(17*)在试验结束后 10 天左右反弹至本底值或高于本底浓度外,其他点

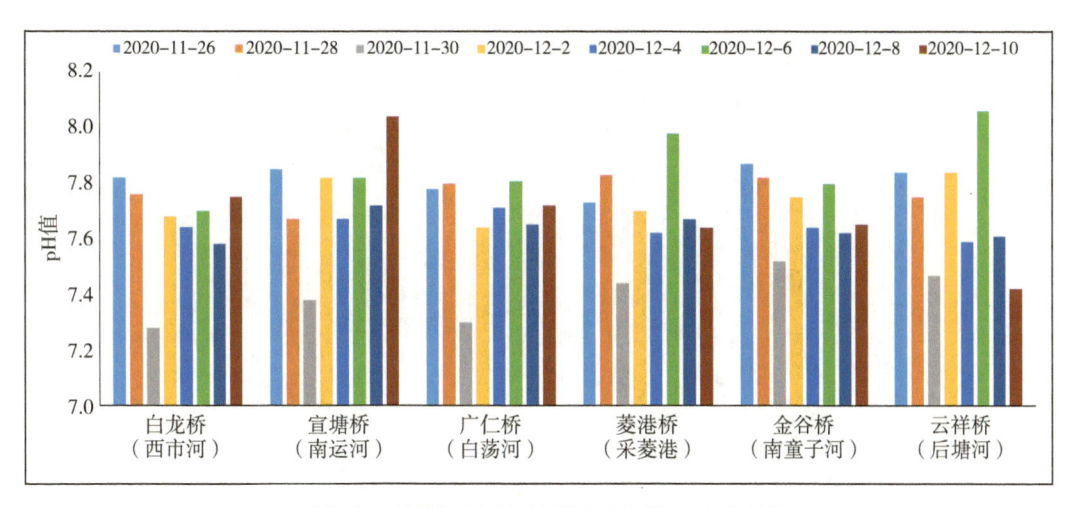

图 7-23　常州示范区运北片各监测点 pH 值变化

位在监测时间(引水结束后 16 天)内仍低于试验前的本底值。但其中部分点位在约 10 天后剧烈反弹达到Ⅴ类甚至劣Ⅴ类,如西市河白龙桥(3*)Ⅴ类、南童子河金谷桥(17*)劣Ⅴ类、后塘河云祥桥(19*)劣Ⅴ类、湖塘河东风桥(32*)Ⅴ类。由此可见,在试验结束后半个月监测时间内,各测点的 NH_3-N 浓度波动升高,且相对于 TP 和 COD_{Mn},NH_3-N 的增长速度最快,但大部分点位在监测时间(引水结束后 16 天)内 NH_3-N 浓度仍低于试验前的本底值。

试验结束后各测点的透明度基本在 25~40 cm 波动变化,没有明显的规律,但有部分测点在试验结束后很长一段时间内的透明度低于试验前的本底值,如澡港河许家塘桥(6*)、南童子河金谷桥(17*)、丁塘港景阳桥(36*)。

试验结束后半个月内各监测点的 pH 值变化规律不明显,但均处于 7.2~8.1,在正常范围内。

(4) 综合分析

本次试验综合运用现有闸泵和溢流堰工程,统筹考虑周边区域,对运北片河道水位、流量、水环境进行精细调控,通过前期预案充分准备、试验期间精准调度和科学施策,人工营造三级水位差,城区河道基本无需泵站抽排,河道流量成倍提升,原本滞流缓流、无序流动的水网重构为有序流动的河网格局,实现活水自流,方案运行后,运北片水环境提升显著,大部分河道断面水质类别达到Ⅳ类及以上,达到预期的水质提升目标。由此说明,前文提出的运北片水环境质量提升方案合理可行,且运行效果较好。

7.3.2　运南片水环境质量提升方案示范试验与分析

7.3.2.1　试验方案设计

为验证 7.2.3.2 节提出的三组方案对运南片河网的水动力提升和水环境改善效果,开展了现场论证试验。试验期间在武南河与武宜运河交汇口的西侧,即前文方案中提到的控导工程布设位置搭建了临时围堰(图 7-24),按照三组工况设置调度方案(表 7-14),同步观测区域内重要点位的流量和水质分布,验证方案的运行效果。

图 7-24 常州示范区运南片临时围堰搭建(武南河与武宜运河交汇口的西侧)

1. 调度方案

运南片现场原型观测试验时间为 2021 年 5 月 14—21 日,共计 8 天。试验期间共设置 3 种调度工况。工况 1:自流活水工况(5 月 14—16 日),临时围堰建成后,武进区内部闸门开启、泵站关闭,观测自然状态下重要河道的流动性和水质改善效果;工况 2:日常调度工况(5 月 17—19 日),临时围堰建成后,武进区内部闸泵工程按日常调度方案运行,观测重要河道的流动性和水质改善效果;工况 3:北排活水工况(5 月 20—21 日),临时围堰建成后,启用马杭枢纽、遥观南枢纽北排,配合区域内部闸泵工程灵活调度,观测重要河道的流动性和水质改善效果。

表 7-14 常州示范区运南片闸泵调度方案

序号	工程名称	工程类型	工况 1 5 月 14 日 6:00— 16 日 20:00	工况 2 5 月 17 日 6:00— 19 日 20:00	工况 3 5 月 20 日 6:00— 21 日 20:00
1	大通河西枢纽	闸	开	开	开
		泵	关	关	关
2	大通河东枢纽	闸	开	开	开
		泵	关	关	关
3	龚巷河北枢纽	闸	开	关	关
		泵	关	6:00—18:00 1.5 m³/s 南排	6:00—18:00 1.5 m³/s 南排

(续表)

序号	工程名称	工程类型	工况 1 5月14日 6:00— 16日20:00	工况 2 5月17日 6:00— 19日20:00	工况 3 5月20日 6:00— 21日20:00
4	龚巷河西枢纽	闸	开	关	关
		泵	关	6:00—18:00 3 m³/s 东排	6:00—18:00 3 m³/s 东排
5	龚巷河东闸	闸	开	开	开
6	沈家浜闸站	闸	开	开	开
		泵	关	关	关
7	塘门浜枢纽	闸	开	开	开
		泵	关	关	关
8	职教中心节制闸	闸	开	开	开
9	长沟河枢纽	闸	开	关	关
		泵	关	6:00—18:00 3 m³/s 南排	6:00—18:00 3 m³/s 南排
10	湖塘河枢纽	闸	开	关	关
		泵	关	6:00—18:00 3 m³/s 南排	6:00—18:00 3 m³/s 南排
11	半夜浜闸（区政府附近）	闸	开	开	开
		泵	关	6:00—18:00 1 m³/s 南排	6:00—18:00 1 m³/s 南排
12	武南河闸	闸	开	开	开
13	遥观南枢纽	闸	开	开	关
		泵	关	关	30 m³/s 北排
14	马杭枢纽	闸	开	开	关
		泵	关	关	10 m³/s 北排
15	仙现桥浜排涝站	闸	开	开	开
16	半夜浜闸（武宜运河沿线东侧）	闸	开	开	开
17	南运河闸	闸	开	开	开
18	大寨河闸	闸	开	开	开

（续表）

序号	工程名称	工程类型	工况 1 5月14日 6:00— 16日20:00	工况 2 5月17日 6:00— 19日20:00	工况 3 5月20日 6:00— 21日20:00
19	渡船浜闸	闸	开	开	开
20	棉籽河闸	闸	开	开	开
21	曹窑港闸	闸	开	开	开

2. 观测方案

(1) 流量观测

共布设46个流量和流速观测点位（图7-25）。观测频次为试验开始前，临时围堰建好前所有点位测1次，建好后所有点位测1次；试验开始后，所有点位每天测1次。

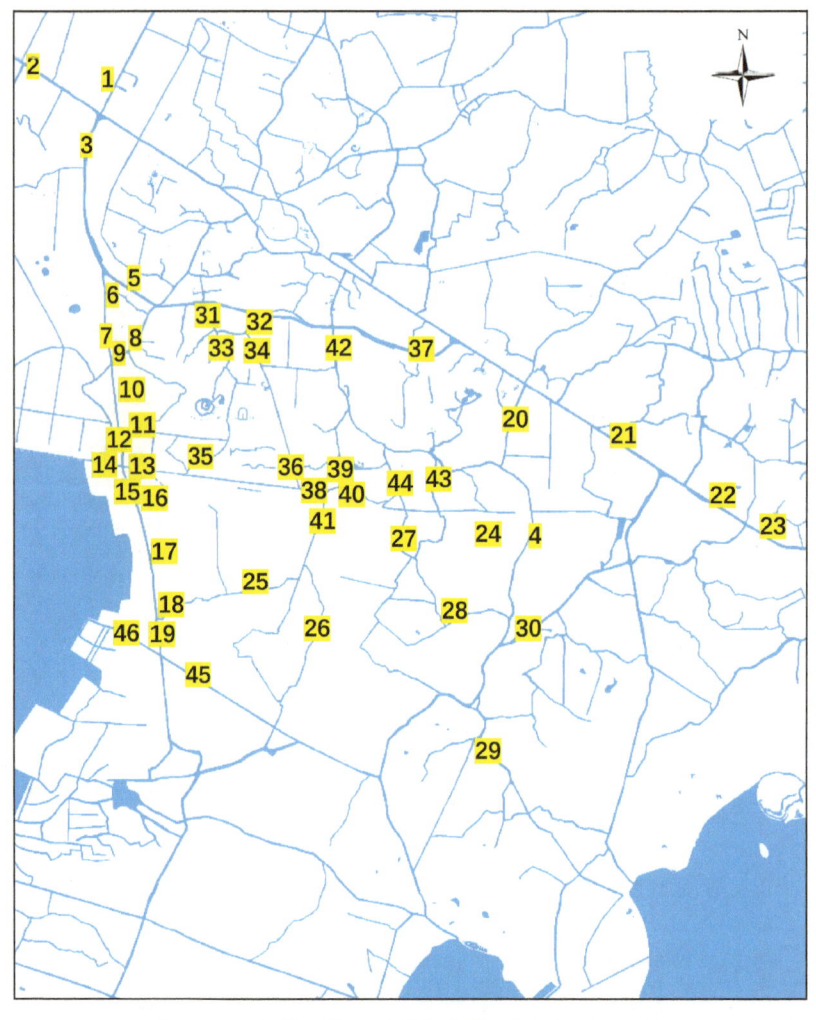

图 7-25 常州示范区运南片流量、流速观测点分布

(2) 水质观测

共布设 49 个水质观测点(图 7-26)。试验前进行本底值测量,包括临时围堰建好前 1#到 49#点位测 1 次本底值,建好后 1#到 49#点位测 1 次本底值;试验开始后,重要点位(红色)每 2 天监测 1 次,部分点位 1 天测三次;试验结束前 2 天,所有点位测 1 次。观测指标包括 DO、TP、COD$_{Mn}$、NH$_3$-N、pH 值和浊度。

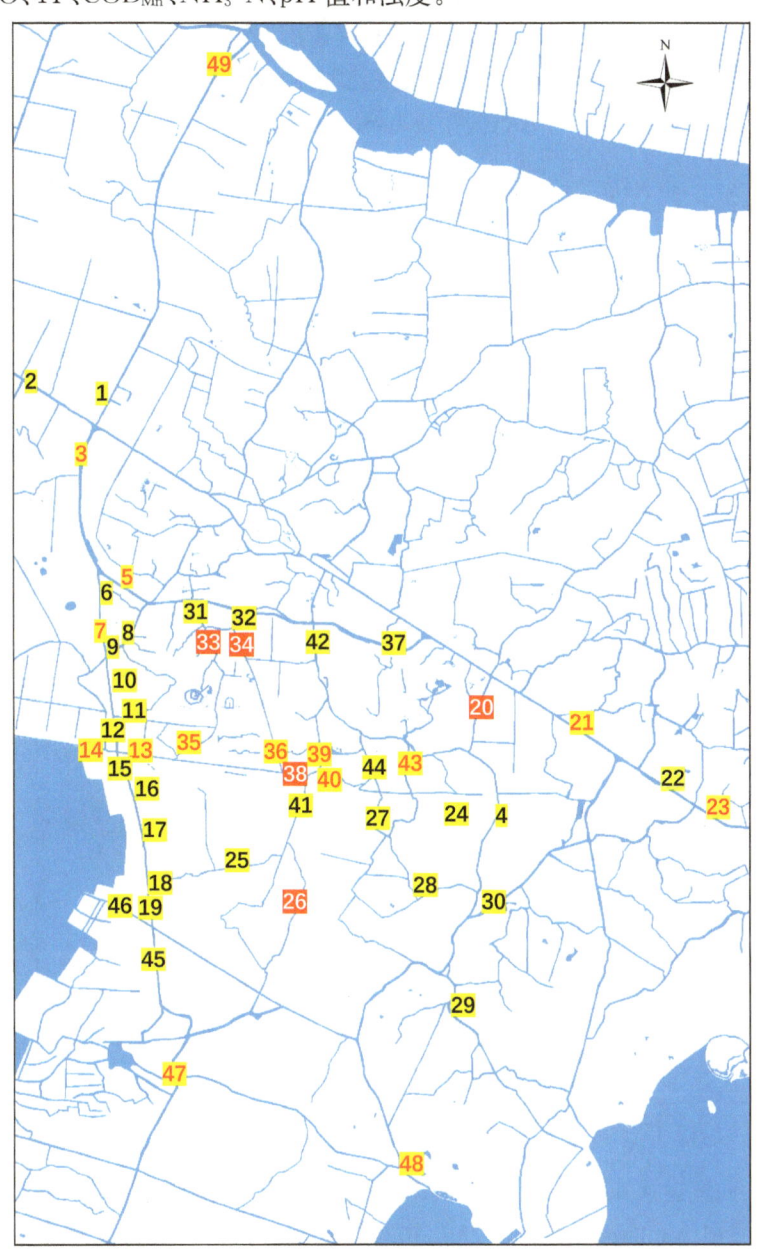

图 7-26　常州示范区运南片水质观测点分布

7.3.2.2　试验结果分析

1. 水动力改善效果分析

自流活水工况(工况 1)下,苏南运河来水 73.5 m³/s,其中部分沿运河向东 35.9 m³/s,

部分向南进入武宜运河 37.6 m³/s。临时围堰建成后,武进区内部闸门开启、泵站关闭,自流状态下,整体呈现由北向南的流动格局。苏南运河向东 35.9 m³/s,沿线向南通过南运河 16.2 m³/s、大通河 8.98 m³/s(大通河西枢纽 6.64 m³/s,大通河东枢纽 2.34 m³/s)、采菱港 18.84 m³/s 等主干河道进入运南片;武宜运河绝大部分流量直接向南,通过横向小河道进入武进区的流量较少(武宜运河沿线的横向河道进入运南片的流量全部小于 1 m³/s),其中,武宜运河与武南河交汇处也未流入武南河,武南河倒流入武宜运河 3.85 m³/s,与太滆运河交汇处倒流入滆湖 3.4 m³/s;武南河沿线承接北面区域河道来水,沿线通过永安河 7.98 m³/s、礼嘉大河 4.89 m³/s、武进港 17.5 m³/s 等主干河道进入武南河南部区域。详见图 7-27。

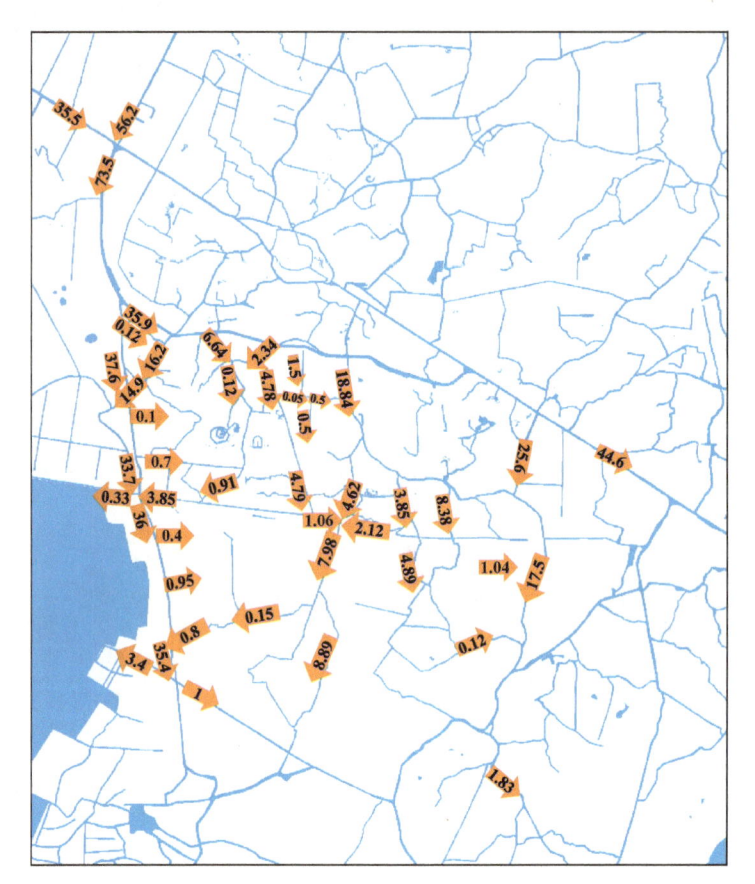

图 7-27 常州示范区运南片工况 1 下水流稳定后河道分流流量(单位:m³/s)

日常调度工况(工况 2)下,苏南运河来水 77.1 m³/s,其中部分沿运河向东 31.4 m³/s,部分向南进入武宜运河 41.9 m³/s。临时围堰建成后,武进区内部闸泵工程按日常调度方案运行,整体呈现由北向南的流动格局。苏南运河向东 31.4 m³/s,沿线向南通过南运河 18.04 m³/s、大通河 9.52 m³/s(大通河西枢纽 7.05 m³/s 和大通河东枢纽 2.47 m³/s)、采菱港 15.04 m³/s 等河道进入运南片;武宜运河绝大部分流量直接向南,通过横向小河道进入武进区的流量较少,同工况 1 相似,武宜运河沿线的横向河道进入运南片的流量均小于 1 m³/s,其中,武南河流向仍为向西,武宜运河上游来水在与太滆运河交汇处倒流入滆湖 19.5 m³/s;武南河沿线承接北面区域河道来水,沿线通过永安河 8.9 m³/s、礼嘉大河 5.3 m³/s、武进港 17.9 m³/s 等主干河道进入武南河南部区域。详见图 7-28。

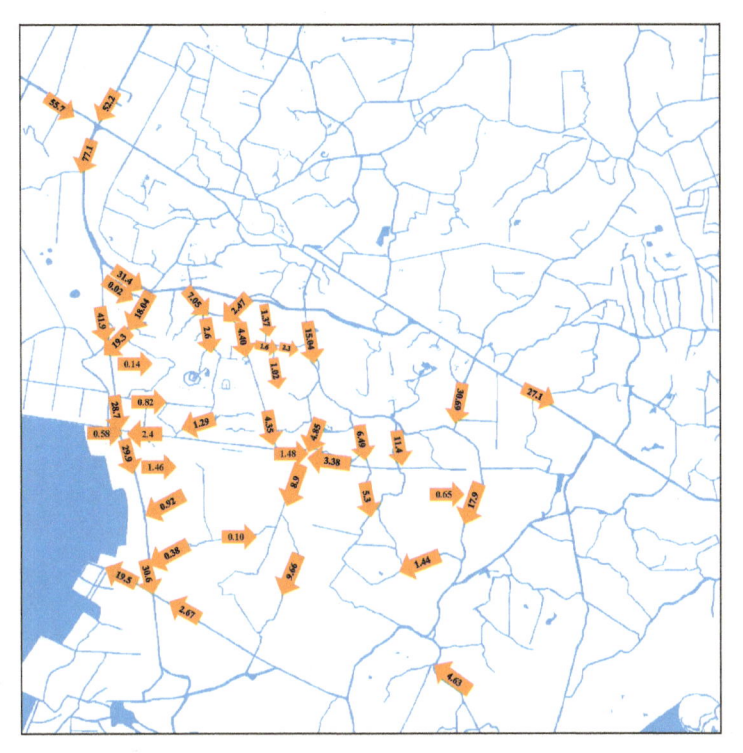

图 7-28 常州示范区运南片工况 2 下水流稳定后河道分流流量(单位:m³/s)

北排活水工况(工况 3)下,苏南运河来水 85.7 m³/s,其中部分沿运河向东 22.3 m³/s,部分向南进入武宜运河 50.5 m³/s。临时围堰建成后,启用马杭枢纽、遥观南枢纽北排,整个运南片呈现西侧区域由北向南、东侧区域由南向北的流动格局。苏南运河向东 22.3 m³/s,沿线向南通过南运河 22.61 m³/s、大通河 8.88 m³/s(大通河西枢纽 5.63 m³/s,大通河东枢纽 3.25 m³/s)等主干河道进入运南片;武宜运河绝大部分流量直接向南,通过横向小河道进入武进区的流量仍然较少,但在与武南河交汇处流入武南河 7.5 m³/s,此工况下从武南河进入运南片城区的流量相对前 2 种工况有大幅增长,但武宜运河在与太滆运河交汇处倒流入滆湖的流量仍较高,达到 19.12 m³/s;武南河水流在马杭枢纽和遥观南枢纽的泵引下,沿线承接上游河道来水,向东进入永安河,在与永安河交汇处,向南 3.9 m³/s、向北 5 m³/s,永安河东侧河道礼嘉大河 4.89 m³/s、小留河 8.85 m³/s 等向北流入采菱港,后经苏南运河流出。详见图 7-29。

对比分析三种工况的流动性分布情况发现,研究区外围 5 个点位中,由于设置了临时围堰,三种工况下武宜运河与武南河交汇处进入滆湖的流量均有所下降,但在与太滆运河交汇处进入滆湖的流量增大,可见临时围堰增加了武宜运河南下流量。研究区内部 33 个点位中,三种工况下活水前后流速相对于本底值保持不变或有所提升的点位,分别有 18 个、19 个、20 个,占比分别达到 54.55%、57.58%、60.61%;三种工况下活水前后流速相对于本底值超过 10% 的点位,分别有 13 个、12 个、16 个,占比分别达到 39.39%、36.36%、48.48%;三

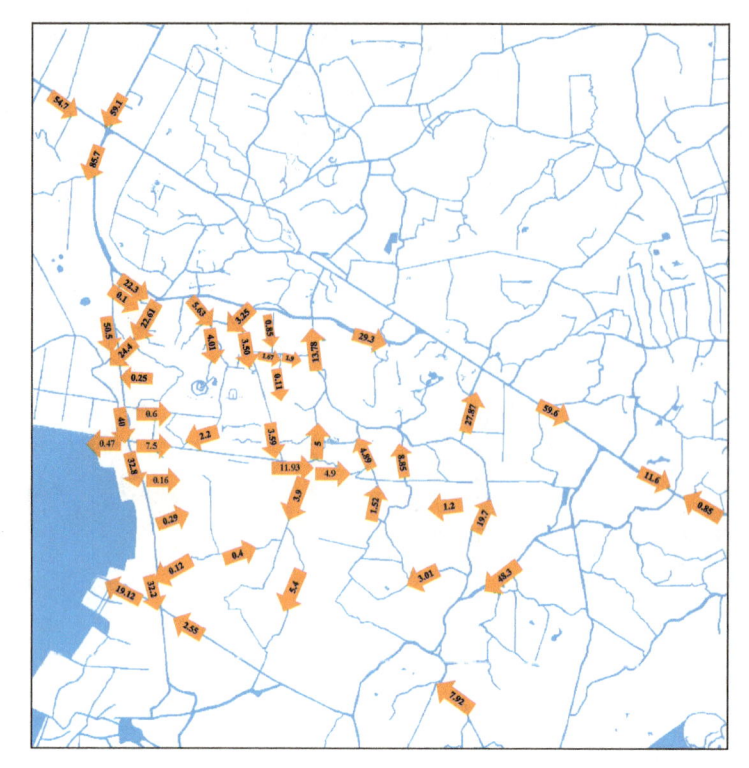

图 7-29　常州示范区运南片工况 3 下水流稳定后河道分流量（单位：m³/s）

种工况下通过武宜运河沿线进入武进区的河道流量均较少，武宜运河沿线的横向河道进入武进区的流量全部小于 1 m³/s，但只有工况 3 下武宜运河在与武南河交汇处流入武南河 7.5 m³/s。因此，工况 3 在活水前后提升流量流速的效果最佳，与前文模型计算结果相同。

2. 水质提升效果分析

本次试验期间，区域内发生了不同程度的多场次降雨，河道水质浓度受到影响。

试验前期受降雨影响，NH_3-N 浓度相对于本底值升高，但后期又有所下降。三种工况下，NH_3-N 相对于前一阶段有所下降的点位分别有 6 个、5 个、10 个，占比分别达到 42.86%、35.71%、71.43%。工况 1 下相对于前一阶段下降幅度为 25.15%～55.47%；工况 2 下相对于前一阶段下降幅度为 7.14%～22.50%；工况 3 下相对于前一阶段下降幅度为 3.00%～83.20%。三种工况下，14 个点位的 NH_3-N 浓度的平均变化率分别为 36.30%、121.21%、−22.99%。总体而言，工况 3 下相对于前一阶段有所下降的点位占比最高，且改善幅度最大，平均变化率也下降最大。详见表 7-15。

表 7-15　常州示范区运南片试验期间河道 NH_3-N 浓度相对于前一阶段变化

序号	站名	编号	NH_3-N (mg/L) 本底值	NH_3-N (mg/L) 工况 1	变化率 (%)	NH_3-N (mg/L) 工况 2	变化率 (%)	NH_3-N (mg/L) 工况 3	变化率 (%)
1	南家桥（苏南运河）	3#	0.15	0.18	20.00	1.15	538.89	0.77	−33.04

（续表）

序号	站名	编号	NH₃-N (mg/L) 本底值	NH₃-N (mg/L) 工况1	变化率 (%)	NH₃-N (mg/L) 工况2	变化率 (%)	NH₃-N (mg/L) 工况3	变化率 (%)
2	钟楼大桥（苏南运河）	5#	0.16	0.53	231.25	1.49	181.13	0.49	−67.11
3	丫河桥（武宜运河）	7#	0.29	0.46	58.62	1.49	223.91	0.34	−77.18
4	西河桥（武南河）	13#	1.34	2.30	71.64	2.44	6.09	0.41	−83.20
5	武南河中桥（武南河）	14#	0.31	0.16	−48.39	0.98	512.50	0.55	−43.88
6	横林东桥（苏南运河）	21#	0.51	0.83	62.75	0.72	−13.25	0.73	1.39
7	洛社大桥（苏南运河）	23#	0.24	0.14	−41.67	0.13	−7.14	0.16	23.08
8	长沟河桥（长沟河）	35#	2.65	3.36	26.79	2.96	−11.90	2.45	−17.23
9	鸣新西路桥（湖塘河）	36#	3.34	2.50	−25.15	4.01	60.40	2.41	−39.90
10	永安桥（永安河）	39#	1.76	1.18	−32.95	2.83	139.83	0.98	−65.37
11	庙前北路桥（武南河）	40#	1.28	0.57	−55.47	1.00	75.44	0.97	−3.00
12	小留河桥（小留河）	43#	1.21	0.79	−34.71	0.97	22.78	0.89	−8.25
13	钟溪大桥（武宜运河）	47#	0.16	0.54	237.50	0.49	−9.26	0.64	30.61
14	百渎口（太滆运河）	48#	0.29	0.40	37.93	0.31	−22.50	0.50	61.29

注：表中变化率均为当前工况与前一工况（或本底值）的对比，下同。

同 NH₃-N 类似，受降雨影响，部分点位中的 TP 浓度在试验开始阶段有所上升，但在试验后期逐渐下降。三种工况下，TP 浓度相对于前一阶段有所下降的点位分别有 11 个、5 个、10 个，占比分别达到 78.57%、35.71%、71.43%。工况 1 下相对于前一阶段下降幅度为 1.41%～52.70%；工况 2 下相对于前一阶段下降幅度为 5.71%～49.28%；工况 3 下相对于前一阶段下降幅度为 0.69%～51.97%。三种工况下，14 个点位 TP 的平均变化率分别为 -4.58%、33.63%、-5.67%。工况 3 下相对于前一阶段的平均变化率下降最大。详见表 7-16。

表 7-16 常州示范区运南片试验期间河道 TP 浓度相对于前一阶段变化

序号	站名	编号	TP(mg/L) 本底值	工况1	变化率(%)	TP(mg/L) 工况2	变化率(%)	TP(mg/L) 工况3	变化率(%)
1	南家桥（苏南运河）	3#	0.148	0.070	-52.70	0.154	120.00	0.159	3.25
2	钟楼大桥（苏南运河）	5#	0.182	0.101	-44.51	0.183	81.19	0.139	-24.04
3	丫河桥（武宜运河）	7#	0.177	0.097	-45.20	0.186	91.75	0.125	-32.80
4	西河桥（武南河）	13#	0.284	0.280	-1.41	0.264	-5.71	0.152	-42.42
5	武南河中桥（武南河）	14#	0.188	0.098	-47.87	0.115	17.35	0.139	20.87
6	横林东桥（苏南运河）	21#	0.198	0.168	-15.15	0.155	-7.74	0.146	-5.81
7	洛社大桥（苏南运河）	23#	0.192	0.105	-45.31	0.139	32.38	0.325	133.81
8	长沟河桥（长沟河）	35#	0.393	0.356	-9.41	0.276	-22.47	0.240	-13.04
9	鸣新西路桥（湖塘河）	36#	0.250	0.268	7.20	0.429	60.07	0.232	-45.92
10	永安桥（永安河）	39#	0.163	0.147	-9.82	0.279	89.80	0.134	-51.97
11	庙前北路桥（武南河）	40#	0.174	0.111	-36.21	0.144	29.73	0.143	-0.69
12	小留河桥（小留河）	43#	0.179	0.111	-37.99	0.163	46.85	0.141	-13.50
13	钟溪大桥（武宜运河）	47#	0.189	0.214	13.23	0.186	-13.08	0.112	-39.78
14	百渎口（太滆运河）	48#	0.077	0.278	261.04	0.141	-49.28	0.187	32.62

三种工况下，COD_{Mn} 浓度相对于前一阶段有所下降的点位分别有 8 个、7 个、8 个，占比分别达到 57.14%、50.00%、57.14%。工况 1 下相对于前一阶段下降幅度为 2.94%~37.74%；工况 2 下相对于前一阶段下降幅度为 2.13%~16.67%；工况 3 下相对于前一阶段下降幅度为 5.41%~38.10%。三种工况下，14 个点位 COD_{Mn} 的平均变化率分别为 -4.58%、33.63%、-5.67%。总体而言，工况 3 下相对于前一阶段有所下降的点位占比最高，且改善幅度相对较大，平均变化率也下降最大。详见表 7-17。

表 7-17 常州示范区运南片试验期间河道 COD_{Mn} 浓度相对于前一阶段变化

序号	站名	编号	COD_{Mn} (mg/L) 本底值	工况1	变化率 (%)	COD_{Mn} (mg/L) 工况2	变化率 (%)	COD_{Mn} (mg/L) 工况3	变化率 (%)
1	南家桥（苏南运河）	3#	3.2	2.6	−18.75	4.2	61.54	2.6	−38.10
2	钟楼大桥（苏南运河）	5#	3.7	2.7	−27.03	4.2	55.56	2.8	−33.33
3	丫河桥（武宜运河）	7#	3.3	2.6	−21.21	4.1	57.69	3.3	−19.51
4	西河桥（武南河）	13#	5.3	3.3	−37.74	4.1	24.24	3.6	−12.20
5	武南河中桥（武南河）	14#	3.4	3.3	−2.94	2.9	−12.12	4.0	37.93
6	横林东桥（苏南运河）	21#	3.7	3.0	−18.92	2.7	−10.00	3.0	11.11
7	洛社大桥（苏南运河）	23#	3.7	4.2	13.51	3.6	−14.29	4.3	19.44
8	长沟河桥（长沟河）	35#	4.4	4.7	6.82	4.6	−2.13	4.2	−8.70
9	鸣新西路桥（湖塘河）	36#	4.6	4.6	0.00	5.1	10.87	3.8	−25.49
10	永安桥（永安河）	39#	4.4	3.3	−25.00	3.8	15.15	5.1	34.21
11	庙前北路桥（武南河）	40#	3.6	3.6	0.00	3.0	−16.67	4.7	56.67
12	小留河桥（小留河）	43#	4.4	3.7	−15.91	3.3	−10.81	4.3	30.30
13	钟溪大桥（武宜运河）	47#	3.3	4.5	36.36	3.8	−15.56	3.2	−15.79
14	百渎口（太滆运河）	48#	3.0	3.5	16.67	3.7	5.71	3.5	−5.41

三种工况下，浊度相对于前一阶段有所下降的点位均为6个，占比均为42.86%。工况1下相对于前一阶段下降幅度为7.64%～55.52%；工况2下相对于前一阶段下降幅度为10.09%～54.52%；工况3下相对于前一阶段下降幅度为7.25%～64.20%。总体而言，三种工况下浊度相对于前一阶段有所下降的点位占比相同，且改善幅度大致相当。详

见表7-18。

表7-18 常州示范区运南片试验期间河道浊度相对于前一阶段变化

序号	站名	编号	浊度(NTU) 本底值	浊度(NTU) 工况1	变化率(%)	浊度(NTU) 工况2	变化率(%)	浊度(NTU) 工况3	变化率(%)
1	南家桥（苏南运河）	3#	84.4	108	27.96	97.1	−10.09	103	6.08
2	钟楼大桥（苏南运河）	5#	144	133	−7.64	154	15.79	115	−25.32
3	丫河桥（武宜运河）	7#	131	98.6	−24.73	104	5.48	113	8.65
4	西河桥（武南河）	13#	26.3	35.4	34.60	16.1	−54.52	117	626.71
5	武南河中桥（武南河）	14#	132	78.2	−40.76	44.2	−43.48	91.7	107.47
6	横林东桥（苏南运河）	21#	146	202	38.36	137	−32.18	213	55.47
7	洛社大桥（苏南运河）	23#	625	456	−27.04	477	4.61	632	32.49
8	长沟河桥（长沟河）	35#	34.9	43.6	24.93	60.3	38.30	49.6	−17.74
9	鸣新西路桥（湖塘河）	36#	7.72	22.4	190.16	13.8	−38.39	12.8	−7.25
10	永安桥（永安河）	39#	23.1	32.5	40.69	63.4	95.08	22.7	−64.20
11	庙前北路桥（武南河）	40#	26.3	30.3	15.21	51.7	70.63	18.8	−63.64
12	小留河桥（小留河）	43#	90.4	78.6	−13.05	63.7	−18.96	68.4	7.38
13	钟溪大桥（武宜运河）	47#	203	90.3	−55.52	207	129.24	191	−7.73
14	百渎口（太滆运河）	48#	87.5	89.4	2.17	185	106.94	390	110.81

三种工况下，DO浓度相对于前一阶段有所上升的点位分别有3个、8个、8个，占比分别达到21.43%、57.14%、57.14%。工况1下相对于前一阶段上升幅度为3.50%~13.90%；工况2下相对于前一阶段上升幅度为3.31%~149.45%；工况3下相对于前一阶段上升幅度为2.75%~48.82%。三种工况下，14个点位DO的平均变化率分别为−13.31%、27.13%、11.35%。总体而言，工况3下相对于前一阶段有所上升的点位占比

最高,且改善幅度相对较大。详见表 7-19。

表 7-19　常州示范区运南片试验期间河道 DO 相对于前一阶段变化

序号	站名	编号	DO(mg/L) 本底值	工况1	变化率(%)	DO(mg/L) 工况2	变化率(%)	DO(mg/L) 工况3	变化率(%)
1	南家桥（苏南运河）	3#	7.23	7.16	−0.97	6.33	−11.59	7.66	21.01
2	钟楼大桥（苏南运河）	5#	7.67	7.38	−3.78	6.31	−14.50	7.80	23.61
3	丫河桥（武宜运河）	7#	7.46	6.88	−7.77	6.37	−7.41	9.48	48.82
4	西河桥（武南河）	13#	6.45	2.72	−57.83	6.43	136.40	8.73	35.77
5	武南河中桥（武南河）	14#	6.86	7.10	3.50	6.71	−5.49	9.27	38.15
6	横林东桥（苏南运河）	21#	7.39	6.06	−18.00	7.70	27.06	5.63	−26.88
7	洛社大桥（苏南运河）	23#	7.86	6.92	−11.96	7.75	11.99	6.96	−10.19
8	长沟河桥（长沟河）	35#	4.32	2.95	−31.71	5.41	83.39	7.95	46.95
9	鸣新西路桥（湖塘河）	36#	3.88	1.82	−53.09	4.54	149.45	6.62	45.81
10	永安桥（永安河）	39#	4.86	5.53	13.79	4.60	−16.82	4.60	0.00
11	庙前北路桥（武南河）	40#	5.18	5.90	13.90	6.60	11.86	4.48	−32.12
12	小留河桥（小留河）	43#	7.32	6.05	−17.35	6.25	3.31	5.29	−15.36
13	钟溪大桥（武宜运河）	47#	6.23	5.89	−5.46	7.76	31.75	6.25	−19.46
14	百渎口（太滆运河）	48#	9.00	8.14	−9.56	6.55	−19.53	6.73	2.75

工况 1 下 pH 值相对于前一阶段变化率为 −4.82%～1.46%；工况 2 下 pH 值相对于前一阶段变化率为 −1.54%～6.47%；工况 3 下 pH 值相对于前一阶段变化率为 −3.40%～8.72%。总体而言,三种工况下 pH 值相对于前一阶段的变化率都较小,均在

10%以内。详见表 7-20。

表 7-20　常州示范区运南片试验期间河道 pH 值相对于前一阶段变化

序号	站名	编号	pH 值 本底值	pH 值 工况 1	变化率（%）	pH 值 工况 2	变化率（%）	pH 值 工况 3	变化率（%）
1	南家桥（苏南运河）	3#	7.56	7.67	1.46	7.68	0.13	7.84	2.08
2	钟楼大桥（苏南运河）	5#	7.88	7.81	−0.89	7.69	−1.54	7.44	−3.25
3	丫河桥（武宜运河）	7#	7.74	7.83	1.16	7.92	1.15	8.57	8.21
4	西河桥（武南河）	13#	7.90	7.78	−1.52	7.95	2.19	8.38	5.41
5	武南河中桥（武南河）	14#	7.80	7.80	0	7.91	1.41	8.60	8.72
6	横林东桥（苏南运河）	21#	7.72	7.42	−3.89	7.90	6.47	7.77	−1.65
7	洛社大桥（苏南运河）	23#	7.69	7.50	−2.47	7.82	4.27	7.90	1.02
8	长沟河桥（长沟河）	35#	7.64	7.82	2.36	7.83	0.13	8.00	2.17
9	鸣新西路桥（湖塘河）	36#	7.74	7.82	1.03	7.78	−0.51	7.93	1.93
10	永安桥（永安河）	39#	7.75	7.71	−0.52	7.66	−0.65	7.51	−1.96
11	庙前北路桥（武南河）	40#	7.88	7.50	−4.82	7.76	3.47	7.80	0.52
12	小留河桥（小留河）	43#	7.93	7.59	−4.29	7.80	2.77	7.76	−0.51
13	钟溪大桥（武宜运河）	47#	7.88	7.76	−1.52	7.95	2.45	7.68	−3.40
14	百渎口（太滆运河）	48#	7.88	7.67	−2.66	7.88	2.74	7.62	−3.30

3. 降雨对水质的影响分析

由于试验过程中发生多次降水，单位小时降水量超过 1.25 mm（相当于 12 h 降水量达到 15 mm，即大雨级别）的有 10 次，其中 5 月 15 日 15：00 单位小时降水量达到 16.5 mm（相当于 12 h 降水量达到 198 mm，即特大暴雨级别），对河道水质及试验效果有较大影响。试验过程中对慈湲大桥（武进港 20#）、双塘桥（长沟河 33#）、东风桥（湖塘河 34#）、西环路桥（武南河 38#）4 个点位开展了加密水质测量，5 月 14—21 日每天测量 3 次，以分析降水对河道水质的影响。

所有点位的浊度均在 5 月 15 日 15:00 特大暴雨后有大幅度的增长,变化幅度最大的慈渎大桥(武进港 20#)雨后浊度增长了 200 多 NTU,变化幅度最小的西环路桥(武南河 38#)雨后浊度也增长了接近 20NTU,雨停止后又逐渐回落,而其余降水场次内河道浊度变化幅度相对较小。详见图 7-30。

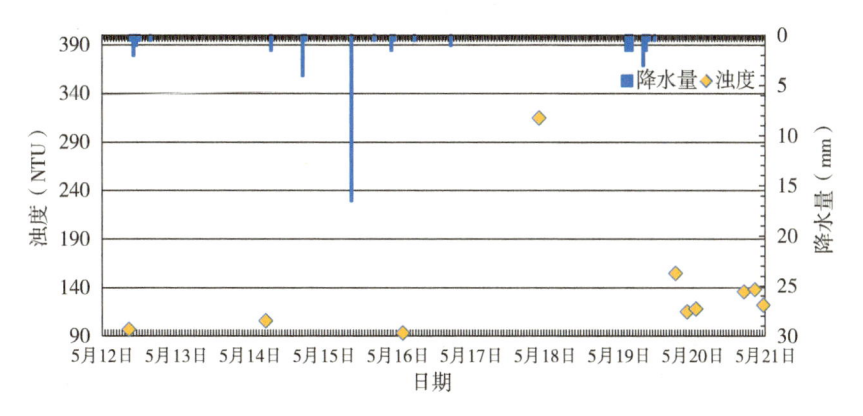

(a) 慈渎大桥(武进港 20#)

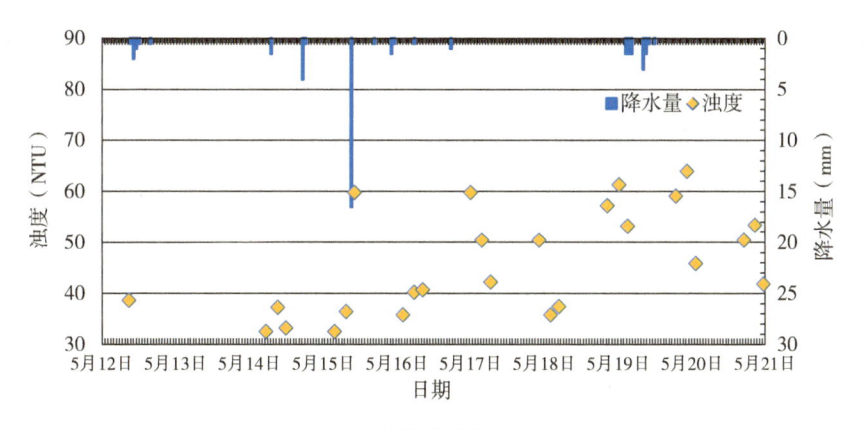

(b) 双塘桥(长沟河 33#)

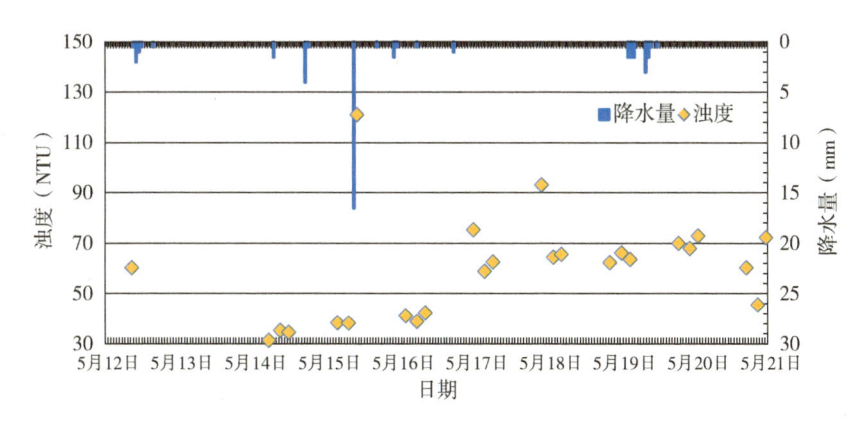

(c) 东风桥(湖塘河 34#)

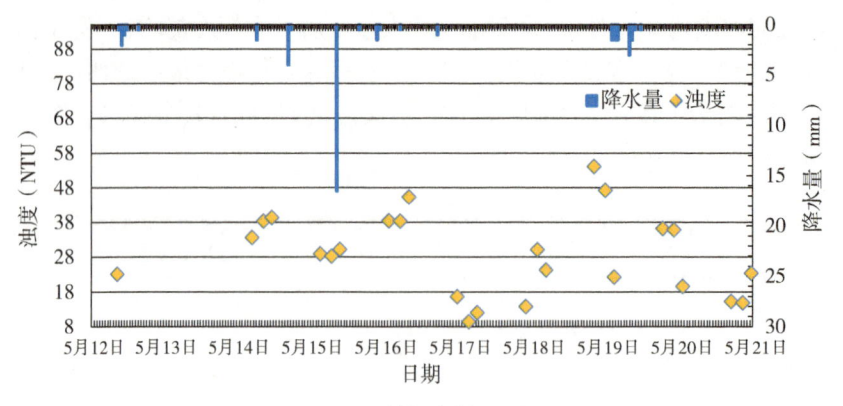

(d) 西环路桥(武南河 38#)

图 7-30 常州示范区运南片试验期间河道浊度随降雨变化

各点位的 COD$_{Mn}$ 浓度在雨后有一定程度的上升,尤其是 5 月 15 日 15:00 特大暴雨后,双塘桥(长沟河 33#)、西环路桥(武南河 38#)的 COD$_{Mn}$ 均由Ⅱ类下降到了Ⅲ类,东风桥(湖塘河 34#)的 COD$_{Mn}$ 由Ⅱ类下降到了Ⅳ类,慈渎大桥(武进港 20#)雨后 COD$_{Mn}$ 变化很小(降水前后分别是 3.1 mg/L 和 3.2 mg/L)。DO 随降水的变化规律不明显,试验期间 DO 在Ⅱ~Ⅳ类上下波动。pH 值相对平稳,随降水变化幅度较小,在试验期间 pH 值大部分在 7.7 上下微量波动。详见图 7-31。

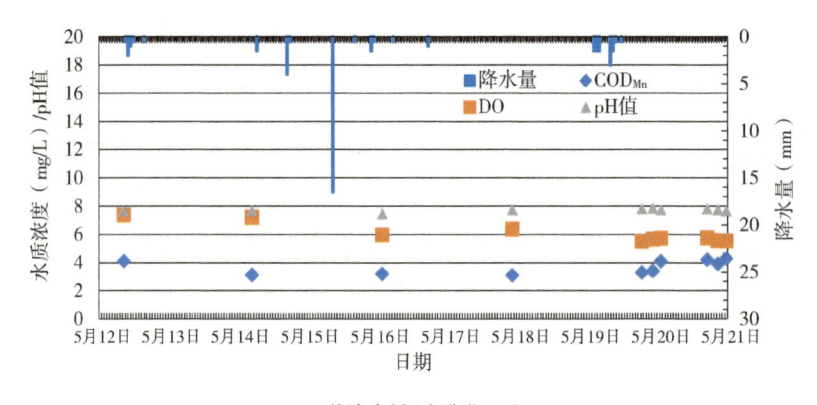

(a) 慈渎大桥(武进港 20#)

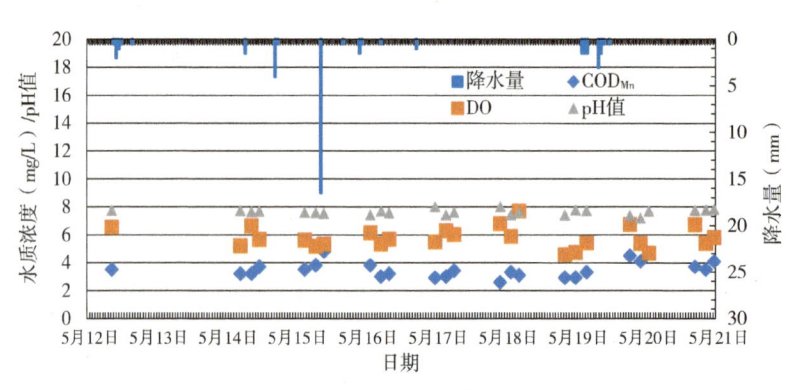

(b) 双塘桥(长沟河 33#)

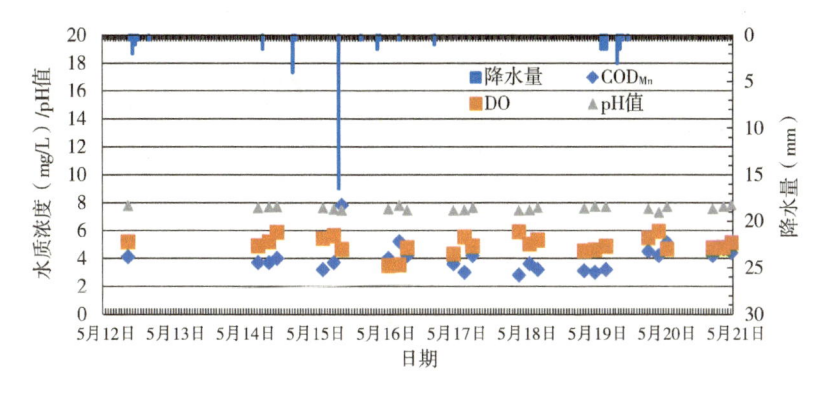

(c) 东风桥(湖塘河 34#)

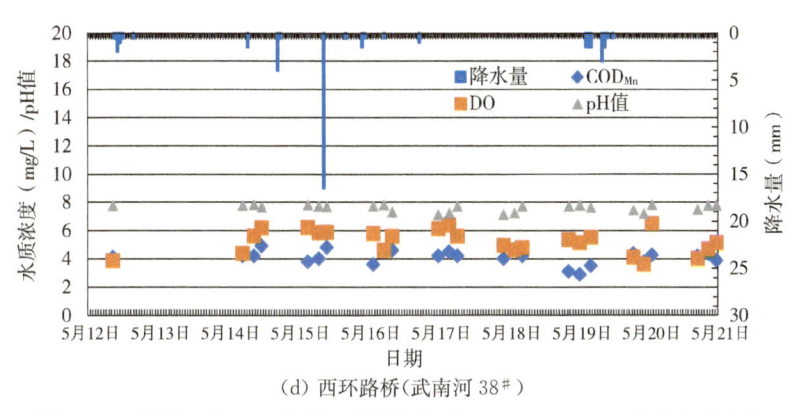

(d) 西环路桥(武南河 38#)

图 7-31 常州示范区运南片试验期间河道 COD_{Mn}、DO、pH 值随降水变化

双塘桥(长沟河 33#)、东风桥(湖塘河 34#)、西环路桥(武南河 38#)的 NH_3-N 均在 5 月 15 日 15:00 特大暴雨后有大幅度的上升(NH_3-N 均由雨前Ⅲ~Ⅳ类下降到了雨后的劣Ⅴ类),然后回落到正常水平,慈浜大桥(武进港 20#)在 5 月 15 日 15:00 特大暴雨后 NH_3-N 变化幅度较小(暴雨前后均是Ⅲ类),其余降水场次内河道 NH_3-N 变化幅度不大。各点位的 TP 相对平稳,随降水变化幅度较小,降水前后基本都在Ⅲ~Ⅳ类上下少量波动。详见图 7-32。

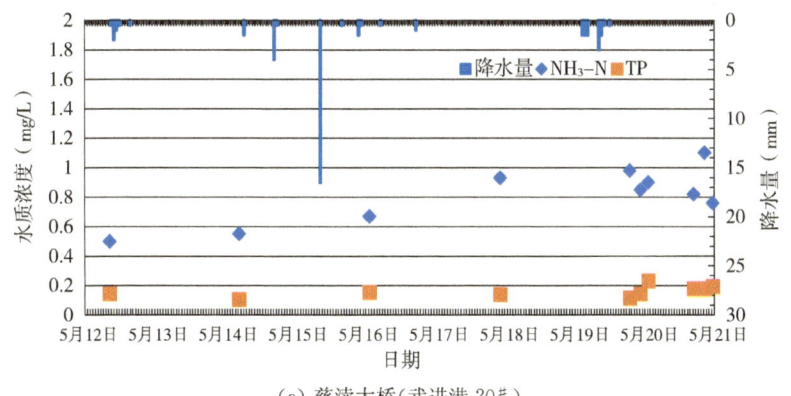

(a) 慈浜大桥(武进港 20#)

187

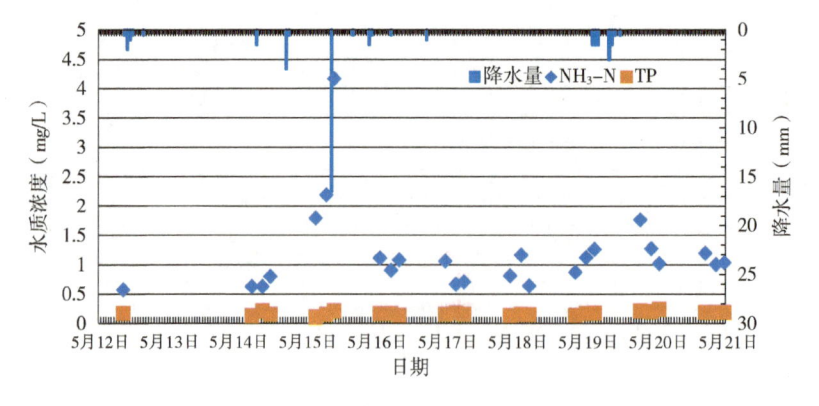

(b) 双塘桥（长沟河 33#）

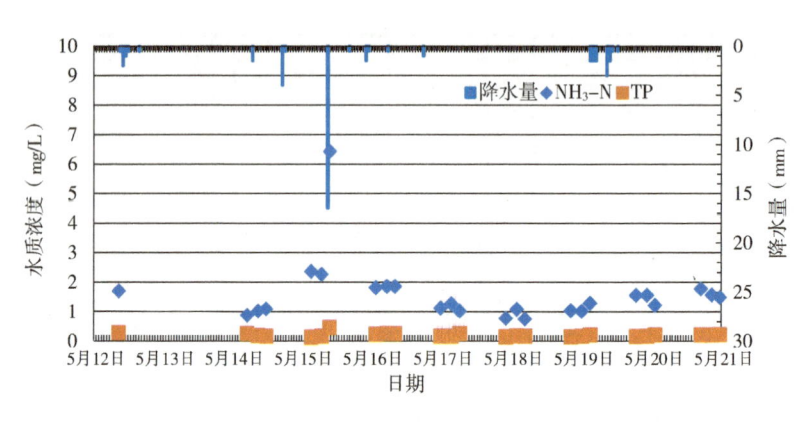

(c) 东风桥（湖塘河 34#）

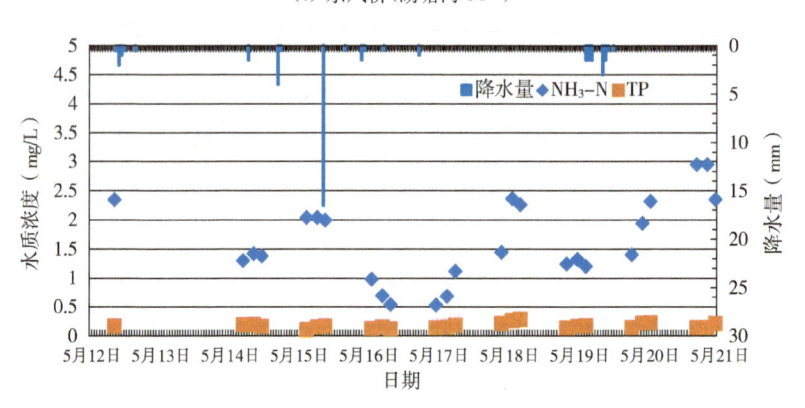

(d) 西环路桥（武南河 38#）

图 7-32　常州示范区运南片试验期间河道 NH$_3$-N、TP 随降水变化

4. 综合分析

本次运南片水环境提升方案论证试验期间在武南河（与武宜运河交汇处西侧）搭建了临时围堰，以增大进入武进区的清水水量。试验设置了自流活水工况、日常调度工况、北排活水工况三种运行工况。

三种运行工况下，工况 3 活水前后流速提升的点位占比最高，且仅工况 3 下武宜运河来水能够进入武南河。三种工况下，活水前后流速相对于本底值保持不变或有所提升的点位,占比分别达到 54.55%、57.58%、60.61%;活水前后流速相对于本底值超过 10%的点位,占比分别达到 39.39%、36.36%、48.48%。同时三种工况下武宜运河沿线的横向河道进入武进区的流量全部小于 1 m³/s,仅工况 3 下武宜运河在与武南河交汇处流入武南河 7.5 m³/s,其余工况武宜运河来水均未进入武南河,而是从南部流走。因此,工况 3 对于武进区河道流动性的改善效果最佳。

三种运行工况下,工况 3 活水前后各项水质指标改善情况最好。三种工况下 NH_3-N 相对于前一阶段有所下降的点位占比分别达到 42.86%、35.71%、71.43%,平均变化率分别为 36.30%、121.21%、-22.99%,工况 3 下 NH_3-N 浓度下降的点位占比最高,平均变化率最大;三种工况下 TP 相对于前一阶段有所下降的点位占比分别达到 78.57%、35.71%、71.43%,平均变化率分别为-4.58%、33.63%、-5.67%,工况 3 的 TP 浓度降幅最大;三种工况下 COD_{Mn} 相对于前一阶段有所下降的点位占比分别达到 57.14%、50.00%、57.14%,平均变化率分别为-4.58%、33.63%、-5.67%,工况 3 下 COD_{Mn} 下降的点位占比最高,平均变化率最大;三种工况下浊度相对于前一阶段有所下降的点位占比均为 42.86%,三种工况的改善幅度大致相当;三种工况下 DO 相对于前一阶段有所改善的点位占比分别达到 21.43%、57.14%、57.14%,平均变化率分别为-13.31%、27.13%、11.35%;三种工况下 pH 值相对于前一阶段的变化率较小,均在 10%以内。

试验过程中发生多次降水,对河道水质及试验效果有较大影响。本次试验中几处连续监测点位的浊度、COD_{Mn}、NH_3-N 均在 5 月 15 日 15 时特大暴雨后有大幅度的增长,其中,慈湋大桥(武进港 20#)雨后浊度涨幅超 200 NTU,在雨后逐渐回落,而其余降水场次内河道浊度变化幅度相对较小。双塘桥(长沟河 33#)、西环路桥(武南河 38#)的 COD_{Mn} 雨后均由Ⅱ类变为Ⅲ类,东风桥(湖塘河 34#)的 COD_{Mn} 由Ⅱ类变为Ⅳ类。双塘桥(长沟河 33#)、东风桥(湖塘河 34#)、西环路桥(武南河 38#)的 NH_3-N 均由雨前Ⅲ~Ⅳ类变为雨后的劣Ⅴ类;pH 值、TP 随降水变化幅度较小,pH 值在试验期间大部分在 7.7 上下微量波动,TP 在降水前后基本都在Ⅲ~Ⅳ类上下少量波动;DO 随降水变化规律不明显,试验期间 DO 在Ⅱ~Ⅳ类上下波动。

7.3.3 示范区运行效果评估

7.3.3.1 断面布设

围绕水动力和水质指标,研究制定了常州示范区内第三方监测断面的布设原则,选取代表断面作为示范区运行效果的评估断面。

1. 布设原则

监测断面的布设需要遵循以下原则:监测断面需位于示范区内,覆盖示范区的大部分区域;断面需具有代表性、典型性,能反映方案的实施效果;考虑实际采样和监测时的可行性和便捷性。

2. 断面选取

示范区总面积约为 1 190 km²,分为运北片和运南片两个片区,针对这两个片区,根据水系格局和方案实施后的水流路径,分别选择各片区主要骨干及中小河道代表断面作为评估断面,共 15 个。详见图 7-33 和表 7-21。

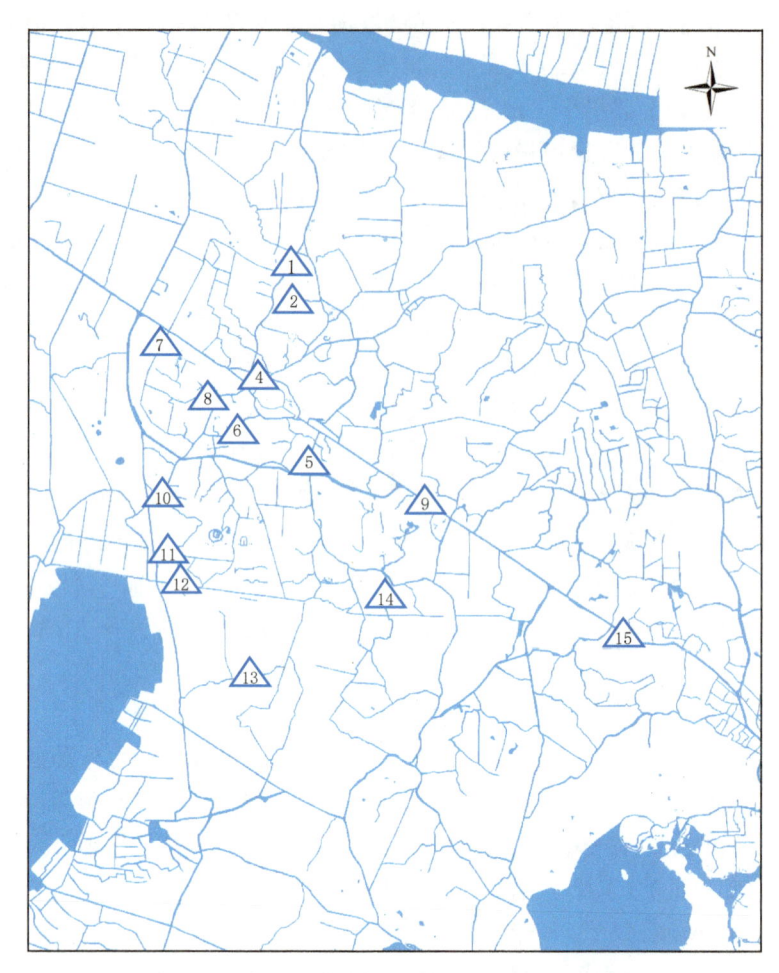

图 7-33 常州示范区第三方监测断面分布示意图

表 7-21 常州示范区第三方监测断面基本情况

区域	点位序号	位置	河道
运北片	1	樊家桥	澡港河
	2	小运河桥	柴支浜
	3	三井桥	三井河
	4	白龙桥	西市河
	5	菱港桥	采菱港
	6	广仁桥	白荡河
运北片	7	金谷桥	南童子河
	8	云祥桥	后塘河
	9	戚墅堰大桥	苏南运河

(续表)

区域	点位序号	位置	河道
运南片	10	武宜运河桥	南运河
	11	大寨河桥	大寨河
	12	西河桥	武南河
	13	新西桥	顺龙河
	14	小留河桥	小留河
	15	西环路大桥	苏南运河

7.3.3.2 监测方案

1. 监测指标

示范区第三方监测内容为水系流动性和 NH_3-N 浓度,其中,对于水系流动性,考虑流速能够客观反映河道流动性,选择河道流速作为水系流动性的具体考核指标。河道流速和 NH_3-N 浓度具体数据均来自第三方机构在水环境质量提升方案运行前后对各断面的实际监测数据。

2. 指标计算方法

水系流动性和 NH_3-N 浓度的评估方式为示范区水环境质量提升方案实施前后的提升幅度,根据该评估方式制定考核指标计算方法,具体如下:

（1）水系流动性变化率计算方法

水系流动性变化率计算公式如下所示,若考核断面的流速提升率均在10%以上,则认为达标。

$$\eta_v = \frac{V_1 - V_0}{V_0} \times 100\%$$

式中：V_0 为示范工程实施前流速,m/s；V_1 为示范工程实施后流速,m/s；η_v 为流速提升率,%。

（2）NH_3-N 浓度变化率计算方法

NH_3-N 浓度变化率计算公式如下所示,若考核断面的 NH_3-N 浓度降低率均为10%以上,则认为达标。

$$\eta_{NH_3\text{-}N} = \frac{C_1 - C_0}{C_0} \times 100\%$$

式中：C_0 为示范前考核断面的 NH_3-N 浓度,mg/L；C_1 为示范后考核断面的 NH_3-N 浓度,mg/L；$\eta_{NH_3\text{-}N}$ 为 NH_3-N 浓度变化率,%,正值表示 NH_3-N 浓度上升,有所恶化；负值表示 NH_3-N 浓度下降,有所改善。

3. 监测时间

根据评估指标计算方法,监测时间应分别选择示范区水环境质量提升方案实施前后流速的稳定时刻。

7.3.3.3 改善效果评估

1. 流动性改善效果

委托第三方[①]在示范区运北片方案运行前后、运南片方案运行前后对前文所述考核断面的流量、流速进行第三方监测，根据监测方案及第三方监测结果，分析监测断面的流动性改善效果。

第三方监测结果表明，在示范区方案运行前，仅澡港河、采菱港、苏南运河流动外，其他如三井河、西市河等中小河道流动性均较弱，但在方案运行后，各监测断面流速提升率均超过10%，提升率为14.29%~900%，其中运北片14.29%~700%，运南片32%~900%（表7-22），且流动的范围扩大至中小河道，进一步增加了示范区水网的水环境容量。

表 7-22 常州示范区各监测断面流速变化情况

点位序号	断面位置	所在河道	2020年11月26日（方案实施前）流量(m³/s)	2020年11月26日（方案实施前）流速(m/s)	2020年12月6—10日（方案实施后）流量(m³/s)	2020年12月6—10日（方案实施后）流速(m/s)	提升率(%)
1	樊家桥	澡港河	6.2	0.05	35.5	0.29	480
2	小运河桥	柴支浜	1.93	0.1	3.08	0.29	190
3	三井桥	三井河	0.8	0.03	3.5	0.09	200
4	白龙桥	西市河	0	0	4.69	0.4	—
5	菱港桥	采菱港	5.3	0.05	6.44	0.07	40
6	广仁桥	白荡河	2	0.02	6.8	0.07	250
7	金谷桥	南童子河	0.4	0.01	6.8	0.08	700
8	云祥桥	后塘河	0.23	0.01	0.38	0.02	100
9	戚墅堰大桥	苏南运河	28.4	0.07	29.4	0.08	14.29

点位序号	断面位置	所在河道	2021年5月12日（方案实施前）流量(m³/s)	2021年5月12日（方案实施前）流速(m/s)	2021年5月21日（方案实施后）流量(m³/s)	2021年5月21日（方案实施后）流速(m/s)	提升率(%)
10	武宜运河桥	南运河	16.3	0.24	24.6	0.36	50
11	大寨河桥	大寨河	0.01	0.001	0.14	0.01	900
12	西河桥	武南河	0.32	0.01	6.52	0.1	900
13	新西桥	顺龙河	0.15	0.02	0.37	0.04	100
14	小留河桥	小留河	3.85	0.06	8.54	0.15	150
15	西环路大桥	苏南运河	3.09	0.025	5.28	0.033	32

---

① 第三方是指江苏省水文水资源勘测局常州分局。

2. 水质改善效果

委托第三方[①]在示范区运北片方案运行前后、运南片方案运行前后对前文所述考核断面的 NH_3-N 浓度进行第三方监测,根据监测方案及第三方监测结果,分析监测断面 NH_3-N 的改善效果。

第三方监测结果表明,在示范区方案运行前后,各监测断面的 NH_3-N 浓度下降率均超过10%,下降率为22.31%～94.87%,其中运北片54.69%～94.87%,运南片22.31%～73.88%。详见表7-23。

表7-23 常州示范区各监测断面 NH_3-N 变化情况

点位序号	断面位置	河道	NH_3-N(mg/L) 本底值	NH_3-N(mg/L) 实施后	变化率(%)
1	樊家桥	澡港河	0.73	0.18	−75.34
2	小运河桥	柴支浜	2.12	0.18	−91.51
3	三井桥	三井河	1.45	0.12	−91.72
4	白龙桥	西市河	2.73	0.14	−94.87
5	菱港桥	采菱港	1.39	0.62	−55.4
6	广仁桥	白荡河	1.17	0.21	−82.05
7	金谷桥	南童子河	1.92	0.87	−54.69
8	云祥桥	后塘河	4.58	1.09	−76.2
9	戚墅堰大桥	苏南运河	0.96	0.22	−77.08
10	武宜运河桥	南运河	0.72	0.46	−36.11
11	大寨河桥	大寨河	0.81	0.37	−54.32
12	西河桥	武南河	1.34	0.35	−73.88
13	新西桥	顺龙河	2.74	1.74	−36.5
14	小留河桥	小留河	1.21	0.94	−22.31
15	西环路大桥	苏南运河	0.42	0.32	−23.81

7.4 示范区水环境质量提升建议

7.4.1 运北片水环境质量提升建议

水环境治理是一个系统工程,针对常州示范区运北片,在前文提出的基于水动力调控的水环境改善方案基础上,建议以"控源截污、河道整治、水系连通、动力调控、强化净化、生态修复、长效保障"等综合措施相互关联、相互支撑,同时兼顾防洪排涝,统筹规划,实现

[①] 第三方是指江苏省水环境监测中心常州分中心。

区域水环境长效改善。

1. 控源截污

城市水环境治理的根本前提是控源截污。从源头控制污水向城市河道水体排放是城市水环境综合治理最有效的工程措施,也是其他技术措施的前提。针对城市河道污染来源进行解析是制定控源截污防治工程的依据,并且研究建立相应的河道水质响应关系,也是改善城市河网水环境的基础。

针对这些源头污水应积极整治,完善污水截流,加强管网建设、改造,严控污水入河。并通过解析城市河道目标污染物的主要来源及负荷,量化各污染源对总污染负荷的贡献比率;建立河道控制断面水质对入河污染负荷的响应关系,明确污染负荷削减和河道水质改善关键策略;针对城市河网水功能区目标污染物,解析负荷的主要来源,形成城区河道污染负荷解析方法体系。优化污染负荷监测方案,进行污染负荷通量监测,按照完整的补水周期进行河道断面的流速、水位和水质监测,完成污染负荷来源解析。根据污染源解析结果,制定相应的控源截污工程措施。

通过前文试验结束后的水质反弹情况分析,建议对串新河、西市河、南童子河、后塘河、湖塘河、武南河等河道周边进行排污口排查,消除点源污染,并采取相应措施使得面源污染得以控制。

2. 河道整治

开展城市河道整治是改善城市河网水环境的有力保障,河道水动力条件充足、补水水源水体品质好为城市畅流活水奠定良好的水环境基础。城市河道整治不仅着眼于除涝泄洪、水土保持和航运功能要求而进行河道疏浚和护岸建设,还从污水截流、底泥处理、两岸绿化等多方面进行整治。

河道整治可大大改善长期以来由于河流破坏带来的诸多问题,对保障两岸人民的正常生产和生活起到重要作用。塌岸现象将大大减少,有利于稳定河岸、改善城区的生产生活条件。在河道整治后,河道里的水就会慢慢变清,环境自然会逐渐好起来,居民的生活品质也会得到提高。此外,对于确定城市河网水系整治及防洪排涝规划,全面提升城市河网水系面貌及防洪排涝能力,创建现代化的城市河网水利设施和管理体制,从而加快推进我国的水系建设具有重要意义。

针对常州示范区运北片,可建设澡港河清水通道。澡港河是常州市主城区的主要引水通道,澡港河水质的好坏直接影响城区大部分河道水质的改善,特别是老城区水质直接受益于澡港河,因此建议将澡港河建设成清水通道,在澡港河沿线两岸建设相关控制闸,保障畅流活水方案的实施。另外,梧桐河、串新浜两岸垃圾堆积,大通河岸坡坍塌,建议对其进行河岸整治。

3. 清淤疏浚

在城市水系中,城市河道是非常重要的组成部分。河道淤积会影响河道正常功能的发挥。因此,对河道进行清淤是非常关键的。加强河道清淤,能较快清除水体中的内源污染物,对水体中的污染物进行转移、转化和降解,从而使水体得到进化,减少了污染物的含量;还能减少污染底泥在活水过程中再悬浮从而对水质和感观造成影响。

运北片区中老运河德胜河东侧段是引清入城主要通道口之一,为提升德胜河经老运河送水入城能力,建议对老运河口进行拓浚整治。肖龙港河底高程为2.7~3.1 m,西港桥附近河段淤积严重,建议进行疏浚。为防止污染底泥在活水期间对水体造成污染,在前几年河道疏浚基础上,对城区内其他暂未清淤的河道特别是淤积严重的河道先行清淤。

4. 水系连通

城市河网是城市区域水资源的载体和水循环的基础,其连通格局影响城市水安全保障能力、水资源配置能力以及水循环能力。在城市化进程中,城市河网水系连通性降低,区域水循环受到影响。经济社会的快速发展对水资源格局及保障能力提出了更新、更高的要求,城市河网水系连通已逐步成为城市发展的重大需求。因此,城市河网中应以加强水资源统筹调配能力为目的,通过水利工程实现水网高质量连通[77],并构建多尺度河湖水系间新的水力联系,形成互补共济的联合供水水网格局,同时改善区域的水景观,携手防御水灾害,最终形成现代化水系网络,这对于提升城区河网水循环调控能力、促进平原河网水体有序流动、恢复和维系城区河网水环境具有十分重要的作用。

根据原型观测期间实地踏勘可知,常州运北片多处河道需要进行连通、拓宽等。其中,青峰河—春晓桥目前涵管连通,过流不畅,须进行疏通拓宽,常隆河—五奎河须进行连通,后周浜和童家浜须进行连通等。另外,经分析,城区西北部薛家片区换水方案为德胜河、澡港河引水,肖龙港北排,该方案既满足补水要求,也兼顾区域的防洪排涝。但肖龙港从城区到江边未完全连通,需要将肖龙港打通,这将有利于薛家片区水动力和水环境的改善。

5. 断头浜治理

根据原型观测期间实地踏勘可知,运北片多处河道存在断头现象,且大部分断头河道两岸为居民,部分生活污水排入河道,河道水体有时出现黑臭现象,水质基本为Ⅳ~劣Ⅴ类,总体处于轻度污染至重度污染,底泥污染严重,严重影响主河道水质。

对断头浜目前常采用的活水办法是在断头浜底部埋设钢管,通过翻水泵将下游主干河道活水抽至断头浜上游,再让活水从断头浜河槽中自流进入下游主干河道,该方法对断头浜上游效果较好,对下游效果较差,建议采用原位隔离与泵闸组合连通技术进行改造治理。该方法主要用于平原河网区部分断头浜,在与主河道连接处设置泵站和闸门,在断头浜中间设立挡墙将泵站和闸门分开,运行时同时开启泵站和闸门,使得水体持续定向流动,无须用水泵将断头浜内的水抽干,省时省力,节约能源,结构简单,成本低。运北片内龙塘浜、翠竹内河、沈家浜、横塔浜、白家浜、串新浜等多处断头浜具有泵站和闸门,可以采用上述方法进行治理。

6. 海绵城市

健康的水生态系统是城市水环境高品质的重要组成部分,开展河道生态修复来改善城市河网生境条件和构建适宜生物链是维系健康生态河流系统的重要举措。生态治理技术包含非常多的种类和手段,主要包括水生动植物技术、人工曝气复氧技术、人工浮岛技术、垂直流-水平流人工湿地强化脱氮技术、原位生物强化与太阳能充氧耦合技术以及生态河道技术等。

根据原型观测期间实地踏勘可知,运北片部分区域可进行生态治理,采用雨水花园、生态浮岛等形式,提升主城区水环境质量,如横塘河以东片区地势低、水质差,前文中水环境提升方案现场试验及数学模型计算均未考虑此片区,待区域水质改善后,再纳入畅流活水方案中。针对此低洼片,建议今后结合湿地公园建设并配合海绵城市技术进行生态治理,改善水环境。

7.4.2 运南片水环境质量提升建议

针对常州示范区运南片,未来在实施"控源截污、河道整治、水系连通、动力调控、强化净化、生态修复、长效保障"等综合措施的基础上,建议进一步考虑通过顶管工程从滆湖获取补水水源的可行性,进一步加强研究和论证。

在运南片现状工程条件下,武宜运河来水约 80% 从武南河进入滆湖,从武宜运河南下流量占上游来流的 30% 左右,而在武南河建设临时围堰后,启用遥观南枢纽、马杭枢纽北排,武宜运河上游来水能够进入城区,增加了运南片内部中小河道的流动性,但武宜运河南下的流量增大,约占上游来水的 70%,仍有大量流量损失。在未来考虑利用周边更优质的滆湖作为清水水源时,通过泵站动力补水也难以穿过武宜运河,因此,建议在滆湖与武南河交汇处附近建设顶管(图 7-34),定点输送滆湖清水进入武南河,实现区域内河网流动性和水环境的提升。

经初步分析,综合考虑顶管的建设成本和施工难易程度,按照运南片平均补水频次达到 4 天/次以内的工况来计算,建设流量为 20 m³/s 的顶管即可满足运南片重点区域流动性提升的需求;若需要增大流动性提升效果,可以配合遥观南枢纽 30 m³/s 北排,增大区域内河道流速提升的范围。具体工程建设方案与调度方案还需在今后进行深入研究论证。

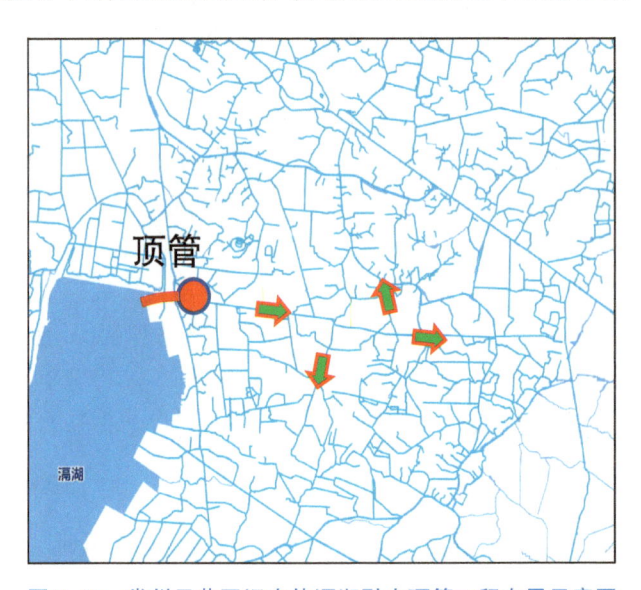

图 7-34 常州示范区运南片滆湖引水顶管工程布局示意图

7.5 小结

高城镇化水网区河湖水系复杂、水环境污染问题严峻,以动力弱、水质差的常州市区水网为研究区域,分析了常州市河网流动性及水环境状况,基于城市"多源互补-引排有序-精准调控"水环境质量提升技术,研究提出了常州市(运北片、运南片)水环境质量提升方案,并在常州市进行示范,建立了常州示范区(面积约1 190 km^2),实现了示范区内河网水体的有序流动和水环境改善的目标。

通过资料收集、现场踏勘及原型观测等摸清了常州市区水网流动性及水环境状况,厘清了市区水网水环境问题。常州市城区骨干河道具有一定的流动性,中小河道流动性较弱;存在多处断头浜,水系畅通性差,部分区域缺乏调控工程设施;污染源治理仍未完全到位,污染总量较大;骨干河道水质尚可,城区小河道水质较差;水动力提升对常州市河网水质具有较好的改善效果,但在春季敏感性更强。

运用城市"多源互补-引排有序-精准调控"的水环境质量提升技术,提出了常州示范区的水动力提升与水环境改善思路,针对运北片和运南片分别制定了水环境提升方案。常州市运北片北临长江,长江水质稳定在Ⅱ～Ⅲ类水平,具有较高的水质保障率,确定长江为运北片的补水水源,经过德胜河和澡港河两条引水通道进入城区,通过关河、澡港河东支四座控导工程,形成三级梯级水位差,通过创造高低水片条件,实现自流活水。运南片现阶段将武宜运河和苏南运河作为水源,通过湖塘片优化调度,配合遥观南枢纽、马杭枢纽等北排泵站启用,达到活水的目的。

为论证运北片和运南片水环境质量提升方案的实施效果,分别在现场建设了临时溢流堰工程或永久工程,开展了多次现场论证试验。试验结果表明,通过前期预案充分准备、试验期间精准调度和科学施策,城区河道流动性提升明显,原本滞流缓流、无序流动的水网重构为有序流动的河网格局,方案运行后,河道水质改善显著。运北片水量分配更为合理,大部分河道流速均在合理范围内,且中小河道流速明显提升,提升率在20%以上,Ⅳ类以及以上河道断面占比由48.6%提升至90.9%;运南片于2021年5月14日至5月21日开展了原型观测试验进行方案比选,结果表明工况3采用日常调度结合马杭枢纽与遥观南枢纽北排方案的流动性提升效果最好,流速增幅超过10%的点位占比达到48.48%,NH$_3$-N得到改善的点位占比达到71.43%,NH$_3$-N平均降幅为22.99%。第三方监测评估结果表明,示范区建设后较建设前(即示范试验实施后较实施前),各第三方监测断面的流速提升率均超过10%(14.29%～900%,其中运北片14.29%～700%,运南片32%～900%),NH$_3$-N下降率均超过10%(22.31%～94.87%,其中运北片54.69%～94.87%,运南片22.31%～73.88%),水系流动性、NH$_3$-N改善情况均满足示范区建设目标要求,河网水环境质量显著提升。

为保障常州示范区发挥长远效果,针对运北片,建议未来继续重视控源截污、河道整治、水系连通、动力调控、强化净化、生态修复、长效保障等一系列综合措施,才能有效改善河网水环境质量;针对运南片,建议未来在综合措施的基础上,充分利用滆湖优质水源,考虑在滆湖与武南河交汇处附近建设顶管(规模初步研究为20 m^3/s),定点输送滆湖清水进入武南河,提高运南片重点区河网流动性和促进水环境改善,配合区域内的遥观南枢纽优化调控,可实现区域内大范围河网流动性和水环境的提升。

8 结论与展望

8.1 主要结论

高城镇化水网区社会经济发达,河湖连通状况受经济社会发展影响较大,河湖水系格局演变历程较为复杂,存在河网结构破坏,功能发挥受限,流域、区域、城市不同层面协调难度大等问题。武澄锡虞区是太湖流域内典型高城镇化水网区,具有社会经济发达、洪涝矛盾突出、水环境压力大的特征。本书以武澄锡虞区为研究区域,梳理分析武澄锡虞区河湖水系连通与水安全保障现状与需求,构建了武澄锡虞区河湖水系连通与水安全保障适配性评价指标体系与评价方法,提出了提升适配性的技术需求,识别了人类活动对河湖水系连通格局演变的影响及其关键因素,提出了武澄锡虞区河湖水系连通格局优化建议,研发了区域"分片治理-滞蓄有度-调控有序"防洪除涝安全保障技术和城市"多源互补-引排有序-精准调控"水环境质量提升技术2项河湖水系连通治理关键技术,并选取常州市建立示范区,示范面积约为1 190 km^2,在控源截污的基础上,进行城市水环境质量提升技术的应用示范。示范技术实施后,示范区内第三方监测断面流动性(流速)提升率超过14%,NH_3-N 浓度下降率超过22%。本书研究成果可为有效提升高城镇化水网区河湖水系连通治理水平提供技术支撑。主要成果总结如下:

1. 提出了一种区域河湖水系连通与水安全保障适配性的定量评估方法,识别了基于武澄锡虞区水安全保障的河湖水系连通格局优化及功能技术需求

基于武澄锡虞区的自然地理、社会经济发展等特点,构建了适合武澄锡虞区的河湖水系连通与水安全保障适配性评价指标体系,具体包含河湖水系连通评价指标体系、水安全保障评价指标体系。其中,河湖水系连通评价指标体系中,表征河湖水系格局的指标为水面率和河网密度,表征连通性的指标为网络连接度和代表站适宜流速覆盖率;水安全保障评价指标体系中,表征防洪排涝安全的指标为区域防洪能力和排涝模数适宜度,表征水生态环境安全的指标为水质达标率和生物多样性指数,表征供水安全的指标为综合供水保证率和代表站水位满足度。

综合运用层次分析方法与耦合协调模型,构建了适用于武澄锡虞区的河湖水系连通与水安全保障适配性评价的定量方法,提出了适配性评价标准,量化分析了武澄锡虞区现状河湖水系连通格局与区域水安全保障的适配程度。经评价,武澄锡虞区河湖水系连通

状态评价得分为 69.3 分,水安全保障评价得分为 82.0 分,水系连通与水安全保障适配程度评价得分为 70.1 分,河湖连通与水安全保障适配性分级为一般适配。

分析发现,武澄锡虞区河湖水系连通格局优化及功能技术需求主要包括以下三个方面:一是次级水系连通网络有待健全,支流河道流动性明显差于骨干河道,需在日常调度中兼顾支流河道,打通支流流动路径,实现水体有序流动;二是区域防洪工程体系有待完善,区域防洪能力与城市及圩区排涝能力不完全匹配,骨干行洪河道的排涝压力较大,需进一步统筹协调区域、城市、圩区不同层面的调度;三是区域部分河道水质不佳,生物群落结构趋于简单,需开展针对性的水环境质量提升治理技术研究。

2. 系统分析了人类活动对武澄锡虞区河湖水系连通格局产生的影响,提出了河湖水系连通格局与工程布局优化建议

武澄锡虞区河湖水系连通系统属于典型的"自然-人工"水系。武澄锡虞区河湖水系连通格局演变大体经历了历史时期、1949 年以后、21 世纪以来 3 个阶段,目前已基本形成有网有纲、纵横交错、滨江临湖、四通八达的河湖水网体系,有着独具特色的江河湖连通水网格局。特别是 20 世纪 90 年代以后,随着人类生存发展需求的增长和改造自然能力的增强,因防洪、供水、航运等需要,武澄锡虞区开展了大规模河道整治活动,河湖水系连通格局在人类活动作用下发生了相应的变化。

基于因果回路图法构建了武澄锡虞区河湖水系连通格局演变的因果回路关系模型,分析了人类活动对河湖水系连通格局演变的影响,这种影响总体表现为 2 条大的回路、6 条小的回路。其中,大回路 1(负因果回路):社会经济发展阻碍河湖水系连通的大回路,在社会经济发展过程中,城镇化趋势显现并不断推进,建设用地面积增加,大量末级河道被填埋,河道长度、河道数量降低,水域面积不断缩减,河湖水系连通结构连通性不断下降,导致河湖水系连通系统提供的水安全保障服务功能降低,从而对社会经济的发展产生了一定不利影响,此阶段河湖水系连通格局朝着坏的态势演变;大回路 2(正因果回路):社会经济发展促进河湖水系连通的大回路,当河湖水系连通问题越来越引起人们的重视,加上社会经济进一步发展和文明程度的提升,人们对于生活条件和生活环境的要求随之提高,河湖水系连通系统的发展具备了契机,政府投入大量资金及相关治理技术用于改善河湖水系连通状况,水利基础设施建设逐渐完善,促进河湖水系连通系统提供更好的水安全保障服务功能,支撑社会经济进一步发展,此阶段河湖水系连通格局朝着好的态势演变。可见,人类活动对河湖水系连通的影响可以总结为社会经济发展及生态文明建设、城镇化发展、水利基础设施完善三类。运用典型案例研究法,分析发现自 2000 年以来,水利基础设施完善对武澄锡虞区河湖水系连通格局的影响最为直接,且多为正面效应;城镇化发展对河湖水系连通格局的影响次之,直接影响与间接影响兼具,正面效应与负面效应兼备,社会经济发展及生态文明建设对河湖水系连通格局的影响则较为间接,且以正面效应为主。

基于前述分析,建议有意识地开展具有正面效应的区域河湖水系连通工作。一是对区域水系格局进行重新梳理。针对武澄锡虞区河湖水系连通总体架构,建议对境内区域性骨干河道进行梳理、整治,基于流域性河道、区域性骨干河道,优化形成"倒爪字"形、"八纵三横"的河湖水系连通总体格局,形成"通江达湖、南北互济、东西互通,蓄泄兼筹、引排顺畅、调控自如"的河湖水系连通格局。针对武澄锡虞区河湖水系连通内部架构,建议按照运南片水系、运北片水系(西横河—东横河以南)、沿江高片水系(西横河—东横河以北)三个片区,对河网水系进行梳理沟通,并加强对水利工程的合理调度。二是完善区域综合治理工程布局。针对武澄锡虞区河湖水系连通工程布局,以实现外部防洪、内部防涝、水质改善、生态修复等目标的协调统一为目标,建议以流域工程为依托,以区域工程为骨干,以城市工程为重要节点,联同圩区、农村河道等工程,形成多层次、多类型的水利工程建设布局。防洪保安方面以安全蓄泄区域洪涝水为重点,在新沟河延伸拓浚、望虞河西岸控制等流域工程的基础上,结合高等级航道整治改造,推进纵向、横向连通工程实施,对锡澄运河、白屈港、锡北运河等骨干河道进行综合治理,增建、扩建沿江泵闸枢纽,提高北排长江和东排望虞河的能力。水资源供给方面以构建合理引排格局为重点,提高水资源调控能力。水生态环境方面以保障太湖水生态安全为重点,加大滨湖地区河道水生态修复与保护力度,同时增强区域河网水体流动,提高水环境容量。

3. 研发了区域"分片治理-滞蓄有度-调控有序"防洪除涝安全保障技术,提出了武澄锡虞区防洪除涝安全保障技术方案

在武澄锡虞区防洪除涝现状及需求分析的基础上,立足新形势下武澄锡虞区的区域、城区、圩区不同层面的防洪除涝需求,考虑区域地形地势、河湖水系连通特性、水体流动格局、排水骨干通道和控制性工程能力,充分发挥沿长江骨干工程北排能力、区域内部河网调蓄功能、圩区滞蓄作用,按照错时错峰的调度思路,协调流域、区域、城市主要控制工程调度,提高洪水入江能力,均衡区域上下游、运河左右岸防洪风险水平,保障武澄锡虞区的区域、城区、圩区3个层级的防洪除涝安全,具体包含分片治理技术、滞蓄有度技术、调控有序技术3个方面。其技术方法为:分析研究区域河湖水系连通特性、排泄水骨干通道、控制性工程等基本情况,将研究区域划分不同层级、多维尺度的治理分片,提出分片治理方案,形成分片治理技术;利用水文水动力数学模型,分析区域大系统、城区中系统、圩区小系统的水网滞蓄能力和滞蓄潜力,提出区域蓄泄关系优化方案,形成滞蓄有度技术;按照流域统筹和区域协调原则,构建区域-城区-圩区防洪除涝联合优化调度模型,充分考虑排泄水骨干通道的滞蓄能力,安排区域、城区、圩区的洪水和涝水的排泄路径和排泄时机,以提高系统滞蓄能力、畅通排泄水出路,针对洪水和涝水形成的时差,科学调度控制性工程,制定错时调度方案,形成调控有序技术,综合形成区域"分片治理-滞蓄有度-调控有序"防洪除涝安全保障技术。

运用分片治理技术,将武澄锡虞区细分为8个分片,其中武澄锡低片5个、澄锡虞高片3个,形成三级分片并嵌套圩区的区域分片治理格局,其中一级分片分为武澄锡低片、澄锡虞高片。武澄锡低片二级分片为运北和运南两个片区,澄锡虞高片二级分片为北部沿江、中部、南部三片;武澄锡低片的二级分片再细分为三级片,运北片分为沿江片和中部河网片,运南片分为西、中、东三片。基于问题导向、目标导向,因地制宜对不同分片提出了治理方案。

运用滞蓄有度技术,在定量分析武澄锡虞区蓄泄情况和防洪风险的基础上,将武澄锡虞区圩区(城防)分为5类,在保证圩区(城防)防洪除涝安全的前提下,通过增加不同类型圩区滞蓄水深、提前预降等策略,可以优化区域洪涝水在圩外河网、城防及圩区等不同对

象中的时空分布,部分情景下区域防洪风险指数较基础方案降低15.9%~38.6%,具有较好的应用效果。

运用调控有序技术,针对武澄锡虞区防洪除涝总体格局,形成了"北排优化、相机东泄、上游挡洪"的具体调控有序优化思路,在单项调控优化的基础上进行了整合研究,综合北排优化、相机东泄、上游挡洪,形成了武澄锡虞区调控有序技术方案,即新沟河工程协同城市防洪工程扩大外排、沿江其他工程挖潜扩大外排、蠡河枢纽在流域(太湖)防洪风险相对可控的情况下相机东泄分泄运河洪水、钟楼闸优化启用进一步发挥上游挡洪延缓洪水下泄作用,该方案对于大雨及暴雨情景下武澄锡虞区防洪除涝安全保障具有较好的效果,区域北排长江水量、东排望虞河水量有所增加,南排太湖水量、排入运河水量有所减少,运河沿线、区域河网、城区的水位安全度有所提升,汛期区域、城市、流域不同层面水位在不同时段有一定下降,同时不会对流域防洪产生不利影响,达到了调控有序方案的设计目的。

选取近年来武澄锡虞区现状防洪除涝风险相对最大的情景,对区域"分片治理-滞蓄有度-调控有序"防洪除涝安全保障技术进行效果论证。结果表明,应用该项技术后,武澄锡虞区内部滞蓄水量有所增加,优化了区域洪涝水的时空分布,区域多向泄水格局得到优化,北排长江的泄水比例有所增加,南排入太湖的泄水比例有所减少,钟楼闸更好地发挥了拦截上游洪水的作用,区域多向分泄配比得到优化,形成了调控有序的防洪除涝格局。

4. 研发了城市"多源互补-引排有序-精准调控"水环境质量提升技术,成功在常州市进行了技术应用示范

选择武澄锡虞区内的常州市作为研究对象,运用水动力-水质同步原型观测试验数据,厘清了常州市区水网水动力水质敏感性特征;针对常州市区水网存在的水动力弱、水质差等问题,系统分析周边补水水源可用性、区域河湖水系连通特征、水利工程调控能力,研发了城市"多源互补-引排有序-精准调控"水环境质量提升技术。

城市"多源互补-引排有序-精准调控"水环境质量提升技术,具体包括城市多源互补水源保障、城市河网水动力有序引排模拟、城市河网水动力精准调控等方面。采用城市多源互补水源保障技术,筛选区域外围可利用优质水源,制定多源互补的补水方案;利用城市河网水动力有序引排模拟技术,确定区域河网有序引排格局,优化调度方案;通过城市河网水动力精准调控技术,计算河网需水量,精准控制河网水位、流量。基于上述分析,综合研究提出水环境质量提升方案。通过水动力-水质同步原型观测试验验证设计方案的河网水位、流量、水质调控效果,并进行水环境质量提升方案反馈优化,从而增强城市河网水体流动性,提高城市河网水环境承载能力,达到提升城市河网水环境质量的目标。

基于统筹全区、分片治理的思路,研究提出了常州示范区的水动力提升与水环境改善思路,针对运北片和运南片分别制定了水环境质量提升方案。运北片北临长江,长江水质稳定在Ⅱ~Ⅲ类水平,具有较高的水质保障率,确定长江为运北片的补水水源,经过德胜河和澡港河两条引水通道进入城区,通过关河、澡港河东支四座控导工程,形成三级梯级水位差,通过创造高低水片条件,实现自流活水。运南片现阶段将武宜运河和苏南运河作为水源,通过湖塘片优化调度,配合遥观南枢纽、马杭枢纽等北排泵站启用,达到活水的目的;未来可以考虑充分利用滆湖优质水源,在滆湖与武南河交汇处附近建设规模为

20 m³/s的顶管,输送滆湖清水进入武南河,提高运南片重点区河网流动性和促进水环境改善,配合区域内的遥观南枢纽优化调控,可实现区域内大范围河网流动性和水环境的提升。另外,常州市城区河网分割、水系畅通性差、城市河道淤积、污染物排放等问题依然存在,未来必须在持续加强控源截污的基础上,重视河道整治、水系连通、动力调控、强化净化、生态修复、长效保障等一系列综合措施,才能有效、长效改善河网水环境质量。

为论证运北片和运南片方案的实施效果,开展了多次现场论证试验,试验结果表明,在现状控源截污的基础上,通过前期预案充分准备、试验期间精准调度和科学施策,城区河道流动性提升明显,原本滞流缓流、无序流动的水网重构为有序流动的河网格局,河网自净能力得到提升。第三方监测评估显示,与示范技术实施之前相比,区域水系流速提升率、NH_3-N 浓度下降率均超过 10%,河网水环境质量显著提升。

8.2 成果创新性

1. 探索揭示了高城镇化水网区河湖水系连通与水安全保障适配性,提出区域江-河-湖水系连通格局优化建议

随着河湖水系连通战略的实施,河湖水系连通对经济社会发展的带动作用逐渐显现,特别是基于河湖水系连通呈现的水安全保障能力对于经济社会发展的支撑作用显得越来越重要。国内虽有学者对河湖水系连通与城市化之间的耦合协调关系进行过分析研究,但是目前还没有关于河湖水系连通与水安全保障之间的适配性研究。高城镇化水网区河湖连通状况受经济社会发展影响较大,河湖水系格局演变历程较为复杂,存在河网结构破坏、功能发挥受限、流域-区域-城市不同层面协调难度大等问题,本书以太湖流域武澄锡虞区为研究区域,立足问题与目标双重导向,从经济社会发展和生态文明建设需要出发,围绕区域防洪除涝安全、河湖水环境质量保障、水资源配给等方面,提出武澄锡虞区河湖水系连通与水安全保障适配性的定量评估方法,构建武澄锡虞区河湖水系连通与水安全保障的耦合协调模型,首次将高城镇化水网区河湖水系连通与水安全保障适配性定量化,具有一定的创新性。同时,基于河湖水系连通与水安全保障适配性评价结果,统筹区域与城市不同层面治理需求,提出提升水安全保障适配性的区域河湖水系连通功能和技术需求,进而提出武澄锡虞区江-河-湖水系连通与工程布局优化建议。研究成果可以丰富和完善河湖水系连通治理理论体系,提升我国河湖水系连通治理的理论水平,为流域机构、地方政府部门开展流域与区域治理提供支撑。

2. 研发形成了基于高城镇化水网区水安全保障的河湖水系连通治理成套技术

围绕河湖水系格局适配性、连通功能需求和水安全保障技术需求,统筹典型区域防洪抗旱、水资源配置、水环境保护与水生态修复的河湖水系连通功能要求,集成具有区域连通功能和技术特色的水安全保障技术,本书以太湖流域武澄锡虞区为研究区域,针对高城镇化水网区,研发区域"分片治理-滞蓄有度-调控有序"防洪除涝安全保障技术与城市"多源互补-引排有序-精准调控"水环境质量提升技术,突破制约太湖流域河湖水系连通治理的技术瓶颈,有效提升区域水安全保障能力,可为全国层面河湖水系连通治理提供有益参考与实践经验。基于产学研用协同创新思维,在研究范围内选取典型地区开展河湖水系

连通治理技术示范,以动力弱、水质差的常州市区水网为示范区域,在控源截污的基础上,综合运用现有闸泵工程,新增建设相关控导工程,统筹安排,提出河道整治、水系连通、动力调控、强化净化、生态修复、长效保障等综合措施,集成多源互补水源保障、水系连通、河网水位精准控制、河网水量配置、工程综合调控等城市河网畅流活水关键技术,实现平原河网畅流活水和水环境质量改善的良性循环,对引导平原城市河网水环境质量提升具有重要价值。

8.3 展望

河湖水系连通是保障水安全的重要措施之一,在当前和今后一段时期,我国水利事业处于高质量发展阶段,江河湖泊的生态保护治水工作正处于由量变到质变转型的关键时期,河湖水系连通建设仍将持续推进。武澄锡虞区在着力研究解决区域防洪除涝安全保障、城市水环境质量提升等现实问题的基础上,仍需始终坚持水岸同治和源头治理,全面提升水污染治理水平,为河湖水系连通工程创造有利外部条件,坚持统筹规划与系统治理,科学论证河湖水系连通工程的布局与规模,合理设计工程调度运行方案,更好地发挥河湖水系连通工程的综合效益。此外,尚需探索武澄锡虞区河湖水系连通与水安全保障的适配模式、提升防洪减灾综合能力、推进河湖水生态环境综合治理,以更好地为地区社会经济高质量发展提供坚实的水安全保障。

1. 持续深入研究,探索河湖水系连通与水安全保障的适配模式

河湖水系连通是河流系统健康运行的基础,也是水安全保障的必要条件,对于保障地区社会经济发展具有重要作用。因此,开展河湖水系连通与水安全保障的适配性研究意义重大。基于适配性评价结果,可以识别河湖水系连通与水安全保障方面存在的问题,从而提出相应的治理措施。建议后续对武澄锡虞区河湖水系连通与水安全保障状况开展动态评估,进一步探索河湖水系连通与水安全保障的适配模式,为武澄锡虞区河湖水系连通的工程建设与优化调度提供指导性、引导性的技术支撑,最终实现以安全可靠的水安全保障来支撑社会经济高质量发展。

为了提升河湖水系连通与水安全保障适配性评价的可靠性,应充分考虑不同来水条件下的情况,如在丰、平、枯水年条件下,代表站适宜流速覆盖率、供水保证率、代表站水位满足度、水质达标率等指标均会受到显著影响。因此,对于易受到来水条件影响的指标,建议在条件允许的情况下,利用近5年连续监测数据,这样既能够利用更多数据揭示指标结果,又能够较为真实地反映现状情况。同时,要充分考虑城镇化建设中区域水情、工情等条件的变化,对于某些时效性较强、近年来发生明显变化的指标,要根据实际情况完善指标体系,及时收集更新相关数据以获取合理的河湖水系连通与水安全保障适配性评价结果,从而为改善区域河湖水系连通与水安全保障状况提供可靠的技术需求建议。

2. 充分挖掘河湖水系连通潜力,持续提升高城镇化水网区防洪减灾综合能力

高城镇化水网地区普遍存在洪水外排能力不足、区域及城市防洪调度重"泄"轻"蓄"、圩区调度各自为政、洪水调度过程中实际洪水调度与调度方案不协调、多目标调度统筹难度大等问题。建议在完善防洪排涝工程体系建设的基础上,通过提升超标准洪水应对能力、工程安全风险管控能力、监测预报预警和智能调度水平、洪水风险管控能力等措施,进一步挖掘河湖水系连通能力潜力,提高区域防洪减灾抗风险能力。

遵循"蓄泄兼筹、上下游统筹兼顾、局部利益服从全局利益、兴利服从防洪"的原则,统筹区域防洪、水资源配置和改善水生态环境的需要,结合雨洪资源利用,完善区域调度方案。统筹协调区域内上下游、各城市之间关系,根据区域排水格局和能力合理确定跨行政地区、边界地区、骨干河道沿线上下游圩区的治理格局和建设标准。系统整治圩内河网,重视圩区预排预降,适当发挥圩区调蓄作用,适当控制圩内新增排涝动力,加强圩区分类管理,根据区域洪涝联合调度方案要求,合理确定区域内城镇型、农业型和混合型圩区的运行管理措施,制定圩区调度方案,做到"一圩一案"。在流域调度的总体框架下,按照区域、城区、圩区不同层次相协调的原则,建立区域工程统一调度平台,加强监测预警,加强天气、水雨情和台风风暴潮的预测预报,提高区域防汛调度水平,有效发挥防洪工程的整体作用,构建全面的防洪减灾体系。

3. 坚持标本兼治,持续推进高城镇化水网区河湖水生态环境综合治理

高城镇化水网区经济发达、城镇化率高、人口密集、入河污染负荷强、地势低平、河网密布、水动力弱、水环境自然禀赋差,城市河道被挤占、河网被分割、河网水环境承载能力不足,城市水网水环境改善难度大。河湖水系连通可以促进水循环,提高水体更新能力、自净能力,对改善水质和生态修复有一定作用,通过河湖水系连通促进水环境的改善成为目前城市治水的重要一环。实践证明,调水工程是改善河流水环境的一项有效的辅助措施,但不能将"以清释污"作为长久之策,改善河流水环境的根本措施是对污染源进行有效治理。但是,需要注意的是,在现阶段社会经济发展条件下,要截除所有排入河流的污染源十分困难。因此,当产业结构调整、节水减排、高效处理污水、有效控制污染源仍不能解决水质问题时,可以通过综合调水,科学调度河网水流,引入清洁水源,尽量提高水体的流动性,提高水环境容量,提升河网自净能力,在一定程度上缓解区域水质恶化的问题,为恢复水体自净能力、提升水体水质、修复水环境创造条件、赢得时间。

为满足人民群众日益增长的水环境品质需求,提升城市吸引力、生命力、承载力,应以"综合治理、成片治理"为理念,从控源截污、强化净化、动力调控、生态修复、智慧管控等多方面出发,以持续深化控源截污为基础,充分利用已有工程措施,实施动力调控,发挥河网水体流动的作用,提升河网自净能力;结合河道清淤疏浚、岸坡整治、生态修复,实现全链条水生态综合治理;利用大数据、物联网、5G 等新技术,结合河网水文-水动力-水质-水生态耦合模型,研发河网水动力调控系统平台,实现闸泵工程精细化调控,提高水资源利用效率和水生态环境精准调控。推动多部门协同贯彻流域-区域-城市水环境成片治理,协调城市间、上下游、左右岸关系,深化不同行业跨区域一体化合作,推进跨区县、跨行业部门的信息共享,形成流域-区域-城市一体化治理格局,促进水生态系统的良性循环,最终实现人水和谐共生。

参考文献

[1] 胡庆芳,张建云,王银堂,等.城市化对降水影响的研究综述[J].水科学进展,2018, 29(1):138-150.

[2] 王立新,王健.高度城市化地区水的综合治理方法和实践[J].中国水利,2020(10):1-6.

[3] 吴娟,林荷娟,季海萍,等.城镇化背景下太湖流域湖西区汛期入湖水量计算[J].水科学进展,2021,32(4):577-586.

[4] 黄国如,陈易偲,姚芝军.高度城镇化背景下珠三角地区极端降雨时空演变特征[J].水科学进展,2021,32(2):161-170.

[5] 左其亭,臧超,马军霞.河湖水系连通与经济社会发展协调度计算方法及应用[J].南水北调与水利科技,2014,(3):116-120,194.

[6] 张欧阳,熊文,丁洪亮.长江流域水系连通特征及其影响因素分析[J].人民长江,2010,41(01):1-5,78.

[7] 李宗礼,李原园,王中根,等.河湖水系连通研究:概念框架[J].自然资源学报,2011,26(3):513-522.

[8] 窦明,崔国韬,左其亭,等.河湖水系连通的特征分析[J].中国水利,2011(16):17-19.

[9] 夏军,高扬,左其亭,等.河湖水系连通特征及其利弊[J].地理科学进展,2012,31(1):26-31.

[10] 赵军凯,蒋陈娟,祝明霞,等.河湖关系与河湖水系连通研究[J].南水北调与水利科技,2015,13(6):1212-1217.

[11] 方佳佳,王烜,孙涛,等.河流连通性及其对生态水文过程影响研究进展[J].水资源与水工程学报,2018,29(2):19-26.

[12] FALKENMARK M. No Freshwater security without major shift in thinking: ten-year message from the stockholm water symposia[Z]. Stockholm: Stockholm International Water Institute, 2000.

[13] United Nations Environment Program. Water security and ecosystem services: The critical connection[Z].Nairobi:UNEP,2009.

[14] 吴强,李淼,高龙.水安全指数编制及水安全状况评估研究[J].水利发展研究,2019,19(1):4-11,30.

[15] GUSTARD A, BLAZKOVA S, BRILLY M, et al. FRIEND'97 regional hydrology: Concepts and models for sustainable water resources management [M]. Wallingford: IAHS Publication, 1997.

[16] PUSCH M, HOFFMANN A. Conservation concept for a river ecosystem (River Spree, Germany) impacted by flow abstraction in a large post-mining area[J]. Landscape and Urban Planning, 2000, 51(2-4):165-176.

[17] 夏军,石卫.变化环境下中国水安全问题研究与展望[J].水利学报,2016,47(3):292-301.

[18] 洪阳.中国21世纪的水安全[J].环境保护,1999(10):29-31.

[19] 张翔,夏军,贾绍凤.干旱期水安全及其风险评价研究[J].水利学报,2005(9):1138-1142.

[20] 谢新民,赵文骏,裴源生,等.宁夏水资源优化配置与可持续利用战略研究[M].郑州:黄河水利出版社,2002.

[21] 陈雯,刘伟,孙伟.太湖与长三角区域一体化发展:地位,挑战与对策[J].湖泊科学,2021,33(2):327-335.

[22] 崔广柏,陈星,向龙,等.平原河网区水系连通改善水环境效果评估[J].水利学报,2017,48(12):1429-1437.

[23] 徐羽,许有鹏,王强,等.太湖平原河网区城镇化发展与水系变化关系[J].水科学进展,2018,29(4):473-481.

[24] 孙金华,王思如,朱乾德,等.水问题及其治理模式的发展与启示[J].水科学进展,2018,29(5):607-613.

[25] 王艳艳,韩松,喻朝庆,等.太湖流域未来洪水风险及土地风险管理减灾效益评估[J].水利学报,2013,44(3):327-335.

[26] CHENG X T, EVANS E P, WU H Y, et al. A framework for long-term scenario analysis in the Taihu Basin, China[J]. Journal of Flood Risk Management, 2013, 6(1): 3-13.

[27] 孙继昌.太湖流域水问题及对策探讨[J].湖泊科学,2005(4):289-293.

[28] YIN J, YU D P, YIN Z N, et al. Evaluating the impact and risk of pluvial flash flood on intra-urban road network: A case study in the city center of Shanghai, China[J]. Journal of Hydrology, 2016, 537:138-145.

[29] YAN M, CHAN J C L, ZHAO K. Impacts of Urbanization on the Precipitation Characteristics in Guangdong Province, China[J]. Advances in Atmospheric Sciences, 2020, 37(7):696-706.

[30] 谭畅,孔锋,郭君,等.1961—2014年中国不同城市化地区暴雨时空格局变化——以京津冀、长三角和珠三角地区为例[J].灾害学,2018,33(3):132-140.

[31] 陈丽棠.珠江三角洲防洪(潮)减灾对策研究[J].人民珠江,2006(02):8-9,19.

[32] 程炯,王继增,刘平,等.珠江三角洲地区水环境问题及其对策[J].水土保持通报,2006(2):91-93.

[33] 符传君,陈成豪,李龙兵,等.河湖水系连通内涵及评价指标体系研究[J].水力发电,2016,42(7):2-7.

[34] 李原园,李宗礼,黄火键,等.河湖水系连通演变过程及驱动因子分析[J].资源科学,2014,36(6):1152-1157.

[35] 孙法圣,杨贵羽,张博,等.基于水资源配置的流域水环境安全研究[J].中国农村水利水电,2014(11):73-76.

[36] 李原园,黄火键,李宗礼,等.河湖水系连通实践经验与发展趋势[J].南水北调与水利科技,2014,12(4):81-85.

[37] 王延贵,陈吟,陈康.水系连通性的指标体系及其应用[J].水利学报,2020,51(09):1080-1088,1100.

[38] JAEGER K L, OLDEN J D. Electrical resistance sensor arrays as a means to quantify longitudinal connectivity of rivers[J]. River Research & Applications, 2012, 28(10):1843-1852.

[39] RIVERS-MOORE N, MANTEL S, RAMULIFO P, et al. A disconnectivity index for improving choices in managing protected areas for rivers[J]. Aquatic Conservation: Marine & Freshwater Ecosystems, 2016, 26:29-38.

[40] 窦明,靳梦,张彦,等.基于城市水功能需求的水系连通指标阈值研究[J].水利学报,2015,46(9):1089-1096.

[41] 孟祥永,陈星,陈栋一,等.城市水系连通性评价体系研究[J].河海大学学报(自然科学版),2014,42(1):24-28.

[42] 冯顺新,李海英,李翀,等.河湖水系连通影响评价指标体系研究Ⅰ-指标体系及评价方法[J].中国水利水电科学研究院学报,2014,12(4):386-393.

[43] 高强,唐清华,孟庆强.感潮河湖水系连通水环境改善效果评价[J].人民长江,2015,46(15):38-40,50.

[44] 茹彪,陈星,张其成,等.平原河网区水系结构连通性评价[J].水电能源科学,2013,31(5):9-12.

[45] 徐光来,许有鹏,王柳艳.基于水流阻力与图论的河网连通性评价[J].水科学进展,2012,23(6):776-781.

[46] 诸发文,陆志华,蔡梅,等.太湖流域平原河网区水系连通性评价[J].水利水运工程学报,2017(4):52-58.

[47] 胡尊乐,汪姗,费国松.基于分形几何理论的河湖结构连通性评价方法[J].水利水电科技进展,2016,36(6):24-28,43.

[48] VAN DE VEN A. Organizations and environments[J]. Administrative Science Quarterly, 1979, 24(2): 320-326.

[49] VENKATRAMAN N, CAMILLUS J C. Exploring the concept of "Fit" in strategic management[J]. Academy of Management Review, 1984, 9(3): 513-525.

[50] SHIPP A, JANSEN K. Reinterpreting time in fit theory:Crafting and recrafting narratives of fit in media res[J]. Academy of Management Review, 2011, 36(1):

76-101.

[51] 陶文杰,金占明.适配理论视角下CSR与企业绩效的关系研究——基于联想(中国)的单案例研究[J].河北经贸大学学报(综合版),2015,15(4):47-56.

[52] 王玮,唐德善,金新,等.基于系统动态耦合模型的河湖水系连通与城市化系统协调度分析[J].水电能源科学,2015,33(7):20-24.

[53] 李普林,陈菁,邓鹏,等.江苏省城镇化进程水平与河湖水系连通耦合协调模式研究[J].水资源与水工程学报,2017,28(2):86-91.

[54] 王跃峰,许有鹏,张倩玉,等.太湖平原区河网结构变化对调蓄能力的影响[J].地理学报,2016,71(3):449-458.

[55] ESCARTÍN J, AUBREY D G. Flow structure and dispersion within algal mats [J]. Estuarine, Coastal and Shelf Science, 1995, 40(4):451-72.

[56] MITROVIC S M, OLIVER R L, REES C, et al. Critical flow velocities for the growth and dominance of Anabaena circinalis in some turbid freshwater rivers[J]. Freshwater Biology, 2003, 48(1):164-74.

[57] 焦世珺.三峡库区低流速河段流速对藻类生长的影响[D].重庆:西南大学.2007.

[58] 丁一,贾海峰,丁永伟,等.基于EFDC模型的水乡城镇水网水动力优化调控研究[J].环境科学学报,2016,36(4):1440-1446.

[59] 赵安周,李英俊,卫海燕,等.陕西省城市化与资源环境的耦合演进分析[J].农业现代化研究,2011,32(6):725-729.

[60] 杨雄.基于因果回路图的网络舆情热度演化模型研究[J].常州工学院学报,2013,26(6):21-25,33.

[61] 李丽,徐文,陈成豪,等.基于SD模型的南渡江水系连通系统特征及其演变规律分析[J].水力发电,2017,43(3):23-29.

[62] 杨文婷,朱泽聪,曾维丁.走马塘拓浚延伸工程对区域河网水环境影响调查[J].绿色科技,2019(18):87-89.

[63] 王柳艳,许有鹏,余铭婧.城镇化对太湖平原河网的影响——以太湖流域武澄锡虞区为例[J].长江流域资源与环境,2012,21(2):151-156.

[64] 刘海针,许有鹏,林芷欣,等.太湖平原武澄锡虞区水系结构及水文连通性变化分析[J].长江流域资源与环境,2021,30(5):1069-1075.

[65] 韩龙飞,许有鹏,杨柳,等.近50年长三角地区水系时空变化及其驱动机制[J].地理学报,2015,70(5):819-827.

[66] 张春松,宋玉,陶娜麒,等.江苏省苏南运河沿线地区联合调度实践与思考[J].中国防汛抗旱,2018,28(3):4-6.

[67] 秦文秋.常州市防汛形势及对策建议[J].中国水利,2017(15):46-48.

[68] 袁雯,杨凯,吴建平.城市化进程中平原河网地区河流结构特征及其分类方法探讨[J].地理科学,2007(3):401-407.

[69] 邵玉龙.太湖流域水系结构与连通变化对洪涝的影响研究[D].南京:南京大学,2013.

[70] 刘宁.大江大河防洪关键技术问题与挑战[J].水利学报,2018,49(1):19-25.

[71] 施勇,栾震宇,陈炼钢,等.长江中下游江湖蓄泄关系实时评估数值模拟[J].水科学进展,2010,21(6):840-846.

[72] 蔡梅,李敏,马农乐.基于有序流动的平原河网区水环境联合调度探讨[J].人民珠江,2018,39(2):60-64.

[73] 逄勇,陆桂华,等.水环境容量计算理论及应用[M].北京:科学出版社,2010.

[74] 华祖林,董越洋,褚克坚.高度人工化城市河流生态水位和生态流量计算方法[J].水资源保护,2021,37(1):140-144.

[75] 保护修复攻坚战取得显著成效长江干流首次全线达到Ⅱ类水质[J].中国环境监察,2021(6):1-5.

[76] 赵轩,薛祥山,徐速,等.常州市平原环状河网水环境改善方案情景模拟[J].环境工程学报,2015,9(10):4637-4642.

[77] 何理,王静遥,李恒臣,等.面向高质量发展的河湖水系连通模式研究[J].中国水利,2020(10):11-15.